꿈의 도시, 꾸리찌바

박용남 선생님을 만나시려면…

블로그(http://blog.naver.com/ecoagend)
또는 전자우편(ecoagend@hanmail.net)을 이용하시면 됩니다.

꿈의 도시, 꾸리찌바 (2009 개정증보판)

2000년 12월 19일 초판 발행
2002년 4월 11일 증보판 발행
2005년 11월 30일 개정증보판 제1쇄 발행
2009년 4월 2일 재개정증보판 제1쇄 발행
2024년 6월 3일 재개정증보판 제14쇄 발행

저자   박용남
발행처 녹색평론사

서울시 종로구 돈화문로 94 동원빌딩 501호
전화 02-738-0663, 0666 팩스 02-737-6168
웹사이트 www.greenreview.co.kr
전자우편 editor@greenreview.co.kr
출판등록 1991년 9월 17일 제6-36호

값 18,000원
ISBN 978-89-90274-48-9 03980

꿈의 도시, 꾸리찌바

재미와 장난이 만든 생태도시 이야기

박용남

녹색평론사

증보판 서문 • 6
초판 서문 • 12
프롤로그 — 궁목수가 만든 꿈과 희망의 도시 • 16

제1장 식민지 도시에서 현명한 도시로 • 22

제2장 생태혁명의 이해를 위한 열쇠 • 32
1. 4차원의 도시혁명
2. 꾸리찌바를 만든 주인공들

제3장 도시교통의 청사진 • 51
1. 독창적인 통합교통망의 개발
2. 버스를 땅 위의 지하철로
3. 사회적 불평등을 해소하는 요금 제도
4. 자동차로부터 해방된 보행자 천국
5. 에너지 절약형 모델도시

제4장 도시환경 개선을 위한 창조적인 노력들 • 97
1. 순환형 사회의 열쇠, 폐기물 관리정책
2. 두 마리 토끼 잡은 하천 및 공원·녹지정책
3. 역사·문화유산의 보존과 재활용
4. 무미건조한 도시에 표정을 불어넣는 벽화
5. 새로운 환경관리 기반의 구축
6. 환경교육으로 만들어 가는 유토피아

제5장 시민을 존경하는 여러 실험들 • 171
1. 환경친화적인 공업단지 조성
2. 자연과 도시문화를 융합한 관광개발
3. 시민에게 눈 높이 맞춘 사회복지
4. 주택문제 해결을 위한 혁신적인 실험
5. 24시간의 거리와 시민의 거리
6. 지혜의 등대

제6장 꾸리찌바로부터의 교훈 • 227
1. 국제사회에서 바라보는 꾸리찌바
2. 자이메 레르네르의 철학
3. 사람과 장소를 바꾸는 통합의 예술
4. 지속적 관리
5. 계획의 핵심 원칙
6. 지속가능한 풍요의 실현

에필로그 ─ 이제 우리도 새롭게 시작하자 • 284

보론 ─ 기후변화와 석유 위기에 대비한 도시교통 실험 • 294

부록 • 318
도시 및 자치단체 공동선언문
지속가능한 개발을 위한 꾸리찌바 협약

참고문헌 • 324

증보판 서문

『꿈의 도시, 꾸리찌바』를 2001년 1월 초에 처음 서점가에 내놓은 후 필자는 너무나 많은 사람들로부터 깊은 관심과 분에 넘치는 찬사를 받았다. 이는 필자가 국내는 물론이고 아마 세계에서도 최초로 꾸리찌바를 종합적으로 소개하는 단행본을 썼다는 사실에 어느 정도 기인하는 것이기도 했겠지만, 필자 자신도 전혀 예상치 못한 아주 놀라운 반응이었다.

국내의 주요 일간지들이 대부분 서평을 비롯해 꾸리찌바 현지를 방문한 후 특집기사를 게재했고, 방송사들 역시도 뉴스와 다큐멘터리 형식으로 꾸리찌바를 상세히 소개했다. 특히, EBS에서 창사특집으로 기획한 『하나뿐인 지구』가 작년 6월에 2부작 다큐멘터리(「초록빛 상상이 만든 환경도시 꾸리찌바」)로 제작·방영되면서 우리나라에 또 한번 꾸리찌바 열풍을 거세게 몰고 왔다. 이것은 작년 9·11 항공기 테러로 촉발된 '이슬람권 배우기' 열풍에는 훨씬 못 미치는 것이겠지만, 국내의 한 자치단체장이 필자에게 언급한 바와 같이, '꾸리찌바 배우기'는 그에 못지 않게 우리 사회에 커다란 파장을 가져 왔다.

이를 입증이라도 하듯이 2001년 상반기에만 자치단체장, 부단체장,

고위직 공무원, 언론인, 전문가, 시민운동가 등으로 구성된 20개 이상의 팀이 꾸리찌바 현지를 방문하고 돌아왔다. 또한 일부 광역·기초 자치단체와 대부분의 시민단체에서 『꿈의 도시, 꾸리찌바』가 필독서로 읽히고, 많은 대학에서도 교재로 채택하여 활용하고 있다는 소식도 들려왔다. 그런 사회적 분위기 탓인지, 필자도 지난 1년 동안 1만 km 이상을 여행하며 꾸리찌바에서 우리들이 배워야 할 것에 대해 특강을 하러 다니느라 매주 한두 차례씩 전국 각지를 돌아다녀야만 했다.

이렇게 고단한 강연여행을 다니면서 필자는 우리 도시들이 공통으로 안고 있는 수많은 문제들을 현장에서 다시 확인하고, 그를 해결할 수 있는 대안을 나름대로 모색해볼 수 있는 기회를 얻었다. 또한 꾸리찌바의 경험을 우리 도시에 적용하는 문제를 놓고 수많은 사람들과 진지한 토론과 논쟁을 벌이기도 했다. 이 과정에서 필자는 상당수의 사람들이 꾸리찌바의 사례에서 많은 것을 얻고 배우고 있다는 사실을 느낄 수 있었다. 하지만 일부 사람들의 경우는 꾸리찌바에서 정말 배워야 할 것, 즉 꾸리찌바 시의 도시관리 철학과 행정원칙은 배우지 않고, 단순히 꾸리찌바에서 진행 중인 프로그램을 우리나라와 비교하면서 적용하기 어렵다는 논리를 펴거나 맹목적인 비판을 일삼고 있다는 사실 또한 확인할 수 있었다.

그들 가운데 상당수는 꾸리찌바에는 가보지 않은 채 막연하게 우리 시각에서 그 도시의 창조적인 프로그램을 비판하거나, 불과 이틀 또는 닷새 정도에 지나지 않는 짧은 일정으로 현지를 방문하고 마치 꾸리찌바 시에 대한 전문가가 된 것처럼 판단하는 경우가 대부분이었다. 이런 태도로는 꾸리찌바가 보여주는 '자연적 자본주의'의 진수를 이해한다는 것이 사실상 불가능하다.

이와 같이 국내에서 일고 있는 일련의 반응을 보면서, 필자는 『꿈의 도시 꾸리찌바』의 초판에서 누락되었거나 미흡했던 부분을 대폭 수정·보완하고, 지난 4년간 꾸리찌바에서 새롭게 실험 중인 내용을 추가로 소개하는 증보판의 필요성을 절실하게 느끼게 되었다. 물론 이것은 적지 않은 사람들이 흑백판으로 만들어진 초판을 컬러판으로 제작하면, 좀더 많은 내용을 실감나게 전달할 수 있을 것 같다고 필자에게 요청해온 사실과도 무관치 않다. 또한 여기에는, 지금보다 훨씬 많은 자치단체와 대학, 그리고 시민·환경단체 등이 『꿈의 도시 꾸리찌바』를 크게는 '지방행정의 바이블', 작게는 '도시행정의 교과서'로 곁에 두고 읽는 책으로 다시 써야겠다는 필자 자신의 개인적 욕심도 적지 않게 작용했음을 부인할 수 없다.

그러던 와중에 10박 11일의 일정으로 지난 6월에 꾸리찌바를 다시 방문할 기회가 필자에게 주어졌다. 이 기간 동안 97년에는 가보지 못했던, 세계 3대 미항 가운데 하나라는 히오데자네이루와 유네스코에서 세계자연문화유산 1호로 지정한 이과수폭포를 둘러보기도 했고, 꾸리찌바에 체류하는 동안에는 이 도시를 만든 산 증인의 하나인 하파엘 그레까 Rafael Greca 전 시장을 만나기도 했다. 그리고 첫 번째 방문 때 가보았던 곳과 가보지 못한 장소들을 가보면서 지난 4년 동안 변화된 꾸리찌바의 모습을 확인하고, 새롭게 도입된 창조적인 아이디어들을 현장에서 다시 볼 수도 있었다. 여기에다 97년 이후 국내외에서 필자가 직접 수집한 많은 문헌과 자료들을 통해 초판을 쓸 때 누락했던 부분을 보완하거나 완전히 새롭게 쓸 수 있는 부분을 찾게 되었다. 이를 토대로 이번에 『꿈의 도시, 꾸리찌바』의 증보판을 다시금 세상에 내놓는다.

이번에 발간한 증보판의 제4장 4절(「무미건조한 도시에 표정을 불어넣는 벽화」)과 제6장 6절(「지속 가능한 풍요의 실현」)은 작년에 필자가 꾸리찌바를 다녀온 후 완전히 새로 작성해 포함시킨 것이다. 그리고 프롤로그와 제1장(「식민지 도시에서 현명한 도시로」)을 제외한 나머지 5개 장도 상당 부분 수정했거나 보완한 내용들로 채워져 있다. 그 가운데서도 특히 제2장 2절(「꾸리찌바를 만든 주인공들」)과 도시교통의 청사진을 다룬 제3장 1절과 2절, 도시환경 개선을 위한 창조적인 노력들을 언급한 제4장 1절, 2절, 6절, 그리고 시민을 존경하는 여러 실험들이라는 제목으로 소개한 제5장의 3~6절은 대폭 수정·보완했다. 또한 제6장(「꾸리찌바로부터의 교훈」)의 3절과 4절 역시도 적지 않은 부분을 고치거나 보충했고, 이와 병행해 마지막의 에필로그 부분도 약간 가필했다.

이렇게 적지 않은 노력을 기울였음에도 불구하고 필자는 이번에도 꾸리찌바의 모든 것을 완전히 밝혀냈다고 생각하지는 않는다. 어쩌면 그것은 필자가 평생 동안 화두로 삼아 풀어가야 할 숙제인지도 모른다. 이번에 출판할 책의 초고를 마무리하고 증보판 서문을 쓰고 있는 지금, 새로운 소식이 또 하나 꾸리찌바로부터 날아 왔다.

까시오 다니구찌Cassio Taniguchi 시장이 지난 7월 30일에 〈제리 재단ZERI Foundation〉—제로 배출 연구 프로젝트를 의미하는 이 재단은 유엔대학의 총장인 헤이트로 구르걸리노Heitro Gurgulino 박사의 리더십에 힘입어 유엔대학 안에 설립되었다—이 추구하는 바를 완전하게 따르는 세계 첫 번째 도시가 될 것임을 선언했다고 한다. 이것은 약 6,500명의 교사들이 제리 재단을 거점으로 제로 배출Zero emission을 실천하는 새로운 교육과정에 착수하여, 꾸리찌바 시에서 쓰레기·폐기물이라는 개념을 근본적으로 없애는 노력을 시작했다는 것을 알려주는 중대한 사건이다.

〈제리 재단〉의 대표인 귄터 파울리Gunter Pauli의 제안으로 꾸리찌바 시에서 도시 단위로는 세계 최초로 시작된 이 제로 배출 운동을 우리들은 깊은 관심을 갖고 지켜보아야 한다. 지금까지 이 재단은 브라질의 벼농사, 스웨덴의 임업 관리, 일본의 시멘트 공장, 영국의 사과 사이다 공장 등에서 과학적인 연구를 하고, 이를 토대로 제로 배출 프로젝트를 추진하여 그 성과를 입증시킨 것으로 알려져 있다. 하지만 도시 단위의 실험은 꾸리찌바의 사례가 아마도 처음이 아닌가 싶다.

어린이 교육에 많은 에너지와 관심을 쏟고 있는 〈제리 재단〉은 꾸리찌바 시의 교사들에게 생활 속에서 흔히 발견할 수 있는 아주 흥미로운 예를 통해 제로 배출에 대해 상세히 설명해주고 있다. 예를 들어, 매일 아침 교사들이 모닝커피를 마실 때, 커피 자원의 99.8%는 쓰레기로 버려지고 불과 0.2%의 커피 열매만이 소비되고 있다. 이렇게 우리들이 실제로 소비하는 커피의 500% 이상이 쓰레기로 버려지는 현실 속에서 쓰레기 문제와 대기, 수질, 토양오염 등의 문제를 어떻게 해결하고, 농민들을 세계 경제 속에서 살아남을 수 있도록 할 수 있는가? 이 모든 과제를 동시에 풀 수 있는 대안을 〈제리 재단〉은 제로 배출에서 찾고 있다.

이 재단의 연구에 따르면, 커피 잔여물은 카페인을 많이 함유하고 있으므로 농장에서나 농가에서 소의 여물로 사용될 수 없다. 하지만 잔여물 위에 버섯을 재배할 경우는 수확 후에 카페인이 분해되고, 커피 잔여물에는 풍부하게 단백질이 함유되어 있다는 사실을 발견했다. 현재 이것은 소에게 좋은 먹이가 되고 있다. 그런 방식으로 커피 잔여물을 재활용할 경우 쓰레기는 제로화되고, 농민들은 살충제와 비료를 사용하거나 커피 종의 유전자 조작을 하지 않고도 생산성과 소득을 현저하게 증가시킬 수 있는 것이다.

이러한 혁신적인 실험이 매년 끊이지 않고 다양한 형태로 계속 된다면, 필자가 꿈의 도시라 부른 꾸리찌바 이야기를 완전히 새롭게 써야 될 지도 모른다. 그 일은 필자보다 훨씬 탁월한 능력과 열정을 가진 후학이 언젠가는 다시 수행해야 할 것이다.

마지막으로, 증보판을 쓸 수 있도록 꾸리찌바 현지 방문 기회를 만들어주신 홍선기 대전광역시장과 권선택 행정자치부 민방위재난관리국장, 충청하나은행 천진석 대표와 최성호 본부장님에게도 이 자리를 빌어 진심으로 감사의 인사를 드리고자 한다. 또한 필자가 꾸리찌바에 체류하는 동안, 환갑이 넘은 나이에도 불구하고 성실하게 통역을 맡아주신 오득준 선생과 박영일 사장, 그리고 브라질에서 한인 가운데 최초로 연방 하원의원의 꿈을 키워 가고 있는 자랑스러운 한국인, 강홍순 사범님Grand Master Kang Hong Soon에게도 마음에서 우러나오는 고마움을 표하고 싶다.

2002년 3월
박용남

초판 서문

1997년 말 우리나라를 강타한 IMF 위기가 모든 경제 주체를 온통 한파 속으로 내몰았다. 세계화라 불리는 이른바 살인적인 범지구적 경쟁 과정에서 침몰한 무수히 많은 기업들이 부도나 화의 신청을 내고, 낙오자지만 살아 남은 일부 대기업의 총수들마저도 사재를 모기업에 출자·헌납하면서까지 강력한 구조조정을 하겠다고 나섰다. 급기야는 정부도 부실 경영의 책임을 물어 5개 은행의 퇴출을 결정하는 비상조치를 내렸고, 그 여파로 은행간의 짝짓기와 인수·합병이 본격화되면서 마냥 안전한 곳으로만 인식되던 금융권에도 또 한 차례 거센 구조조정의 회오리가 몰아쳤다.

이에 반해 상당수의 노동자들은 정리해고라는 태풍에 휘말려 실질임금의 감소에서 한 걸음 더 나아가 실업자 또는 노숙자로 전락하는 상황을 감내해야만 하는 이중의 고통을 겪었다. 더구나 IMF가 무엇을 하는 곳인지도 모르는 대다수 국민들은 정부의 실정으로 야기된 경제 위기를 고통분담이라는 이름으로 고스란히 물려받고, 신탁통치 초기에는 소비 절약과 금 모으기 캠페인 등에 동원되는 어처구니없는 사태까지 연출되기도 했다. 대통령이 직접 나서서 IMF 경제 위기를 극복했다는 선언까지 했지만, 많은 국민들은 아직도 그 파고를 우리들이 넘지 못했다고 인식하고 있다. 이렇게 인식의 간극이 큰 것은 한마디로 정부가 우리들의 쾌적하고 안정적인 삶을 보장해주지 못하고 정치 또한 실종된 상태에 처해 있다는 것을 뜻한다.

이런 때에 정치가 살아 숨쉬고 IMF 시대에 걸맞는 행정을 펼치고 있는 도시를 발견한다는 것은 여간 즐거운 일이 아닐 수 없다. 오늘날 지구촌 전체에 풍미하고 있는 신자유주의 사조가 보여주듯이, 선·후진국을 막론하고 대부분의 도시들이 공공영역은 반드시 초라하고 부담이 되는 성가신 존재인 반면, 민간영역은 빛나고 능률적이라는 생각이 보편적이다. 그러나 이 책에서 소개하는 꾸리찌바Curitiba는 그러한 통념으로부터 일정하게 벗어나 있는 흔치 않은 사례이다. 즉, 선진국에서도 실천하지 못한 일을 남미의 한 변방도시 꾸리찌바가 공공영역을 중시하는 새로운 정치를 실험하고 구현하면서도 사람과 장소를 환경적으로 건전하고 지속가능하게 바꾸어 놓고 있다는 사실 하나만으로도 우리에게 시사하는 바가 매우 크다.

필자는 전문가의 한 사람으로 국내의 한 광역자치단체에서 수년 동안 공직생활을 하면서 무수히 많은 세월을 깊은 탄식과 좌절 속에서 보낸 특이한 경험을 가지고 있다. 당시의 기억을 일일이 되살리는 것은 필자가 잠시라도 몸담았던 공직사회에 누가 되는 일이므로 이 자리에서는 생략하기로 한다. 다만 이 글에서 필자가 자신 있게 말할 수 있는 것은, 내가 자치단체장이라면 저런 일은 최소한 안 할 텐데 하는 일들을 무수히 많이 보아 왔다는 사실 정도이다.

그러한 대표적인 예로, 주민을 위한다는 명분 아래 추진되지만 주민을 위한 것도 아니고, 삶의 질을 제고하기 위해 추진한다는 허울을 쓰고 있지만 생활세계의 변화 모습은 어디에서도 느껴지지 않는, 사업을 위한 사업만이 계속 반복되는 것을 들 수 있다. 그때나 지금이나 달라진 것이 전혀 없이 도처에서 쉽게 발견되는 이런 현상은 필자가 속해 있던 자치단체뿐 아니라 국내의 모든 자치단체에서 공통으로 발견되는 일이기도 하다. 그것이 지난날 IMF 사태를 가져오는 데 적지 않은 기여를 했고, 우리가 사는 이 지역공동체를 지속불가능한 사회로 만드는 데 일조를 했음은 두말할 필요도 없는 엄연한 사실이다.

일찍이 이러한 문제점을 인식한 필자는 90년대 초부터 위민행정을 하면서도 환경적으로 건전하고 지속가능한 도시가 이 지구촌에는 정말 없는가 하는 점에 깊은 관심을 갖고 있었다. 그 뒤 선·후진국의 많은 생태도시, 환경도시, 또는 지속가능한 도시라 불리는 사례를 연구하고, 자료를 수집하는 활동을 게을리 하지 않았다. 이 과정에서 우연히 미국의 『타임』, 『로스앤젤레스 타임스』는 물론이고 유엔 산하기구의 보도 및 연구자료 속에서 '꿈의 도시' '희망의 도시' '존경의 수도' 등으로 불리는 꾸리찌바 시에 자이메 레르네르라는 혁신적이고 창조적인 인물이 있다는 사실을 발견하게 되었다. 국내의 자치단체 사정을 비교적 소상히 아는 필자로서는 이때 그의 철학과 확고한 신념, 그리고 꾸리찌바의 도시관리 방향에 깊은 충격과 감명을 받았다.

그러다가 우연치 않게 98년 4월까지 KBS에서 절찬리에 방영한 20부작 다큐멘터리 『생명시대』의 현지 자문을 부탁 받았다. 97년 5월 말부터 약 2주 이상을 꾸리찌바에 체류하면서 보고 느낀 경험은 그냥 버리기에는 너무나 아까운 것이었다. 따라서 이를 보다 체계적으로 정리하고 많은 사람들에게 알리는 것이 매우 중요하다는 생각을 하기에 이르렀다.

이 책은 학자나 전문가들을 대상으로 쓰어진 것이 아니고, 자치단체장을 포함한 공무원, 시민운동가, 그리고 일반 시민들이 자신이 사는 공동체를 꿈과 희망의 도시로 만들기 위한 혁명에 어떻게 동참할 수 있는가를 배울 수 있도록 하는 데 초점이 맞춰져 있다. 또한 공동체 구성원 모두가 장래의 삶을 올바르게 설계해 자신이 뿌리박고 사는 터 자체를 지속가능한 사회로 개조해 가는 데 주인이 되도록 하는 일에 조금이나마 기여하고자 쓴 것이다.

그러나 한 도시를 해부하고 체계적으로 소개하는 이 방대한 작업은 결코 나 한 사람만의 노력으로 이루어진 것은 아니다. 언제나 마음속에 자리잡고 있는 필자의 스승이자 『녹색평론』의 발행인이신 김종철 선생님의 따뜻한 충고와 조언은 이 책을 쓰는 내내 가장 커다란 힘이 되었다. 또한 다큐멘터리 촬영 때 꾸리찌바를 방문할 기회를 만들어 준 KBS 『생명시대』 제작팀과 (주)인디컴의 서천수 감독, 현지통역을 맡았던 외무부 중남미과에 근무하는 김학유 선생, 그리고 꾸리찌바 체류시 온갖 협조를 아끼지 않은 자이메 레르네르Jaime Lerner 주지사와 까시오 다니구찌Cassio Taniguchi 시장, 까주미 히로노Kazumi Hirono 여사 등에게도 말로 표현할 수 없는 큰 은혜를 입었다. 그리고 어려운 여건 아래서도 출판을 흔쾌히 맡아주신 출판사 〈이후〉 가족들에게도 이 자리를 빌어 다시 한번 감사 드린다.

끝으로 저자가 새 삶을 찾기 시작한 이후 지난 몇 년 동안 언제나 따뜻한 배려와 격려로 큰 힘이 되어 준 아내 낙미와 두 딸, 지연이와 홍주에게도 고마운 마음을 전한다.

2000년 12월
박용남

프롤로그
궁목수가 만든 꿈과 희망의 도시

조상 대대로 법륭사의 건축물을 돌보는 일을 맡아온 일본의 저명한 궁목수宮木手 니시오카 츠네카즈西岡常一는 나무의 생명에 두 가지가 있다고 말했다. 하나는 나무가 살아온 수령이고, 다른 하나는 나무가 목재로 쓰여졌을 때부터의 내용연수耐用年數이다.

일본의 법륭사와 같은 고대 건축물에서 사용된 노송나무를 예로 들면, 수령이 최소한 2천 년 전후라고 한다. 서기 607년경에 창건된 이 고대 건축물이 60여 년이 지나 불탔고, 692년 이전에 재건되었다고 하니 현재를 기준으로 할 경우 내용연수도 1,300년이 넘는 셈이다. 이것은 천 년이 지난 나무가 아직도 살아 있다는 것을 의미한다. 지금도 탑의 기와를 들어내고 하단에 있는 흙을 벗겨보면 처마의 휨이 돌아오고, 대패를 대보면 아직도 노송나무 향기가 난다고 한다. 이렇듯 나무 생명의 길이는 수령과 내용연수를 합해야 할 만큼 아주 길다.

그런 생각이 무엇을 뜻하는지는 나이 아흔을 눈앞에 둔 궁목수의 다음과 같은 말 속에 잘 나타나 있다.

"천 년 된 나무라면, 적어도 천 년이 가도록 하지 못하면 나무에게 미안하다. 그리고, 살아온 만큼의 내용연수로 나무를 살려서 쓴다고 하는 것은 자연에 대한 인간의 당연한 의무이다. 그렇게 되면, 나무 자원이 고갈된다거나 하는 일은 일어날 리 없다. 나무라고 하는 것은 대자연이 낳고 기른 생명이다."

이와 같이 두 개의 생명이 수명을 다하도록 하는 것이 목수의 역할이라고 말하는 니시오카의 진솔한 이야기는 우리의 가슴을 여미게 하기에 충분할 뿐 아니라 잔잔한 감동으로까지 전해지고 있다.

지구상에 존재하는 무릇 모든 생명체나 무생물도 우리가 인지하지 못하는 생명 또는 수명을 가지고 있는 것을 아닐까? 그럼에도, 생명을 파괴하는 행위가 아무 생각 없이 도처에서 자행되고 있다. 최근 우리가 뿌리내리고 사는 이 사회의 생태·환경 위기는 나무의 수령도 내용연수도 전혀 모른 채 무작정 개발을 하면서 업적을 과시하고자 하는 지방 자치단체장이라는 목수들이 만든 집과 그 집에서 나무의 내용연수를 단축시키는 많은 주민들로부터 연유한 것이다.

따라서 지금 우리 시대는 참된 궁목수와 궁목수에게 없어서는 안 될 노송나무가 필요한 때이다. 그들이 진정으로 그리운 이유는 나무가 가진 두 가지 생명의 수명을 다하지 못하도록 하는 반환경적인 지방 자치단체장과 주민들이 너무 많기 때문이다. 이런 때, 탁월한 궁목수와 노송나무가 조화를 이루어 만들어낸 한 도시를 선진국이 아닌 남미의 외진 변방에서 발견한다는 사실은 우리에게 매우 반가운 일이 아닐 수 없다. 대도시의 경우에도 환경적으로 건전하고 지속가능한 개발이 가능하다는 것을 보여주는 좋은 사례로 국제사회에서 곧잘 언급되는 꾸리찌바가 바로 그곳이다.

여기에서 말하는 지속가능한 개발이란, 그로 할렘 브룬트란트가 〈환경과 개발에 관한 세계위원회(WCED)〉에 제출한 보고서인 『우리 공동의 미래』에서 제시한 정의, 즉 '미래 우리 후손의 욕구를 충족시킬 수 있는 능력과 여건을 저해하지 않으면서 현 세대의 욕구를 충족시키는 개발'을 의미한다. 학자들 사이에서도 완전한 합의가 이뤄지지 않았지만, 이 정의에는 세 가지 개념—환경의 가치, 미래지향성, 형평성—이 공통으로 내포되어 있다. 바꾸어 말하면, 지속가능한 개발에서는 자연환경을 경제적 자원으로서뿐만 아니라 '삶의 질'을 향상시키는 데 필요한 환경의 질로서 그 가치를 평가해야 하고, 5~10년의 단기적 영향뿐만 아니라 장기적인 영향도 고려한 사전 예방적인 조치의 필요성과, 나아가 세대 내의 형평과 세대간의 형평의 중요성을 강조하고 있다.

이런 지속가능한 개발을 추진해온 꾸리찌바 시는 오늘날 세계 속에서 모범적인 환경자치체로 우뚝 서 있다. 미국의 시사주간지 『타임』은 꾸리찌바를 '지구에서 환경적으로 가장 올바르게 사는 도시'로 선정했고, 우리에게 너무나도 낯익은 로마클럽의 유명한 보고서(『성장의 한계』)의 공동 집필자 중의 한 사람이었던 도넬라 메도우즈도 꾸리찌바를 '희망의 도시'라고 명명했다. 또한 전 토론토 시장인 아서 엑레스턴이 미국의 시사월간지 『세계와 나』에 게재된 한 인터뷰에서 "캐나다의 토론토에서 실시 중인 도시계획은 모두 꾸리찌바에서 배워온 것"이라고 밝힌 바와 같이, 서양 사람들에게도 '꿈의 미래도시'로 알려져 있는 곳이다.

그렇다면, 이 도시가 우리에게 던져주는 메시지는 과연 무엇일까? 그것은 꾸리찌바 시의 전 시장이자 현 빠라나 주지사인 자이메 레르네르의 다음과 같은 지적에 명료하게 나타나 있다.

"보다 나은 도시에 대한 꿈은 언제나 그 주민들의 머리 속에 있습니다. 우리 시는 낙원이 아닙니다. 우리도 다른 도시들이 지니고 있는 문제들을 대부분 갖고 있습니다. 내일의 시민인 아이들과 그 아이들이 살아갈 환경을 다루는 일보다 더 깊은 연대감을 느낄 수 있는 것은 없기 때문이지요."

앞에서 언급한 자이메 레르네르의 '희망의 도시'에 대한 꿈을 우리 도시에서 구현할 수 있는 길은 없는가? 그 해답을 찾기 위해서는 우선 꾸리찌바의 과거와 현재, 다양하고 창조적인 실험을 통해 꾸준히 추진해왔던 개발 경험, 그리고 꾸리찌바로부터 배울 수 있는 교훈 등을 고찰해본 후, 우리 실정에 맞는 '꿈과 희망의 미래도시' 청사진을 새롭게 만들어야만 한다. 이것은 우리들이 "범세계적으로 생각하고, 지방적으로 행동하라" 즉, "생태적으로 생각하고, 생태적으로 행동하라"는 지구환경 위기 시대의 행동원리를 실천해 나가는 데 필요한 아주 의미 있는 작업인 것이다.

, a união dos conceitos de belo, firme e útil.

CEMITÉRIO MUNICIPAL DO ÁGUA VERDE
IPPUC - JULHO 95

1

식민지 도시에서 현명한 도시로

꾸리찌바Curitiba시는 히오데자네이루Rio De Janeiro에서 남서쪽으로 약 800km(사웅파울로에서 400km) 떨어진, 대서양 연안에 위치한 빠라나 주의 주도이다. 평균 고도 908m의 아열대 지방에 자리잡은 이 도시는 총면적이 432㎢(대략 남북으로 35km, 동서로 20km)로 우리나라의 대전시 면적보다 약 100㎢나 작지만, 지형이 이과수 유역을 축으로 북쪽, 남쪽, 남동쪽에 고원을 가진 구릉성 언덕으로 이루어져 있어 이용 가능한 토지 규모는 대전보다 약간 큰 전형적인 대도시다.

브라질의 주도 가운데 가장 많이 유럽의 영향을 받은 꾸리찌바는, 뚜삐-과라니Tupi-Guarani 인디오의 말로 '빠라나 소나무Kurýtyba'라는 뜻을 가지고 있다. 전해오는 한 설화에 따르면, 포르투갈 식민주의자들이 16세기 중엽에 아라우까리아 대평원을 탈취한 뒤 '여기'라고 말하면서 창을 꽂은 땅이 꾸리찌바의 시작이라고 띤딘께라 지방의 한 인디언 추장이 말했다고 한다. 그곳은 오늘날까지 "소나무 들판의 우리 숙녀"라는 시적인 표현으로 꾸리찌바 시민들에게 잘 알려져 있는 장소이다.

이렇게 탄생한 꾸리찌바는 원주민과 비싼 금속을 찾아 인접한 사웅파울로 주에서 온 개척자들이 탐험을 하는 곳이었다. 최초의 이주민은 아

두바 강가의 빌링아라 불리는 한 장소에 정주했고, 그 뒤에 찌라덴떼스 광장이 자리잡고 있는 지역으로 이동했다. 1693년 3월 29일에 꾸리찌바는 남부로 가는 실크로드상의 전략적 중심지에 입지하고 있다는 이유로 포르투갈 당국에 의해 소도읍으로 분류되었다.

초기에 도착한 사람들은 대부분이 상인 신분이었던 독일인이었고, 그 후에는 프랑스인, 스위스인과 오스트리아인이 이주해 오면서 본격적으로 식민지가 개척되었다. 1842년에 소도읍이 공식적으로 하나의 시로

승격되었고, 시의 인구가 약 6,000명에 이르렀던 1853년에 빠라나 주의 수도가 되었다. 이때부터 이주민들(거의 유럽인)이 대거 꾸리찌바에 몰려들기 시작한다.

1871년에는 대부분이 농민이었던 폴란드인이 이주해와 남쪽에 정주했고, 다음 해에는 산업노동자와 장인으로 구성된 이탈리아인이 북부지역에 자리잡아 나아갔다. 1915년에는 일본인들이 도착했고, 뒤이어 레바논과 시리아인이 신발과 조립품 상점으로 도심 안에 자리잡기 시작했다. 이런 외국인들의 이주 물결은 홍차의 일종인 마떼, 목재, 가축과 커피산업이 호황을 누리면서 1940년대까지 계속되었다. 1950년 후부터는 브라질인의 국내 이주가 시작되었고, 그들은 오늘날 시 인구의 31%를 차지하고 있다.

제2차 세계대전 후, 꾸리찌바는 북쪽의 사웅파울로와 남쪽의 싼따까따리나Santa Catarina, 히오그랑데도술Rio Grande do Sul 주를 연결해주는 연방 고속도로의 중간에 위치하고 있다는 입지적 장점 때문에 새로운 경제활동을 위한 서비스산업의 중심지가 되었다. 특히 1970년대에 꾸리찌바에서의 인구성장과 면적 확대는 주로 빠라나 주의 농업 기계화와 수출작물의 개발 때문이었다. 이곳은 핵심 산업 및 상업지역이자 빠라나구아 항구를 통한 농산품의 가공 및 수출 중심지였던 것이다. 그 결과, 꾸리찌바는 1950년에 인구 18만 명의 소도시에서 2000년에는 270만 명(광역도시권 인구)의 대도시로 급성장할 수 있었다.

그러나 꾸리찌바는 1950년대에 이미 급속한 인구 증가와 도시환경 문제로 고통받는 다른 제3세계 도시와 유사한 상태에 놓여 있었다. 예를 들면, 농업 기계화로 밀려난 이주민들이 도시로 몰려들어 도시 주변부의 무허가 정착지에 무분별하게 정주하기 시작했으며, 강과 하천은 자연적인 배수로에 대한 고려 없이 인공수로로 전환되어 도심지역에 빈번히 홍수를 가져오고 있었다. 또한 교통체증이 도시기능을 마비시킬 만큼 심했던 브라질리아를 제외하고는, 1인당 가장 높은 자동차 보유율과 자동차 보유대수를 갖고 있었다. 그리고 1964년부터 1979년까지 군사독재 기간 동안의 정책들은 국가적인 대규모 하부구조 프로젝트를 선호하는 해외자본의 영향을 받았고, 그로 인해 도시지역에 상당한 투자가 이루어졌다. 그 결과로 대부분의 도시들은 고속도로를 건설했고, 자가용 통행을 위해 육교가 건설되면서 자가용 이용이 계속 조장되는 상황이었다. 물론 꾸리찌바도 1960년대 초반까지는 이런 상황이 지속되었고, 도심의 사적지까지 훼손될 위기에 직면하게 되었던 것이다.

이런 계획된 파괴는 이에 저항했던 자이메 레르네르의 출현으로 1962년부터 상황이 역전되기 시작했다. 지난 25년 동안 꾸리찌바의 성공을 이끌어왔던 그는 임명제 시장과 민선 시장을 3회(1971~75년, 1979~83년, 1988~92년)—브라질에서 가장 인기 있는 정치인의 한 사람으로 70% 이상의 지지율을 보였던 그가, 시장을 계속하지 못하고 중간에 공백 기간이 있었던 것은 선거법에 명시되어 있던 연임금지 규정 때문이었다—나 역임한 꾸리찌바 시의 산 증인이자 연출자이기도 하다. 한 도시를 보존하면서 가장 아름답고 살기 좋은 곳으로 만들기 위해 오랜 세월을 봉사했던 그의 헌신적이고 창조적인 노력으로, 꾸리찌바 시는 제3세계 도시이기는 하지만 보전 및 시민정신이 도시환경을 개선할 수 있다는 것을 보여준 빛나는 예로서 곧잘 거론되고 있다. 그렇다고 오늘날 국제사회에서의 꾸리찌바 시의 위상이 스스로 개혁가—친구들은 사회의식을 가진 월트 디즈니라고 평했다—라고 말하는 혁신적인 레르네르 시장의 노력만으로 이루어진 것은 결코 아니다. 여기에는 관료제에 물든 기존

꾸리찌바 시 전경

의 관행을 과감히 벗어 던지고 언제나 시민과 함께 하려는 공직자들과 시민들의 능동적인 참여가 있었음을 부인할 수 없다.

꾸리찌바 시 공무원들은 정태적인 마스터플랜이 역동적인 도시 문제를 적절하게 다루지 못할 것이라는 사실을 잘 알고 있었다. 공무원들은 도시 문제를 스스로 현장에서 확인하고, 주민들과 대화하고, 주요 이슈에 대해 주민들과 부단히 토론했으며, 이를 토대로 도시를 전반적으로 변화시켜 나아갔다. 이런 일련의 과정은 제도형 탁자 위에서는 좀처럼 발견되지 않는 통찰력을 제공했다. 즉, 지방 수준에서 실현될 수 있고 변화하는 환경 속에서도 적용할 수 있는, 단순하고 유연하며 비용이 적게 드는 해결책을 개발하고 집행해 나갔던 것이다.

그 결과 꾸리찌바는 미국의 시사주간지인 『유에스 뉴스 앤드 월드 리포트』(1998년 6월 8일자)에서 언급한 바와 같이, 세계에서 가장 '현명한 도시Smart Cities' 가운데 하나로 부상하게 되었다.

세계 유수의 언론 기관들은 그들이 무시하듯이 제3세계라 지칭하던 브라질의 한 변방도시를 두고 왜 이렇게 입이 마르게 앞다투어 찬사를 보내는 것일까? 우리보다 국민소득도 월등히 낮고 지방재정 여건도 열악한 남미의 외딴 도시에서 과연 배울 것이 있는 것일까? 이런 질문에 대한 구체적인 대답에 앞서, 필자는 먼저 꾸리찌바 시의 사회·경제적 상황을 간단히 개괄해 보기로 한다.

꾸리찌바의 인구는 1940년대 내내 완만하고 안정된 속도로 증가했으나 1950년대를 지나면서부터 급속한 성장을 경험했다. 빠라나 주에서의 농업 기계화, 수출 작물의 개발과 연계된 이주의 물결로 꾸리찌바와 꾸리찌바 광역도시권 지역의 도시성장률은 1970~80년대에 거의 7%를 기록해 브라질에서 가장 높았고, 1990년대에 들어서도 거의 6%대에 육박할 만큼 매우 높은 수준을 기록했다. 그 결과로 2000년 말 현재 꾸리찌바 시의 인구는 약 161만을 넘어섰고, 광역도시권 지역을 포함하면 거의 270만 명에 이르는 것으로 보고되고 있다.

이렇게 높은 인구성장률을 보인 꾸리찌바는 사회·경제적 지표면에서도 높은 수준을 나타내고 있다. 1997년을 기준으로 1인당 GDP가 7,977달러(빠라나 주 평균은 5,548달러, 브라질 평균은 5,029달러), 문자 해득률 94.5%, 유아사망률 0.6%, 음용수 공급가구율 99.0%, 하수도 공급가구율이 61%이고 98.0%의 가구가 쓰레기 수거 서비스 혜택을 받고 있다. 브라질 전체가 이 수치에 도달하려면 앞으로도 약 20년의 세월이 더 걸릴 것이라고 많은 사람들이 말할 정도로 꾸리찌바의 수준은 아주 높다.

꾸리찌바의 주요 경제활동은 서비스(19.6%), 제조업(18.9%)과 상업(15.1%)으로 브라질 내의 다른 대도시들에 비해 산업구조가 건실한 편이고, 실업률도 그리 높은 수준은 아니다(1990년 국가 센서스를 보면, 꾸리찌바의 경제활동 인구의 8%가 실업자인 것으로 발표되어 있다. 그러나 브라질은 실업보상 체계가 갖추어져 있지 않고, 대부분의 저소득 도시 거주자들은 실제 고용 수준을 측정하기 어려운 비공식 부문의 임시직에 종사하므로 실제 수치는 이보다 훨씬 높을 것으로 판단된다).

역사적으로 볼 때, 농업에서 공업활동으로의 이행은 꾸리찌바 공업단지(CIC)의 조성과 함께 1973년 초에 시작되었다. 꾸리찌바 공업단지는 시의 서쪽 끝에 40km²의 면적으로 건설되었다. 그것은 자치단체의 경계 안에 중공업 및 유해공업 활동을 제한하는 한 정책으로써, 그리고 특별한 공업지역에 더 많은 산업을 유치하는 하나의 대응전략으로써 창조되었다. 1991년 402개 산업체가 꾸리찌바 공업단지에 입주했다. 즉, 1973~80년 사이에 125개 기업을 유치했고, 1981~90년 사이에는 추가로 277개 기업이 들어왔다. 필자가 방문했던 1997년 5월 말에는 1991년에 비해 100개 이상의 산업체가 추가로 입주하여 약 500개 업체가 생산활동을 하고 있었다. 꾸리찌바 공업단지에 의해 창출된 고용은 현재 시 총 고용인구의 5분의 1에 달하고 있다.

이와 같은 괄목할 만한 경제성장 덕택으로 꾸리찌바는 1980~90년 기간 동안 브라질의 다른 도시지역과 비슷한 인플레이션을 경험했다. 꾸리찌바의 1990년도 도시물가지수는 1794.84로 벨로 호르존찌나 사웅파울로보다는 훨씬 낮지만, 브라질리아나 히오데자네이루보다는 월등히 높게 나타나고 있다. 이런 경향은 경제발전이 급속도로 진전되는 최근까지 지속되고 있어 브라질 내에서는 비교적 높은 물가 수준을 보이고 있다.

이와 달리 꾸리찌바 시의 경제적 복지 수준은 브라질의 남부 및 남동부 지역에 있는 다른 주도와 비슷하다. 꾸리찌바 시의 75개 지구에서 14,087가구를 표본으로 하여 산정한 가구별 소득 수준과 분포치를 사웅파울로 및 브라질 전체의 수치와 비교해 보면, 그것은 보다 분명히 확인된다.

꾸리찌바 가구의 4.9%가 매달 1분위 계층의 최저임금(72달러)을 벌고, 이밖에 28%는 매달 2분위 및 3분위 계층의 최저임금 소득을 얻고 있다. 꾸리찌바 시 사회개발국은 전자의 범주에 속하는 가구들을 '절대빈곤선'으로서, 후자의 범주를 '우선 주의가 필요한 빈곤선'으로서 규정하고 있다. '절대빈곤선'과 '우선 주의를 요하는 빈곤선' 이하에 있는 가구비율은 사웅파울로와 비교해 큰 차이가 나지 않는다.

그러나, 상위소득 가구(11~20분위 계층 이상)의 분포비가 15.7%로 사웅파울로의 20.6%에 비해 낮은 반면, 중간소득 가구 분포비는 비교적 높은 수준을 보이고 있다. 이것은 남미에서 가장 빈부격차가 심한 도시 가운데 하나인 사웅파울로에 비해 소득 불평등이 훨씬 덜하다는 것을 의미한다.

지금까지 우리들은 꾸리찌바의 현재 상태를 간단히 조망해 보았다. 꾸리찌바와 브라질 전체, 그리고 다른 대도시 사이를 비교해 보면 몇몇 차이점이 발견되고 있다는 것을 알 수 있다. 또, 많은 학자들이 흔히 진보의 기준으로 내세우는 1인당 소득 수준이나 소득 분포를 우리나라 도시와 비교해 본다면, 그렇게 내세울 만한 도시가 아님은 분명하다. 게다가 꾸리찌바는 아름다운 해변이나 항구는 물론이고 로마나 파리와 같이 위대한 문화 유산을 가지고 있는 도시는 더더욱 아니다. 그럼에도 불구하고 꾸리찌바가 꿈과 희망의 도시라는 애칭을 얻으면서 국제사회에서 주목을 받는 이유는 어디에 있는 것일까? 이제부터는 이 신비에 쌓인 베일을 하나하나 풀어 보기로 한다.

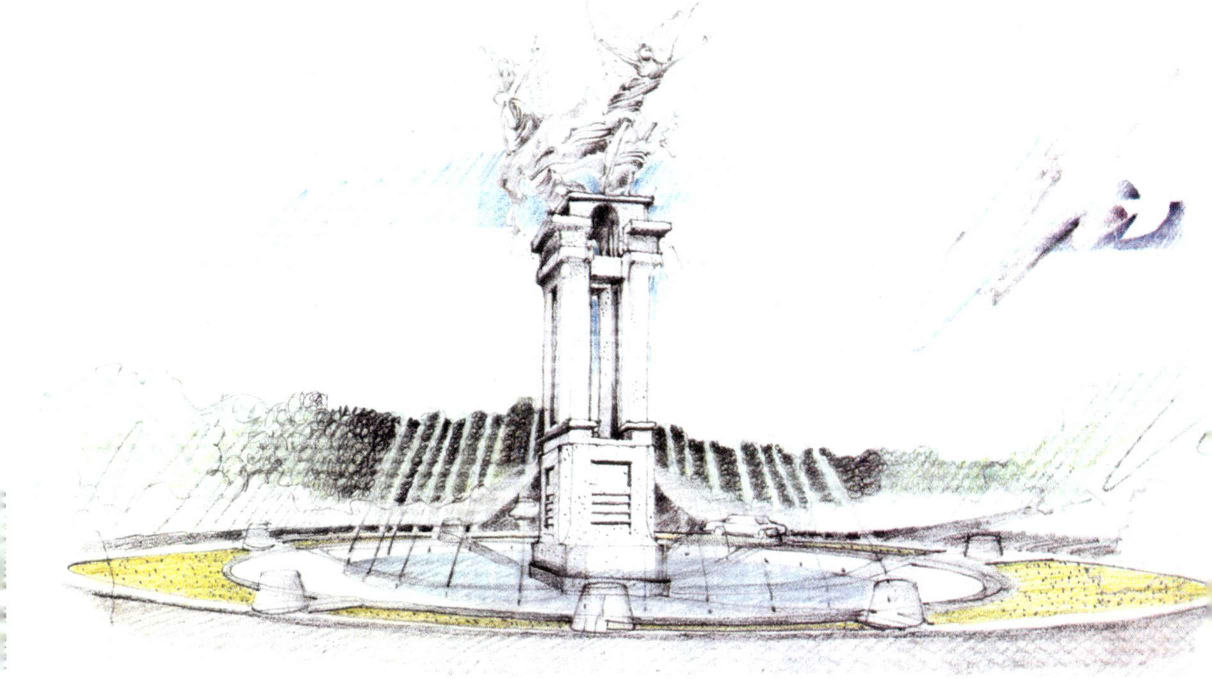

Projeto da Fonte de Jerusalém.

2

생태혁명의 이해를 위한 열쇠

1. 4차원의 도시혁명

　　　　　　　창조적이고 합리적인 도시설계는 한 도시의 자립적인 개발과 함께 높은 삶의 질을 보장해준다. 지난 수십 년 동안 꾸리찌바는 그런 전형을 보여주면서 브라질 내에서 조직적이고 체계적인 도시혁명을 추진해온 대표적인 중심지였다. 이런 도시가 어떤 과정을 거쳐 탄생되었는가를 이해하기 위해서는 우선 도시개발의 변천사를 간단히 개괄해 보는 것이 중요하다.

　　1880년대에 들어 꾸리찌바와 빠라나구아 항구 사이를 연결하는 철도가 개통되고, 1886년 5월에 시민공원—수차례의 홍수에 대비해 벨렝 강을 수로화하고 습지를 전환시켜 레저 공간으로 만든 꾸리찌바 최초의 공원—을 개장하는 등의 가시적인 개발이 진행되었다. 그리고 20세기에 접어들면서 영화, 축음기, 공원, 카페, 파이 상점 등을 포함해 상업 및 레저활동이 다양화되고, 신규도로가 개통 포장되는 등 여러 지역에서 상당히 많은 건설 및 토목 사업이 이루어졌다. 1913년에는 도심의 모든 가로가 알돌로 포장되었고, 노벰브로와 히오브랑꼬의 거리가 확장되었으

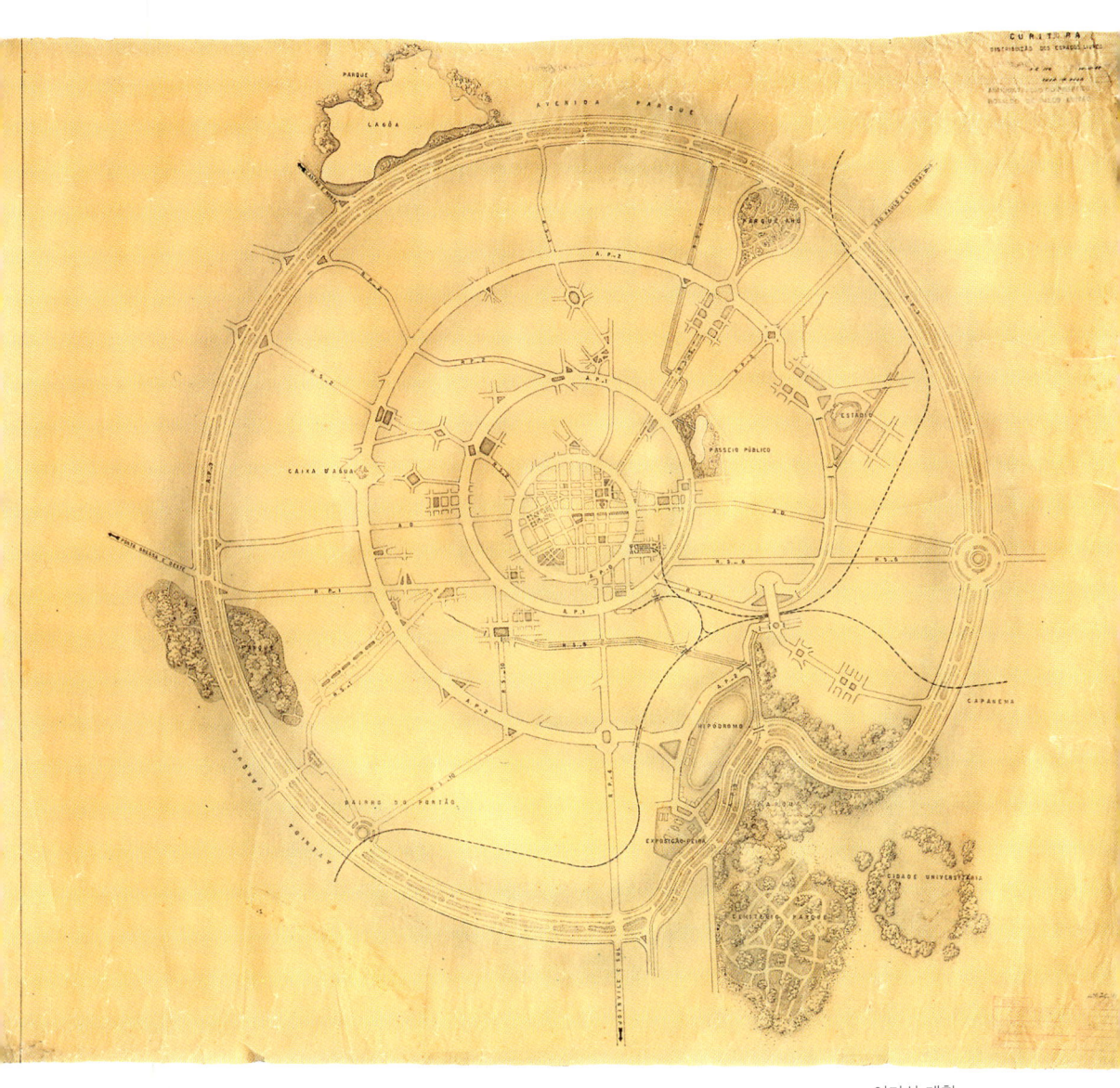

아가쉬 계획

며, 망아지가 견인하던 마차도 전차에게 길을 내주는 등 도시가 급속하게 변모하고 있었다.

이러한 변화에도 불구하고, 빠라나 주의 수도인 꾸리찌바는 1940년까지 대부분의 브라질 농촌도시와 같이 인구 약 12만 명의 소도시에 지나지 않았다. 몇 개의 취락지구만 있고 대중교통이 없었으며, 도시 성장도 19세기와 20세기 사이에 정주한 개척자와 이주자들이 소유한 지역기업에 의해 이루어졌다. 정착민들은 주로 독일, 폴란드, 우크라이나와 이탈리아인이었고, 그들이 꾸리찌바에 식품, 약용 식물과 삼림업 등의 공장과 공업화를 가져왔다. 유럽인들이 가져온 기술은 전형적인 산업혁명기의 기술이었을 뿐, 아무 것도 새로운 것이 없었다.

그 결과, 시는 무계획적으로 성장했다. 이주민의 정주지가 서서히 형성되었지만, 1857년 프랑스의 엔지니어 삐에르 똘로이즈가 입안한 도시계획대로 8개의 가로를 따라 정착촌이 자리잡지 않고, 인구성장에 비례해 무분별하게 도시구조가 개편되어 나아갔다. 이러한 양상은 로잘도 데 멜로 레이따웅 시장이 프랑스의 유명한 도시계획가이자 건축가였던 알프레드 아가쉬―사웅파울로와 히오데자네이루의 도시계획에도 참여한 전문가―에게 도시계획을 입안해줄 것을 요청한 1941년까지 유지되었다.

1943년에 완성된 '아가쉬 계획'은 도시 성장을 지향하는 꾸리찌바 최초의 공식적인 시도였다. 주거지에 둘러 쌓인 중심지역을 핵으로 환형環形 도로에 방사형放射形 도로를 연결한 교통체계를 제시한 이 계획의 기본 원칙은 중심상업업무 지구를 강화하는 것이었다. 고전적인 계획 개념을 반영한 이것은 1950년대부터 브라질에서 일어나기 시작한 자가용 붐을 예측하는 것에 실패한 데다, 공공자금의 부족 때문에 방사형 가로를 제외하고는 거의 집행되지 않았다. 그로 인해 아가쉬 계획에서 정했던 물리적 경계를 넘어 도시가 무분별하게 교외로 성장해 나가기 시작했다.

아무튼, 아가쉬 계획은 꾸리찌바 시청에 도시과와 꾸리찌바 계획위원회(COPLAC)가 설립된 1954년까지 시를 만들어 가는 주요한 지침서였다. 그것이 꾸리찌바 시에 남긴 가장 큰 교훈은, 잘 짜여진 도시계획이 도시문제를 해결하는 데 무엇보다 중요하다는 사실을 공직 사회에 깊이 인식시켰다는 점이다. 이러한 자각에 힘입어 1964년에 아가쉬 계획을 수정한 '예비도시계획'—1960년대의 용도구역 및 토지이용계획과 현재의 꾸리찌바 시 종합계획의 기초가 된 계획—이 마련되었고, 그것이 나중에 '꾸리찌바 종합계획'이 되었다.

브라질 전역을 대상으로 한 경쟁입찰을 통해 브라질계 컨설팅 회사인 아이삭 마일더의 세레떼가 선정되었고, 그들이 주체가 되면서 시청과 지방 전문가를 참가시켜 구성한 한 컨소시엄에 의해 '꾸리찌바 종합계획'(일명 세레떼 계획)이 입안되었다. 그리고 1965년에 꾸리찌바 도시계획연구소(IPPUC)—종합계획 입안 과정을 조정키 위해 창립된 꾸리찌바 연구 및 도시계획 자문위원회(APPUC)가 후에 도시계획연구소(IPPUC)로 바뀌었다—가 그 계획을 집행하면서 도시개발 사업을 지속적으로 수행하기 위해 창립되었다. 도시학자 자이메 레르네르 소장과 숙련된 기술자들이 한 팀이 되었던 이 연구소에서는 종합계획의 완성도를 높이기 위해 「꾸리찌바의 내일」이라는 공개 토론회를 개최하고, 나아가 여러 지역을 순회하며 공공기관과 주민을 참여시켜 다양한 의견을 수렴하는 노력도 게을리 하지 않았다.

이렇게 완성된 꾸리찌바 종합계획은 우리의 도시계획과는 접근방식이 근본적으로 다르다. 국내 대부분의 대도시들은 교외에 침상 寢牀 도시형의 대규모 주택단지를 건설하고 외연적인 확산을 유도하며, 그 과정에서 발생하는 교통체증을 비롯한 수많은 도시문제를 해결키 위해 다시 땜질식 도시개발을 일삼고 있다. 이와는 달리 꾸리찌바에서는 중심도시의 물리적 확장을 제한하는 토지이용계획과 교통계획의 통합을 제안했고, 상업·서비스와 주거기능은 중심지로부터 '구조적 교통축'을 따라 선형으로 확대되도록 되어 있다. 그리고 다음의 다섯 가지 주요 원칙에 토대를 두고 상세계획이 이루어졌다.

- 도로망, 교통과 토지이용의 통합을 통해 방사형의 도시성장 추세를 선형으로 바꾸는 것
- 중심지역의 '탈혼잡'과 역사 중심지의 보존
- 인구 통제 및 관리
- 도시개발에 대한 경제적 지원, 그리고
- 하부구조 개선

다만 첫 번째 원칙에서 제시된, 선형線型으로 계획된 토지개발이 급속하게 성장하는 도시의 만병통치약이 될 수 없다는 점을 유념해야 한다. 모든 도시는 상이한 물리적 제약조건과 기회를 갖고 있기 때문이다. 그런 점을 인정한다 하더라도 꾸리찌바의 사례는 모든 도시들이 급속한 성장의 초기에 통행과 토지이용 패턴을 연계해 그들의 공간구조를 바람직한 방향으로 유도해 갈 수 있고, 선형 성장이 공공 대중교통을 촉진할 수 있다는 것을 예시하고 있다. 또한 우리나라를 포함해 대다수 개발도상국의 도시들이 토지이용계획을 통해 성장을 제대로 관리하지 못하는 것과

는 대조적으로 꾸리찌바처럼 정확한 시기에 올바른 원칙에 따라 계획을 마련하고 실천해 가는 것이 얼마나 중요한 일인가를 깨닫게 해준다.

이렇듯 의미심장한 교훈을 우리들에게 안겨 준 꾸리찌바의 계획 과정에는 다른 도시들에서 쉽게 발견되지 않는 특수성이 있다. 아가쉬 계획이 수립된 1940년대부터 예비 도시계획이 마련된 1964년까지를 제외하고는 대체로 두 가지 독특한 양식이 존재하고 있었다. 하나는 집행 이전 단계(1965~70년)의 양식으로, 전통적인 종합계획 방법론에 의해 계획이 수립되어 집행이 상대적으로 덜 강조된 것이고, 다른 하나는 실행단계(1971년~현재까지)의 양식으로 정치적 의지도 강하고 공공행정의 위임도 매우 컸던 시절의 양식이 바로 그것이다. 이 2단계의 계획양식은 시장이 누구냐에 따라 우선 순위에 있어서 다소간의 차이는 있지만, 모두가 꾸리찌바의 도시 발전사에서 빼놓을 수 없을 만큼 매우 중요하다.

첫 번째 단계인 집행 이전기의 계획은 변화하는 사회적 요구에 잘 대응했을 뿐 아니라 미래의 도시성장을 위한 기본적인 지침으로서 커다란 기여를 했다. 이 계획을 수립하는 과정에는 일단의 학생, 전문가와 공무원이 함께 참여해 꾸리찌바 시의 행정에서 새로운 지평을 연 시기이기도 하다. 그리고 오늘날의 꾸리찌바를 만드는 데 산파 역할을 담당한 꾸리찌바 도시계획연구소(IPPUC)를 설립했다. 이곳은 나중에 집행 단계에서 주요한 역할을 수행했던 많은 전문가들을 키워내는 '훈련장'으로서의 기능도 수행했다. 예를 들면, 미래의 시장 자이메 레르네르가 1968~69년 사이에 이 연구소의 소장으로 재직했고, 많은 다른 연구소의 연구원과 관리들 역시 계획팀을 거쳐갔다.

또한 두 번째 단계의 실행계획은 꾸리찌바 시가 안고 있는 특정한 문제에 대해 자신이 개발한 해결책을 집행하도록 하는 데 중요한 계기를 마련했다. 실제로 꾸리찌바 도시계획연구소에 의한 전략적 조정 및 계도와 함께 집행을 강조하는 도시계획 전통을 행정부 내에 확립했고, 나아가 계획 활동과 집행 활동 사이에 일정하게 상호작용을 유지하면서 그에 기초한 도시관리 접근법을 발전시켰던 것이다.

꾸리찌바의 생태혁명은 종합계획이 집행된 1971년에 본격적으로 시작되었다. 1972년 스톡홀름 회의에 의해 세계적으로 고양된 생태의식과 1973년 말 오일쇼크의 강렬한 충격이 남미의 한 주변부 도시에 지나지 않았던 꾸리찌바에도 밀려 왔다. 그 결과 꾸리찌바는 도시계획을 지속가능한 사회로 만들어 가는 새로운 도구의 하나로 활용하고, 삶의 질을 추구하는 철학을 막연한 추상으로서가 아니라 경제·사회적 목표로 설정하기에 이르렀다. 이렇게 하여 자이메 레르네르가 언급한 바와 같이 '4차원의 혁명'이 계획의 결과로 나타난 것이다.

꾸리찌바 도시계획연구소의 한 자료에는 네 가지 특정한 혁명, 즉 물리적·경제적·사회적 변화와 문화적 변화가 계획과정의 결과로 제시되어 있다. 그 가운데 물리적 변화는 다음과 같은 목표에 의해 유도된 도시성장으로 특징화되었다.

- 토지이용법률 마련, 대중교통체계의 발전과 점진적 통합
- 시간을 낭비하는 조사나 이론적인 논쟁에 앞서 물리적 사업을 명확히 설정
- 위에서 언급한 우선 순위에 따라 하부구조 시설을 점진적으로 개선하는 구체적인 정책 개발

이와 같은 방향 아래 꾸리찌바 시 정부는 우선 두 개의 간선 교통축과 이와 관련된 하부구조를 개발하고, 기본적인 공원 네트워크, 자전거 도

로와 (자동차보다 사람에 우선순위를 두는) 중심지에서의 보행자 도로망을 연결한 공공광장의 건설을 실행에 옮겼다. 그리고 꾸리찌바 통합교통망이 점차 간선 교통축을 따라 완벽하게 집행되었다. 이렇게 기본적인 도시의 틀이 만들어지면서 꾸리찌바는 다른 물리적 개선을 실행할 수 있었다. 즉, 보행자들이 주요 가로와 대부분의 역사 중심지를 이용하게 되고, 공원과 녹지의 증가가 홍수통제에 기여하면서 강과 수자원을 보호하게 된 것이다.

경제적 변화는 물리적 변화로부터 시작되었다. 가로 체계의 급진적인 변화, 그리고 종합계획과 체계적이고 과학적인 선형 교통축 개념의 이식은 꾸리찌바 시를 도시성장과 경제발전의 새로운 모델로 안내했다. 그 결과 공업단지가 고립된 공업 게토ghetto를 넘어선 것으로 꾸리찌바에서 창조되었고, 높은 삶의 질과 고용 및 소득을 창출하는 새로운 능력을 가진 시로 개편되었다.

이러한 경제적 변화는 꾸리찌바 공업단지가 조성되기 시작한 1973년부터 나타나기 시작했다. 꾸리찌바의 산업도시 구상은 도시의 지속가능성을 해치는 반환경적인 공업단지가 아니라 오히려 녹색 오픈스페이스에 의해 둘러 쌓인 공업단지이고, 여기에 주택·교통과 서비스를 종합적으로 통합시켰다. 게다가 1980년부터 소규모 산업 및 비공식활동에 행정·재정 지원을 제공했던 '우리들의 프로그램'의 시행으로 꾸리찌바 시는 견고하게 경제적 기반을 구축해 나아가게 되었다.

주로 1980년대 초부터 일기 시작한 사회적 변화는 학교, 보건센터, 성인 및 어린이 보호 프로젝트뿐만 아니라 식품 및 주택 프로그램에서의 민간과 공공부문의 투자 결과였다. 그것은 꾸리찌바 시가 물리적·경제적 변화에 우선을 두었던 1970년대를 벗어나 기본수요(교육, 주택, 보건, 어린이 보호와 위생시설 등)를 충족시키는 방향으로 정책기조를 바꾸면서부터 나타나기 시작했고, 아래와 같은 사회적 변화가 추구되었다.

- 행정구역 안에서 사회경제적 하부구조의 분포 상태 개선(예를 들어, 하나의 통합 네트워크를 대규모 단위로 조직·형성하여 지역사회 수준에서 건설된 보건

꾸리찌바 시 도심에 있는 역사지구

소라도 상급기관의 서비스를 제공받을 수 있는 계층적 서비스 배달 체계의 확립)
- 통합적인 목표를 달성할 수 있도록 상이한 정부기구 사이의 조정
- 기술-행정적 지원의 집중과 시행의 분산화, 그리고
- 지역사회의 참여

마지막으로, 폐쇄적이고 불신으로 가득 찬 꾸리찌바 시의 생활방식을 바꾼 문화적 혁명은 물리적 변화의 산물이었고, 앞에서 언급한 경제·사회적 변화 없이는 가능하지 않은 것이었다. 이런 변화는 아래와 같다.

- 중요한 모임 장소로서 도심의 재생
- 역사적 건물과 문화유산의 보존
- 오래된 건물을 새롭게 이용하는 '건물 재활용' 정책의 집행
- 꾸리찌바 역사지구와 꾸리찌바 문화재단의 창조
- 꾸리찌바 지역에서 문화적 가치 및 민족적 다양성을 보존하도록 하는 일련의 사업(영화관, 공공광장, 기념관) 시행, 그리고
- 새로운 광장과 하부구조 건설, 공원에서의 레저 활동, 저소득 공공주택 개발 등

지금까지 필자는 꾸리찌바에서 추진한 계획의 결과로 나타난 '4차원의 혁명'에 대해 개괄적으로 언급했다. 이것은 이 책의 제3장부터 다루게 될 꾸리찌바의 지속적인 생태혁명 과정을 이해하는 가장 중요한 열쇠에 해당한다. 아래에서는 이와 연관해 오늘의 꾸리찌바를 만드는 데 커다란 기여를 한 것으로 여겨지는 주인공들을 좀더 구체적으로 살펴보기로 하자.

2. 꾸리찌바를 만든 주인공들

꾸리찌바가 국제사회에서 '꿈의 도시' 또는 '희망의 도시'라는 별칭을 갖게 되기까지는 이 도시를 좋은 삶터로 만들어 나가는 하나의 실험실로 보았던 몇몇 사람들과 많은 기관 등의 노력이 있었던 것으로 알려져 있다. 그들은 크게 두 가지 기본적인 범주, 즉 개인적 행위자들과 제도적 행위자들로 나뉠 수 있다. 전자는 후자만큼 중요했고, 그들의 상호작용은 꾸리찌바 실험의 성공을 설명하는 가장 결정적인 요소 가운데 하나이다.

예를 들면, 개인적 행위자인 자이메 레르네르, 하파엘 그레까, 까시오 다니구찌 등 꾸리찌바의 역대 시장과 제도적 행위자인 시청, 꾸리찌바 도시계획연구소(IPPUC), 꾸리찌바 도시공사(URBS) 사이의 유기적 관계는 꾸리찌바를 오늘날과 같은 생태도시로 만들어 나가는 데 가장 중요한 핵심이었다. 그런 탓에 시장을 포함해 이들 기관의 요직은 대부분 개발 초기부터 지속가능한 도시의 전형을 창출하고자 했던 핵심 그룹의 구성원들이 차지했다. 이것을 두고 꾸리찌바 시의 경우 소수의 기술관료와 엘리트들이 권력을 나누어 가지면서 민도가 낮은 도시를 물 말아 먹은 사례라고 극단적인 비판을 하는 사람도 일부 존재한다. 그러나 이것은 나무만 보고 숲 전체를 보지 못한 단견에 지나지 않는다.

꾸리찌바 시의 정부 형태는 의회가 집행부를 견제하는 기관 대립형이고, 시의원과 집행부의 수장인 시장은 모두 주민들의 선거를 통해 직접 선출된다. 브라질의 선거제도가 특별한 경우를 제외하고는 국민 모두가 의무적으로 선거에 참여—16세 이상이면 누구나 선거권이 주어진다—하여 투표를 하도록 법률로 정하고 있어, 꾸리찌바 시의 평균 투표율은 거의 97%에 이르고 있다. 게다가 꾸리찌바 시의회 의원 35명 중 집권당이 차지하는 비율은 불과 20~30%에 지나지 않아, 소수당으로 연정을 해야만 정국 운영이 가능한 형편이다. 예를 들어, 1996년 10월에는 집권당인 민주노동당(PDT)의 의석이 7개 정당 중 비교적 많은 8명이었고, 브라질의 선거법 개정으로 대규모 정계 개편이 이루어진 2000년 1월 현재는 집권당인 자유전선당(PFL)의 의석이 무소속을 포함해 11개 정파 중 가장 많은 9명이었다. 이런 수적 열세를 극복하기 위해 자유전선당에서는 현재 여당에 동조하는 16명의 시의원의 힘을 규합해 연정을 이끌어 가고 있다.

이와 같은 현실을 염두에 두지 않고, 시장의 의지나 시청의 의도대로 도시행정을 무분별하게 끌고 가고 있다고 냉소적으로 비판하는 것이 과연 타당한 일일까? 필자가 보기에 그것은 결코 바람직하지 않은 일이다. 아래에서는 좀더 균형 잡힌 시각을 가지고 꾸리찌바의 오늘을 만든 주인공들에 대해 상세히 고찰해 보기로 하자.

꾸리찌바가 급속하게 성장했던 1970년대 초에는 시장이 군사정권에 의해 임명된 탓에, 정치에 재능이 없었던 엔지니어나 건축가들이 대부분 시장이 되었다. 군사정권 말기에는 꾸리찌바 300년 역사의 일부이자 생태혁명의 기수였던 자이메 레르네르가 관선시장으로 임명되었다. 하지만, 레르네르는 현재 꾸리찌바가 주도로 있는 빠라나 주의 주지사로 브라질 내에서 가장 유력한 대통령 후보 가운데 한 사람이다.

관선시장이었던 레르네르는 첫 번째 임기(1971~75년)를 마치고, 당 동지이자 그의 신봉자였던 엔지니어 사울 라이즈(1975~78년)를 후임자로 추천했다. 라이즈는 공공사업에 더 역점을 기울이면서 그의 전임자였던 레르네르의 도시관리 철학과 정책의 우선순위를 대부분 뒤따랐다. 이들이외에 1970년대의 주요 행위자들로는 민간계약자들과 시, 주와 연방기구들을 들 수 있다. 언론 매체가 검열 아래 있었고 국가 전역에서 대중 참여도 거의 없었지만, 꾸리찌바에서는 1979년 후부터 최근까지 주민 참여가 꾸준히 증가하고 있다. 오늘날 꾸리찌바에서 이루어지는 대부분의 프로그램은 이러한 일반 시민들의 능동적인 참여에 의존하고 있는 것이다.

레르네르 시장은 그가 1980년에 가입한 민주노동당(PDT)의 연정에 의해 다시 선출(1979~83년)되었고, 시의 제도적 틀을 정비·강화해 나갔다. 이 틀은 레르네르의 정치적 반대자였던 푸루에뜨(1983~85년)와 레뀌아(1986~88년) 행정부 아래서도 골격이 흔들리지 않았을 뿐만 아니라, 제3기 레르네르(1988~92년) 행정부 기간에는 오히려 강화되었다.

그리고 레르네르는 도시학자이자 엔지니어였던 하파엘 그레까(1993~96년)—꾸리찌바 도시계획연구소에서 레르네르가 키운 인물로 시장 임기를 끝낸 후 연방정부의 체육관광성 장관을 지냈고, 현재는 빠라나 주의 홍보기획국장으로 있다—를 당시 꾸리찌바 유권자 90만 명 가운데 대다수의 지지로 시장에 당선시켰고, 나아가 현재의 꾸리찌바 시장인 까시오 다니구찌Cassio Taniguchi(1997~현재)를 당선시키는 데도 영향력을 행사했다. 그들은 모두 레르네르가 물려준 유산을 잘 관리하고 새롭게 추가하면서 시민들의 삶의 질을 개선할 수 있는 다양한 사업을 지속적으로 추진해왔다. 꾸리찌바를 지속가능한 도시로 만들어온 것이다.

그러나 1998년에 브라질의 선거법이 개정되어 자치단체장의 연임이 가능하게 되면서 꾸리찌바에도 대규모 정계 개편의 회오리가 몰아닥쳤다. 민주노동당(PDT)의 시장과 주지사로서 오랜 세월을 역임해왔던 레르네르가 그의 후계자인 그레까와 다니구찌 등을 이끌고 1998년 말에 당적을 자유전선당(PFL)으로 옮긴 것이다. 레르네르가 당시로서는 작은

다니구찌 시장과 함께

야당에 지나지 않았던 자유전선당으로 옮긴 이유는 아주 간단하다. 브라질 내에서 막강한 대통령 후보의 한 사람으로서 부상한 레르네르를 민주노동당의 당수였던 레오넬 브리졸라가 정치적으로 심하게 견제하면서 당내 갈등이 심화되고, 정치적 이념도 두 사람간에 현저한 차이를 보였기 때문이다.

이렇게 레르네르가 탁월한 정치적 리더십을 바탕으로 꾸리찌바에서 대규모 정계 개편을 이룩해 가는 동안 다니구찌도 소속 정당을 민주노동당에서 자유전선당으로 바꾸고 지난 해 시장 선거에 다시 출마했다. 하지만 그는 예전과는 달리 상대 당의 후보에게 낙승치 못하고 근소한 표 차이로 재선되는 어려움을 겪었던 것으로 전해지고 있다. 그 이유가 어디에 있는지 꾸리찌바의 정치적 역학관계와 지형에 대해 잘 모르는 필자가 여기서 구체적으로 설명할 수는 없다. 다만 필자가 언급할 수 있는 것은 다니구찌의 경우 전임자들에 비해 지지 기반이 상대적으로 열악한 데다, 외모 자체가 내성적인 엘리트라는 인상을 깊게 풍기고 있고 정치력 면에서도 다소 떨어진다는 사실이 직접적인 이유가 아닌가 추측할 수 있을 뿐이다. 또한 임기 말에 맞이한 IMF 경제위기로 인기가 하락하고, 레르네르와 그레까처럼 꾸리찌바를 변화시키는 데 있어서도 탁월한 능력을 보여주지 못했다는 점 역시 적지 않게 작용한 것으로 보인다.

이런 이유들이 종합적으로 작용해서인지는 모르겠으나, 제2기 다니구찌 행정부(2001~04년)가 최근 들어 레르네르가 기존에 확립해놓은 꾸리찌바 시의 정책기조를 그 기초부터 흔들고 있다는 우려 섞인 목소리가 적지 않게 나오고 있다. 그것은 다니구찌가 재선된 후 꾸리찌바 시를 관통하는 연방 국도의 이전사업을 추진하면서 고비용의 첨단교통 시스템에 해당하는 모노레일을 일본 정부 차관을 들여다가 건설하려고 한다는 사실에서 더욱 두드러진다. 이것을 두고 저비용 정책을 고수하던 자이메 레르네르와 다니구찌 사이에 약간의 갈등과 불편한 관계가 형성되고 있다고 현지인들은 전하고 있다. 이것이 실제로 사실이라고 하더라도 현재로서는 향후의 사태가 어떻게 전개될지 모르고, 그 사업 자체 또한 일본 자본을 유치해 성공할 수 있을지도 알 수 없어 필자가 여기에서 성급하게 예단하기는 매우 어렵다. 단지 필자는 그것이 앞으로의 꾸리찌바를 이해하는 주요한 변수가 될 뿐, 어제와 오늘의 꾸리찌바를 설명하는 데 큰 영향을 미칠 것이라고는 생각하지 않는다.

어떻든 이들 시장 외에도 중요한 역할을 담당해왔던 개인적인 행위자와 제도적 행위자가 적지 않게 존재하고 있다. 그 대표적인 예가 약 35년의 역사를 가진 꾸리찌바 도시계획연구소이다. 예전에는 건축학자 마우호 맥나보스꼬와 오스발도 나바로 알베스, 지금은 루이스 아야까와Luiz Hayakawa가 소장을 맡고 있는 이 연구소는 현재 200명의 직원들―그들 가운데 50명은 꾸리찌바의 오늘을 만드는 데 산파 역할을 담당한 전문가들이다―이 모두 한 팀처럼 일사불란하게 움직이고 있다.

오늘날 이 연구소에서는 브라질의 다른 도시들이나 해외에서 이곳만의 해법을 배우기 위해 온 공무원과 연구자들을 거의 매주 볼 수 있다.

꾸리찌바 시를 관통하는 연방국도

1975년 이래 이 연구소는 2~3개월 단위로「도시관리 응용과정」이라 불리는 연수과정을 개설하고 있다. 국내와 세계 각지에서 온 기술자들은 그 과정을 통해 꾸리찌바 도시계획연구소의 전문가들과 함께 그들 도시의 문제에 대해 깊이 있는 토론을 하는 것으로 알려져 있다.

　꾸리찌바 시와 다른 계층의 정부간의 관계 또한 시간이 지나면서 변했다. 1971년 주도州都의 모든 시장들은 주지사에 의해 임명되었고, 그들 사이의 관계는 비록 주종관계라 할지라도 비교적 원만하고 좋았다. 정치적으로 자율적이라 할지라도 여전히 모든 주도는 재정적으로 주와 연방정부에 의존했다. 지금까지도 존재하는 이러한 관계가 오히려 꾸리찌바를 재정적으로 건실하게 만드는 토대를 제공했다. 그것이 꾸리찌바가 창조적인 저비용 도시개발 사업을 추진하도록 했고, 보완통화의 개발로 부족한 재원을 조달하는 독창적인 프로그램을 개발하도록 했으며, 또한 외부의 도움이 없이도 그 자신의 아이디어를 시행하도록 만들었다.

브라질은 1964년부터 1979년까지 군사독재를 경험했다. 대규모 사회간접자본 프로젝트를 도시투자의 증가와 결부시켜 생각했던 외국자본이 점차 영향을 미치게 되면서부터 이전의 국가적인 수입대체 정책도 변모하기 시작했다. 그때 대부분의 브라질 도시들은 이런 상황을 고속도로와 육교를 건설하는 데 이용했고, 그 결과 자가용의 지배가 강화되고 있었다. 이와 달리 꾸리찌바는 당시로서는 아주 혁신적인 급행버스 차선과 함께 도시성장축을 구축했고, 꾸리찌바 공업단지를 건설했다. 그 시기가 시 전체로 볼 때 물리적 변화의 중대한 전환기였던 것이다.

이때부터 한 가지 주요한 경향이 나타나기 시작했다. 도시관리 기술의 상호교환을 통해 승수효과를 높일 수 있다는 인식이 자리잡게 되면서 국내는 물론 외국의 대도시간에도 교류협력이 강화되고 있었다. 브라질의 대도시와 해외도시로부터 기술계획팀이 자주 꾸리찌바에 방문하고, 이들 팀의 몇몇은 실제로 그들이 사는 도시에서 유사한 프로젝트를 시행하기 시작했다. 꾸리찌바에서 최초로 개발되어 다른 브라질 도시들로 확산된 대표적인 예로는 버스전용차선, 보행자 가로, 토지이용법률의 점진적인 발전, 여러 가지 폐기물 관리 프로그램과 통합교통망 등을 들 수 있다.

이러한 가시적인 성과에도 불구하고 광역도시권 안에 속한 관할 정부간의 관계에는 많은 문제점이 있었다. 대부분의 국가에서처럼 브라질에서도 몇몇 도시기능이 행정구역을 넘어 중복되고 있는 반면, 광역도시권 안의 자치 시가 모두 같은 정당 소속의 시장은 아니었다. 그 결과 이들 사이와 이들과 주정부간의 관계는 항상 협력적인 관계를 유지하고 있지도 않았고, 때로는 심한 반목과 갈등을 보이기도 했다.

빠라나 주 청사에서 바라본 거리 풍경

　이 같은 애로요인을 극복하기 위해 브라질의 9개 주요 대도시권 지역에서 광역도시권 조정기구가 1970년대 중반에 만들어졌다. 그러나 이 제도는 대체로 시장간, 그리고 시장과 주정부간의 간극에 교량을 놓거나 광역도시권에서 일사불란한 행동을 추진하는 전통을 확립하는 데에는 실패했다. 이런 실패는 시장과 주지사들이 그들이 속한 정당의 제한으로 통합기구의 합리적 운영에 동의하지 않았기 때문에 발생한 것이다.

　빠라나 주에서 운영 중인 「꾸리찌바 광역권조정협의회(COMEC)」도 예외는 아니었다. 꾸리찌바는 14개 자치단체로 구성된 대도시권 지역의 거점이다. 현재 160만 이상의 주민이 사는 꾸리찌바는 대도시권 내의 다른 자치단체 등의 인구를 모두 합한 규모의 두 배 이상을 거느리고 있고, 주변도시와는 비교가 되지 않을 정도로 엄청나게 큰 노동시장을 가

49　2장 생태혁명의 이해를 위한 열쇠

지고 있다. 따라서 대중교통, 위생, 폐기물 처리와 치안 관리 등은 모든 자치단체가 행정구역 경계 내에서 독자적으로 해결할 수 없었다. 여러 가지 조정이 다양한 측면에서 시도되었지만, 광역도시권 내의 모든 자치단체가 완전히 동의하는 조정은 거의 이루어지지 않았다. 그렇지만 지금까지 인구 및 경제적 중심지로 기능했던 꾸리찌바 시는 다른 광역도시권 조정기구와는 달리, 당면한 현안 문제를 해결하는 데 필요한 인접 자치단체와의 조정을 비교적 성공리에 마무리한 것으로 평가된다. 그 대표적인 것으로 자치단체간의 새로운 버스노선, 새로운 매립지를 위한 토지 취득, 특수한 물 및 위생사업에 대한 조정, 특정지역에서의 치안문제 등을 들 수 있다.

지금까지 꾸리찌바의 오늘을 만드는 데 산파 역할을 한 개인적인 행위자와 제도적 행위자들을 개략적으로 살펴보았다. 여기서 우리들은 레르네르가 관선시장으로 처음 취임한 지난 1971년 이후, 다양한 정치적 스펙트럼을 가지고 있었다 하더라도 6명의 시장 가운데 5명이 건축가, 엔지니어와 계획가들이었다는 사실을 알 수 있었다. 이들이 오늘의 꾸리찌바를 만드는 데 있어서 가장 중요한 원동력으로 삼은 것은 공동체 구성원 모두가 동의할 수 있는 상식에 토대를 둔 도시관리였다. 그것은 꾸리찌바 시청과 그 산하기구, 민간기업, 공익사업체, 비정부기구, 근린조합과 개별 시민 사이의 파트너십에 의해 제안되고 집행되었다.

꾸리찌바는 우리들이 흔히 개발도상국 도시에서 보는 것처럼 하향적이고 권력의 정점에 서 있는 시장이 온갖 전횡을 일삼는 그런 '시장 지배적인 도시mayor-dominated city'가 아니다. 모든 꾸리찌바 시민들이 도시의 주인이 되어 의무와 책임을 다하고, 시와 시장 역시 그들을 섬기면서 살기 좋은 삶터를 만들기 위해 부단히 노력했을 뿐이다.

3

도시 교통의 청사진

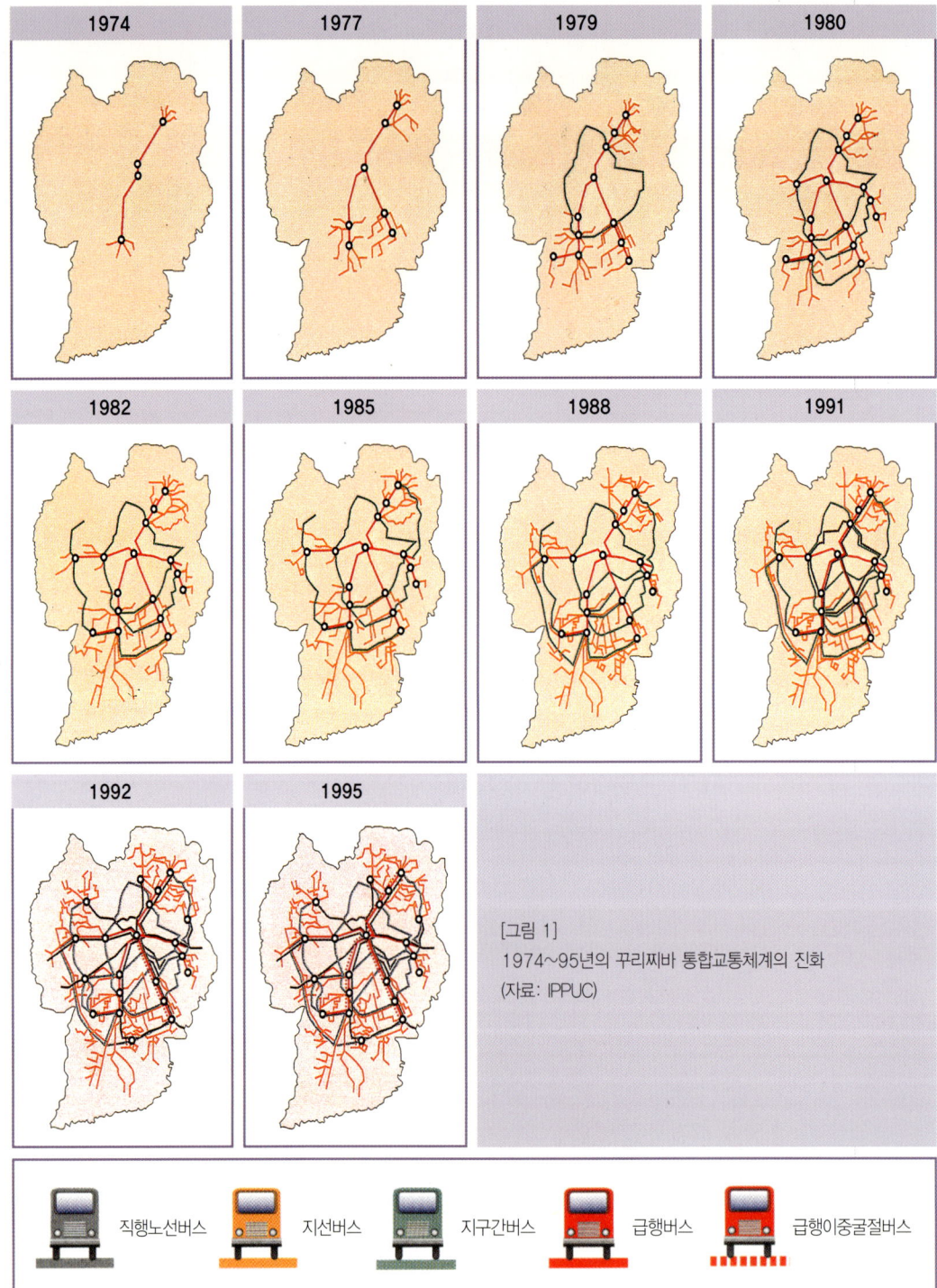

[그림 1]
1974~95년의 꾸리찌바 통합교통체계의 진화
(자료: IPPUC)

1. 독창적인 통합교통망의 개발

1994년 10월, 영국의 〈환경오염에 관한 왕립위원회〉는 "모든 정부 수준에서 효과적인 교통정책이 토지이용정책에 통합되고, 교통수요를 최소화하는 데 우선 순위를 두며, 환경적으로 손상이 적은 교통수단에 의한 통행 비율을 증대시키는 것을 교통과 환경 목표의 최상위에 둘 것"을 권고하고 있다. 이런 목표를 달성키 위해 30년 전부터 선진국이 아닌 개발도상국의 도시 꾸리찌바가 노력해왔다는 사실은 정말 놀라운 일이 아닐 수 없다.

1970년대 초부터 꾸리찌바 시 당국은 환상형 도로 시스템에서 (구조적 축을 따른 선형 성장에 역점을 둔) 선형 도로 시스템으로 개편한 종합계획을 집행하기 시작했다([그림 1] 참조). 동시에 이런 성장을 유도하도록 토지이용법률을 제정했다. 꾸리찌바가 어느 정도로 에너지 능률적이고 환경적으로 건전한 도시인가를 이해하는 열쇠는 꾸리찌바의 도로망과 대중교통 체계를 분석해보면 알 수 있다.

꾸리찌바의 도시성장은 '구조적 도로'와 함께 5개 주요 간선교통축을 따라 해가 거듭되면서 조성되었다([그림 4] 참조). 꾸리찌바 종합계획에 따르면, 원래 간선교통축의 도로는 이전의 다른 가로와는 달리 폭원이 60m나 되는 광로였다. 이런 광로는 기존의 도로 폭을 확장하고 신설 도로를 건설해야 했으며, 예전의 유서 깊은 역사적 주택과 건물을 훼손하고, 나아가 토지수용을 위해 막대한 재정을 투자해야만 했다.

꾸리찌바 도시계획연구소의 숙련된 전문가들은 그 문제에 대한 대안적인 해결책을 발견했고, 어쩌면 그것은 꾸리찌바 시가 국제사회에 자랑할 만한 가장 큰 발명품의 하나로 제시될 수 있을 것이다. 60m 폭의

역류버스 전용차선

　광로 건설 대신에 그들은 3개의 평형도로의 가능성을 제공했다. 그것은 많은 토지를 수용할 필요도 꾸리찌바 시의 도심경관을 훼손시킬 필요도 없는 아주 독창적인 아이디어였다.
　각 축은 '3중 도로 시스템'으로 설계되었다. 중앙도로의 중심부에는 급행버스를 위한 2개의 역류버스 전용차선ㅡ현재는 콘크리트 차단대까지 설치되어 있고 자가용과는 반대 방향으로 굴절버스가 쾌속으로 주행하고 있는데, 이 역류버스 전용차선은 향후에 경전철이나 모노레일 건설 시 공간을 활용하는 것이 가능하도록 배려되어 있다ㅡ이 있고, 이 중심도로의 양쪽 측면에는 자동차 차선이 배치되어 있다. 그리고 각기 한 블록 떨어진 곳에는 고용량의 일방통행로가 있는데, 하나는 도심으로 향하는 일방통행로이고, 다른 하나는 교외로 나가는 일방통행로이다. 이렇게 서로 반대 방향으로 운행하는 2개의 일방통행로는 승용차, 일반

[그림 2] 3중 도로 시스템(자료: IPPUC)

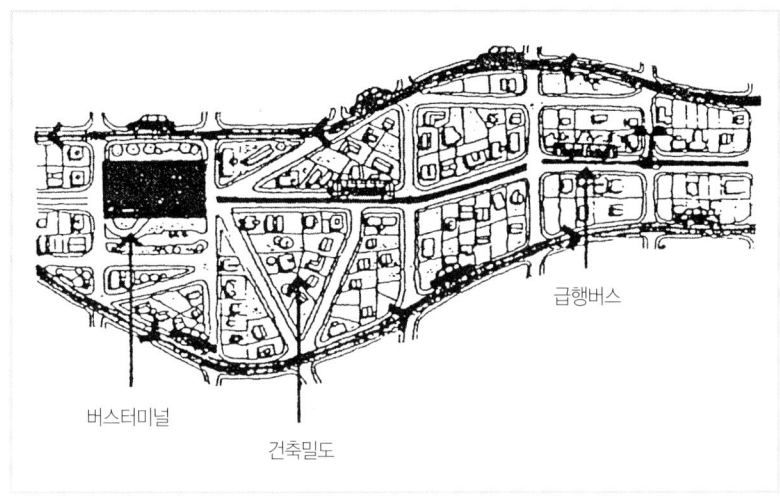

버스터미널　건축밀도　급행버스

버스와 트럭 등을 위한 직통도로이다.

앞서 언급한 꾸리찌바의 창조적인 일방통행로 시스템은 우리나라의 도로체계와는 비교가 되지 않을 만큼 효율적이다. 꾸리찌바 시내 모든 교차로의 교통신호는 철저하게 2단계로 운영돼 우리나라의 3~4단계에 비하면 교차로 용량이 거의 1.5배 내지 2배이고, 신호 대기시간은 불과 3분의 1에 지나지 않는다. 이와 같은 교통신호는 꾸리찌바 시내의 대부분의 도로를 일방통행으로 만들고 교차로 구조를 특수하게 설계해 좌회전을 별도로 처리함으로써 가능해진 것이다.

지금까지 개괄적으로 소개한 '3중 도로 시스템'의 일반적인 특징을 보여주는 것이 [그림 2]이다.

꾸리찌바는 토지이용이 기본적으로 두 가지 변수, 즉 이용 종류(주거, 상업, 공업, 복합)와 허용된 개발밀도에 따라 구역을 설정하는 용도구역

전자 속도감시기

제를 채택하고 있다. 그 특징은 조세 기반을 고려하거나 정치적 압력, 개발업자의 계획에 기초한 것이 아니라, 철저하게 지리학, 수문학, 지형학, 기후, 바람과 문화 및 역사적 요소 등을 종합적으로 감안해 용도구역이 설정된다는 점이다. 그런 원칙 아래 만들어진 토지이용법률은 구조적 축을 따라 입지한 부지에 용적률─건축의 연면적의 대지면적에 대한 비율─을 600%까지 허용해 고층건물을 지을 수 있도록 하고, 이곳에서 약간 떨어져 있기는 하지만 대중교통이 잘 연결된 도로와 인접한 지역의 개발에서도 상대적으로 높은 용적률(400%)을 허용한다. 반면에 대중교통으로부터 멀리 떨어져 있는 토지는 용적률이 불과 100%에 지나지 않을 정도로 매우 낮다([그림3] 참조).

이와 같이 구조적 축과 연계된 합리적인 토지이용계획이 중심도시 바깥에서 새로운 상업지 개발과 고밀도 주거지 개발을 촉진시켰다. 또한 교통 회랑을 따라 고밀도의 상업지 개발을 조장한 반면, 회랑으로부터 멀리 떨어진 토지는 저밀도 구역으로 설정·개발했다. 그 결과 도시 전역에서 교통 소통이 원활해졌으며, 이에 힘입어 교통 혼잡과 소음이 감소된 도심의 많은 공간은 보도와 보행자 몰mall로 전환했다. 그리고 전용주거지역이나 학교 등이 입지한 주요 가로에 전자 속도감시기를 설치─94년 9월에는, 세계 최초로 도로상에 전자 제어장치를 설치한 도시라는 사실을 인정받아 스웨덴의 볼보자동차 회사로부터 '교통안전상'을 수상하기도 했다. 현재 꾸리찌바에는 37개의 전자 속도감시기가 설치·운영 중이다─하는 등의 강력한 조치를 취하면서 속도제한을 실시함과 동시에 일부 구간에서는 자동차가 통행하지 못하도록 폐쇄하기도 했다.

이렇듯 교통계획과 토지이용계획의 통합에서 한 걸음 더 나아가, 꾸리찌바는 다른 도시와는 달리 한 가지 중요한 보완적인 활동을 추진했다. 즉, 도로건설에 최우선이 주어진 새로운 교통축을 따르거나 인접한 토지에 대해 꾸리찌바 시가 토지를 취득했다는 점이다. 이것은 교통축과 가까운 곳에서 고밀도 주택 프로젝트를 실현하는 길을 열어주었다. 1만7천 세대의 저소득가구 주택단지가 이런 전략의 산물로 건설되었다.

무엇보다 꾸리찌바 도로망에서 중요한 요소는 도로위계의 개념과 활용에 있다. 각 도로는 그의 입지 및 중요성과 관련된 기능을 할당받았다. 거기에는 5개 주요 간선 교통축을 따르는 구조적 도로가 있고, 구조적 도로에 연결하는 접속도로로 '교통순위 우선도로'가 있다. 다음으로는 근린생활권의 교통을 '교통순위 우선도로'에 연결하여 근린생활권

[그림 3] 3중 도로를 따른 토지이용과 건축밀도(자료: IPPUC)

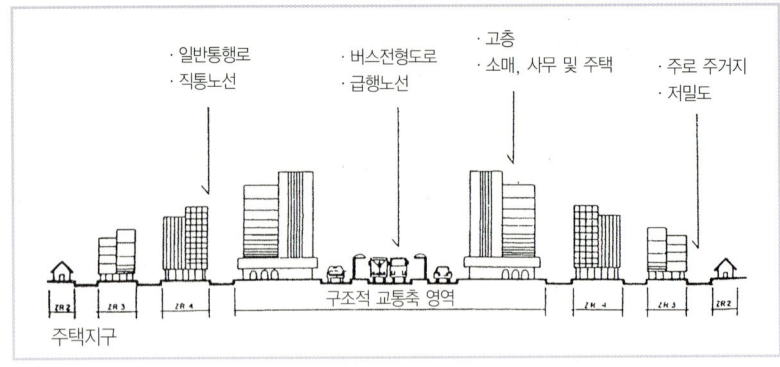

[그림 4] 꾸리찌바 시의 통합교통망도(2001)

내 교통의 집산 기능을 담당하는 집산도로集散道路가 있고, 구조적 도로를 꾸리찌바 공업단지와 연결하는 '연결도로'가 있다.

이런 네 가지 형태의 도로들이 꾸리찌바 교통체계의 골격을 형성하는 바, 1997년 현재 꾸리찌바의 통합교통망에는 도시를 북, 남동, 서와 남서 방향으로 관통하는 56개 버스 전용차선, 전체 도시면적의 65%를 포괄하는 270km의 지선 노선, 185km의 근린주구近隣住區간 노선 등을 포함해 총 317개 노선이 있었으나, 2001년에는 노선 수가 증가하여 388개에 이르고 있다. 이 통합교통망은 꾸리찌바 시 대중교통 이용자들이 향유하는 것과 동일한 편익을 광역도시권 주민들에게도 제공한다. 교통체계의 완벽한 통합을 실현하기 위해 초기에 비교적 인구가 조밀했던 5개 인접 위성도시에 직통 노선과 지선 노선을 연결했다가 지금은 그것을 8개 도시지역에까지 확대([그림 4] 참조)했고, 향후에도 점진적으로 꾸리찌바 광역도시권 전역으로 확대할 계획이라고 한다.

2. 버스를 땅 위의 지하철로

이상과 같이 도로위계를 감안한 체계적인 도시계획 덕분에 50만 대 이상의 자동차(브라질리아를 제외하고 다른 주요 브라질 도시들보다 더 높은 1인당 자동차 보유율을 보임)를 갖고 있음에도 불구하고, 오늘날 꾸리찌바에는 대부분의 현대 도시가 고질적으로 안고 있는 교통 문제가 거의 없다. 현재의 교통체계를 1974년에 구축하기 이전에 이미 꾸리찌바 시는 전체적으로 버스에 의존하는 광역교통체계를 구축하고, 이를 지속적으로 발전시키겠다는 야심 찬 계획을 갖고 있었다.

당시의 상황과 그 경과를 현재 빠라나 주의 주지사인 자이메 레르네르는 필자와 나눈 인터뷰에서 다음과 같이 설명했다.

"꾸리찌바 시는 천국이 아닙니다. 우리는 다른 도시들이 가지고 있는 문제점들을 똑같이 가지고 있습니다. 다만 차이가 있다면, 시민들을 존경하는 것이 다른 도시와 구별되는 점이지요. 그 한 예로 우리들은 브라질에서 가장 훌륭한 교통체계를 만들었습니다.

당시에 우리는 모든 시민들을 위한 교통수단을 갖고 있지 않았습니다. 그래서 우리는 지하철에 대해 심층적으로 조사하고 연구하기 시작했습니다. 분명히 지하철은 빠르고 편안한 교통수단임에 틀림없지만, 70년대 초반의 우리 사정으로는 그것을 감당할 재원 조달도 불가능했고 사업의 타당성도 그리 높다고 볼 수 없었습니다. 우리는 지하철을 건설할 충분한 자원을 가지고 있지 않았고, 지하철 노선 1~2개를 건설하는 데 약 20년이 소요되는 데다, 건설한다 하더라도 노선에 걸쳐 있는 일부 주민만 혜택을 보게 됩니다.

따라서 우리들은 지표면 위에 지하철과 동일한 시스템을 구축할 수 있는 방법이 없는가, 여기서 한 걸음 더 나아가 버스를 지하철처럼 빠르고 편안한 교통수단으로 만들 수 없는가를 생각하고 연구했습니다. 그런 고민 끝에 20여 년 전 처음 꾸리찌바에 버스전용도로 시스템이 도입되었고, 매일 2만5천 명이 이용하기 시작한 후 매년 이 시스템이 향상되어 오늘날의 통합교통망을 만들었지요.

또한 우리는 시간이 경과하면서 버스를 지하철처럼 향상시키는 방법을 찾았습니다. 승객이 버스에 승차하기 전에 운임을 지불하는 원통형 정류장을 개발·도입했습니다. 이는 운영 측면에서 보면 아주 중요한 것인데, 배차시간은 1분마다 이루어지고 어떤 경우에는 40초에 도착하는 경우도 있습니다(꾸리찌바 도시공사의 공식적인 자료(2000)에 따르면, 버스의 배차 간격은 첨두시간과 비첨두시간에 약간의 차이가 있으나 일반적으로 오전 10시까지는 기본축이 1분, 급행이 다니는 버스 전용도로는 30초 단위로 한다. 이와는 달리 통행량이 많지 않은 간선도로에서 위성도시로 나가는 노선은 15분이 넘지 않는 범위에서 배차하고 있다).

이것은 브라질은 물론이고 선진국의 다른 도시들도 갖지 못한 장점이지요. 이 시스템이 갖고 있는 신뢰성, 신속성, 통합성은 적은 비용으로 높은 서비스 수준을 우리들에게 가져다주었습니다. 우리들은 한 세대의 희생도 없이 이를 실현해냈습니다. 이것이 1년 안에 도입시킬 수 있는 것은 아니지요. 시민들의 역량과 보다 많은 버스 이용으로 서비스의 질이 지하철 수준이나 그 이상으로 향상되었지요.

오늘날은 매일 180만 명의 승객(2000년 말 현재 191만 명 정도)이 이용하고 있습니다. 이것은 인구가 월등히 많은 히오데자네이루의 지하철 승객과 비슷하고, 뉴욕의 버스 승객보다 많은 수치지요. 그리고 꾸리찌바는 미국의 워싱턴보다 더 많은 승객을 km당 100~200 배 더 싼 가격으로 수송합니다."

이렇게 자이메 레르네르가 도시의 핵심 교통축을 버스만을 위한 배타적인 전용공간으로 만들어 쾌적한 '땅 위의 지하철'로 구축한 데에는 혁신적인 사고를 지닌 도시계획가들의 역할 또한 적지 않게 작용했던 것으로 보인다. 자이메 레르네르와 함께 오늘의 꾸리찌바를 만드는 데 25년 동안 동고동락했다는 꾸리찌바 도시계획연구소의 전 소장, 오스발도 나바로 알베스Osvaldo Navaro Alves 역시 비슷한 의견을 피력하고 있다.

"돈이 많이 들고 개발을 위한 개발만을 일삼는 도시계획은 바람직한 도시계획이 아니지요. 다른 도시들이 얼마 되지 않는 예산을 도로 건설과 확장에 쏟아 부을 때, 우리는 그 돈을 시민이 살기에 편하고 쾌적한 도시를 만드는 데 써왔습니다. 우리는 새로운 도로를 뚫는 대신에, 기존의 도로공간을 재배분하여 경쟁력과 이용 편의도가 낮은 버스교통을 경쟁력도 높이고 이용하기에 편하도록 바꾸어 놓았지요. 그리고 우리는 어떻게 하면 선진국의 도시들처럼 지하철을 꾸리찌바 시의 도로상에 구축할 것인가를 고민하면서 대중교통의 혁신을 이룩했습니다.

도로위계를 고려한 종합적이고 체계적인 노선망, 승차 전에 미리 요금을 지불하고 들어가 편안하게 대기할 수 있는 원통형 정류장, 한 번에 270명까지 수송할 수 있는 이중굴절버스의 도입 등으로 지하철에 버금가는 완벽한 버스 시스템을 구축한 것이지요. 이런 일련의 버스 개혁을 추진하면서 우리들은 추가적인 도로 확장 없이도 기존의 도로공간을 활용해 저렴하게 공사를 마무리했고, 도시의 유서 깊은 건물과 경관의 보존을 적극 실현할 수 있었습니다.

그 결과로 교통과 환경 문제에 대해 고민하는 대부분의 도시들과는 달리 꾸리찌바는 두 마리 토끼를 한꺼번에 잡는 괄목할 만한 성과를 이루어냈지요."

이렇게 꾸리찌바 지도자들이 보여준 분명한 철학과 창조적인 아이디어들은 1970년대의 브라질에서는 완전히 새로운 것이었고 대담무쌍한 것이었다. 그 한 예로 버스 서비스의 질을 어떻게 향상시켰는지를 살펴

버스 전용도로

보는 것은 매우 의미 있는 일이 될 것이다.

1960년대에 브라질의 대중교통 수단인 버스는 원래 사람이 아니라 동물을 운반하도록 설계되어 있는 것과 비슷했는데, 그것은 트럭 위에 새시를 걸쳐놓은 것과 다름없었다. 이런 사정은 꾸리찌바의 경우도 마찬가지였다. 꾸리찌바 도시계획연구소의 기술자들은 차량을 우선 관광버스처럼 안락하게 개조·설계해 운행하도록 했고, 이와 병행해 통합교통망 시스템을 서서히 구축해 나가기 시작했다.

1979년 9월, 최초의 급행버스 노선이 꾸리찌바 남북축의 20km에 개통되었다. 접근이 용이하도록 계획된 그 노선에는 고출력, 폭넓은 출입문과 100명까지 나를 수 있는 특수하게 설계된 차대받이 장치를 갖춘 20대의 버스가 새롭게 투입되었다. 20여 년이 지나도록 사웅파울로와 히오데자네이루와 같은 도시들이 꾸리찌바가 1974년에 대체했던 버스를 아직 사용하고 있다는 사실은 여러모로 우리들에게 시사하는 바가 크다.

아무튼, 꾸리찌바 시가 자본집약적인 해결책보다 오히려 버스에 의존한다는 결정을 내린 데에는 배타적인 버스 전용차선에서의 급행버스의 이용이 지하철이나 경전철보다 훨씬 저렴하다는 사실에 토대를 두고 있었다. 또한 그것이 제3세계의 중규모 도시의 대중교통에 더 유연하고, 일반 시민들의 지불능력에 부합하는 해결책이라는 현실에 기초했다([표 1] 참조). 이 밖에도 지상버스체계의 다른 비교우위는 그것이 이전에 존재했던 가로망 위에서 운영되도록 계획 · 건설될 수 있다는 점이다(이는 경전철 시스템에서도 일반적으로 적용된다).

꾸리찌바 시는 주요 간선 교통축의 중심차선을 버스가 전용으로 이용할 수 있도록 남겨두었다. 새로운 버스 노선을 만들었고, 시가 성장함에 따라 그것을 확장했다. [그림 1]의 변화 추이는 1979년 이후에 지구간 순환버스 노선이 급행버스 도로를 어떻게 보완 · 발전시켜 왔는가를 보여준다. 버스 노선과 연계된 토지이용이 차량의 질 자체보다 더 중요했던 꾸리찌바의 현실에 맞춰 새로운 대중교통 아이디어가 창출되었다. 버스를 컬러로 부호화해 급행버스는 적색, 직행버스는 은색, 지구간

[표 1] 대중교통 수단별 자본비용 비교

교통수단	자본비용-(US$/Km)*
지하철	90,000,000 - 100,000,000
경전철 시스템	20,000,000
꾸리찌바의 직통노선 버스전용도로 시스템 (원통형 정류장 이용)	200,000

*지하철이나 경전철의 건설과 관련된 경제적 비용임. 버스 시스템의 경우는 도로 건설의 자본비용을 포함하지 않은 것임.

버스는 녹색, 지선버스는 주황색, 재래식 완행버스는 노란색 등으로 차별화했다.

이 밖에도 꾸리찌바의 교통체계에서 간과할 수 없는 주요 개념 가운데 하나는 사람들이 지선버스에서 급행버스로 환승할 수 있고, 다른 지선버스로 되돌아갈 수 있는 것의 용이성에 있다. 여기에는 급행버스, 지구간버스와 지선버스 간의 완전한 통합이 있고, 사람들이 지구간·지선버스 등을 마음대로 환승할 수 있도록 5개 급행버스로의 양끝에 마련된 대형 버스 터미널이 있다([그림 5] 참조). 또한 5개의 급행버스 노선을 따라 중형버스 터미널이 대략 1.4~2km마다 1개씩 들어서 있고, 신문가판대, 공중전화, 우체국과 소규모 상업시설이 설치되어 있다.

승객들은 지선버스로 이들 터미널에 도착하여 급행 또는 지구간버스

[그림 5] 통합터미널의 네트워크 및 내부구조

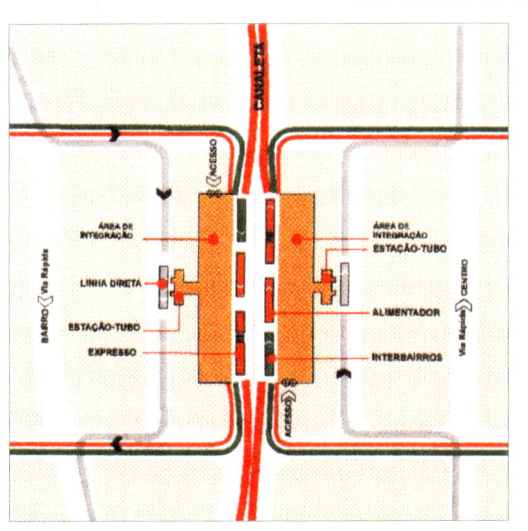

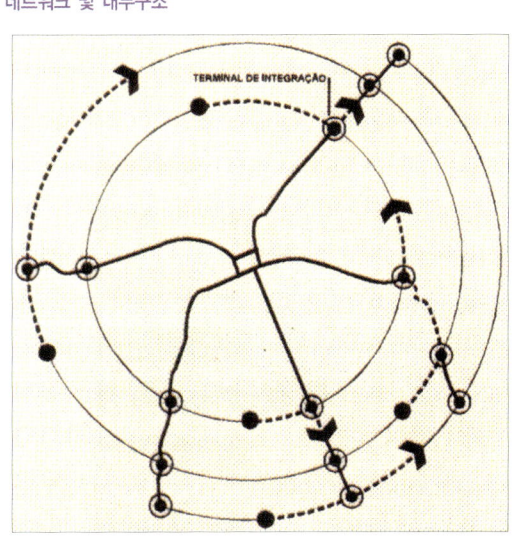

급행, 완행, 지구간, 직통노선이 환승터미널을 통해 연결되어 있고, 통합교통망이 전체 도시를 포괄한다.

25개의 통합터미널에서 승객들은 한 버스에서 다른 버스로 요금의 추가 지불 없이 무제한으로 환승한다.

는 녹색 지구간버스를 환승 터미널에서 바꾸어 탈 수 있다. '사회적 요금' 제도라 불리는 단일요금을 한 번만 내면, 환승 터미널을 벗어나지 않을 경우 꾸리찌바 광역도시권 내에서는 추가 부담 없이 자유롭게 환승할 수 있다. 다만 통

싼타 칸디다 대형터미널과 대형터미널 구내 전경

합터미널을 통하지 않고 중간지대와 근린주구간을 연결하는 노란색의 재래식 완행버스와 근린주구 내에서 전용으로 운영되는 30인승의 마이크로버스—우리나라의 마을버스와 유사한 기능을 담당한다—는 여기에서 예외이다.

   이렇게 버스 이용자들의 측면에서 볼 때, 편의성과 비용 면에서 세계에서 가장 탁월한 것 가운데 하나로 생각되는 완벽한 환승 시스템—꾸리찌바에는 시민들이 환승을 용이하게 할 수 있도록 설치된 25개의 통

합터미널 외에도 위성도시 터미널 9개와 특수교통통합체계의 원활한 운영을 위해 마련된 특별터미널 1개가 별도로 건설되어 있다―이 구축되자 꾸리찌바에는 아주 두드러진 변화가 나타나기 시작했다. 바쁜 시간에 과밀 버스를 타기 위해 보도 또는 차도를 따라 전쟁을 하듯이 뛰어가는 사례는 물론이고, 한가한 시간에 정차치 않고 통과하는 차량이 완전히 사라졌다. 그리고 장거리 노선을 이용하는 많은 승객들에게 시간 거리까지 단축시키는 부수적인 효과를 제공하기도 했다.

  최근의 혁신은 승객들이 탑승하기에 용이하게 특별히 높여진 소수의 원통형 정류장에서 버스를 타기 전에 요금을 지불하는 '직통' 급행버스 체계의 도입이다. 이들은 구조적 교통축의 중앙도로에 2차선으로 건설된 버스 전용차선을 따라 서로 역방향으로 달린다. 그래서 원통형 정류장을 갖춘 고속버스 시스템은 보통의 가로에서 운행하는 완행버스와 비교할 때, 시간당 3.2배나 많은 승객을 실어 나르고 있다([표 2] 참조). 즉, 꾸리찌바의 직통버스 한 대는 일반적인 도로나 버스 전용도로를 운행하는 재래식 버스보다 월등히 큰 몫을 담당하고, 이용자들 대부분에게 하루에 평균 1시간 정도를 절약하는 효과를 제공해 주기에 이르렀다. 한마디로 지하철 건설비의 80~100분의 1 정도의 저렴한 비용으로 시속 30km의 버스 전용차선을 건설해 꾸리찌바 교통량의 약 30%를 처리하는 획기적인 성과를 거두고 있는 것이다.

  지하철 정류장과 유사하지만 훨씬 크기가 작은 원통형 정류장(총 237개 보유)에는 버스 승강대와 동일한 높이의 플랫폼과 장애인을 위한 휠체어 엘리베이터가 구비되어 있다. 또한 더 많은 승객들이 교통사고의 위험 없이 안락하게 쉴 수 있는 공간과 기대서서 독서를 할 수 있는 거치대를 마련하고 있다. 개당 평균 3만5천 달러에 제조된 이 원통형 정류

[표 2] 꾸리찌바에서 버스 형태별 수송용량 비교(자료: URBS, 그리고 레르네르 시장과의 인터뷰)

버스 형태	용량(승객/시간)
보통 가로상의 완행버스(80명 승객)	X
버스전용도로상의 완행버스(1백50명 승객)	2X
버스전용도로상의 굴절버스(1백50명 승객)	2.5X
원통형정류장을 갖춘 직통노선(1백10명 승객)	3.2X

여기에서 제시된 수치는 각 차량의 용량과 상업적 운행시간을 고려하면서 자료를 가공하여 단순화한 것이다.

장은 보행자와 승객 이용밀도를 감안해 크기를 조절했고, 심지어 2개를 붙여 미적 감각을 살리면서도 이용자의 편의를 최대한 도모하고 있다. 이런 일련의 노력으로 요금을 징수하는 버스 승무원의 수요를 줄이고, 승·하차 시간을 상당히 줄였으며, 엔진의 공회전을 줄여 대기오염을 획기적으로 감소시키고 있다.

이 밖에도 지구간 버스 노선과 전체 네트워크에 표준요금이 도입되고, 새로운 통합터미널이 건설되었던 1979년 이래 514km의 버스교통망이 개발되었다. 버스에 우선 순위를 둔 자동 요금징수, 굴절버스와 교통신호등은 시스템의 운영을 최적화하는 것을 돕고, 아주 저렴한 비용으로 시스템의 운영을 가능하게 했다. 여기서 한 걸음 더 나아가 시스템을 개선하는 새로운 노력들이 추구되었다.

예를 들면, 승객수송용량이 270명이나 되는 이중굴절버스가 1992년에 도입되어 평균시속 30km로 주행하기 시작했다. 대량으로 승객의 진·출입을 처리할 수 있는 5개의 측문을 가진 이 버스가 원통형 정류장에 새롭게 연결되자 승·하차시간(평균 30초 정도 정차)을 이전보다 훨씬

원통형 정류장 ▲
승강대와 동일한 높이의 플랫폼 ▶

더 많이 줄였다. 이들 대형차량은 꾸리찌바 공업단지에 있는 볼보 공장에서 주문 생산되었고, 27대의 이중굴절버스가 1992년 12월에 운영을 시작했다. 그 후에도 이중굴절버스가 계속 도입되어 최근에는 총 4개 노선에 110대가 운영 중이다(이 가운데 9대는 휴일에도 운영을 한다).

이런 이중굴절버스의 도입으로 꾸리찌

바 시는 도시교통에 정시성, 쾌적성과 대규모의 승객 수송 등을 보장해 주어 버스교통이 본래 지니고 있다고 지적되는 많은 문제들을 일시에 해결했다. 여기서 한 걸음 더 나아가 꾸리찌바 시는 지구촌 어디에서도 보기 드문 사례를 창조해냈다. 시내버스를 시민의 발로 24시간 내내 이용 가능하도록 만든 것이다. 즉, 이곳에서는 시내버스가 일반 운영시간인 아침 9시부터 밤 12시까지 도시 전역을 운행하고, 특별 운영시간인 밤 12시부터 아침 5시까지는 간선 교통축과 변두리 마을에서 들어오고 나가는 노선을 운행하고 있다. 여기에서 특히 우리들이 주목하는 것은, 자치단체장들이 취임 초기에 이벤트의 하나로 심야버스를 운행하다가 승객도 없

볼보 공장에서 생산한
이중굴절버스

꿈의 도시, 꾸리찌바　70

고 운영적자가 가중된다는 이유를 들면서 슬그머니 버스 운행을 중단하는 국내의 도시들과는 달리 야간 시간대에 특별히 버스를 운영하고 있다는 점이다. 그것은 산업체와 상업시설 등에서 야간에 근무교대를 하거나 영업이 끝나 귀가하는 시민들의 편의를 보장하기 위한 아주 획기적인 조치의 하나이다.

이와 같은 혁신적인 버스교통 시스템은 오늘날 대부분의 도시에서 추진하고 있는 지하철이나 경전철, 모노레일, 그리고 시가 전차의 필요를 대체할 수 있는 것으로 평가되고 있다. 그 결과, 꾸리찌바의 대중교통체계는 국제사회에서 하나의 모델로 평가받아 수많은 상을 수상했다. 또한 몇 년 전에는 뉴욕 시의 요청으로 '지구의 날' 기념행사에 원통형 정류장과 굴절버스 등을 옮겨 가 5일 만에 그 시스템을 설치하고, 배터리와 사우스스트리트 항구 사이를 2개월 동안 정기적으로 왕복운행을 하기도 했다. 이때『데일리 뉴스』는 제3세계에서 기증한 버스체계가 세계 금융의 중심지에서 많은 승객들로부터 사랑을 받고 있다고 칭찬을 아끼지 않았다고 한다.

어쨌든 꾸리찌바 도시공사(URBS)의 공식적인 자료에 따르면, 1996년 말 현재 꾸리찌바에는 거미줄같이 체계적으로 조직된 총 235개 버스 노선(15개는 버스 전용차선), 1,205대의 다양한 형태의 버스가 운영되고 있고, 하루에 166만 명을 수송하고 있다(필자가 재방문했던 2001년 6월 현재, 꾸리찌바 시에서 입수한 자료와 레르네르 주지사 등과의 인터뷰에서 확인된 수치는 이보다 크다. 총 1,877대의 버스가 388개 노선에서 하루에 191만 명을 수송하고 있는데, 여기서는 버스 형태별로 상세히 분류된 공식적인 수치가 없어 참고로만 밝혀 둔다). 이것은 매일 1만4천 통행이 800km 이상의 도로에서 완성되는 규모로, 세계 전체를 놓고 보더라도 아홉 번째로 많은 30

만km/일 수준이다. 그러나 버스 노선의 통합 때문에 이용자들은 약 61%에 해당하는 102만 장의 티켓만을 지불할 뿐이다. 노선의 종류, 노선 수, 차량운행 대수, 승객 수송 실적 등 꾸리찌바 버스교통의 구체적인 현황은 [표 3]과 같다.

꾸리찌바 시 교통부문의 혁신은 앞에서 언급한 일반적인 버스교통에만 국한된 것은 아니다. 이미 28개 노선을 가진 '특수교통 통합체계(SITES)'를 갖고 있고, 그것은 32개의 특수학교에서 약 3,000명의 정신 및 육체적 장애인의 교통편의를 제공한다. 또한 노인, 장애인, 병약자

[표 3] 꾸리찌바 시 버스교통 현황(자료: URBS, 1996)

노선의 종류	노선수	버스 대수	승객수/일	승객수/지불/일
행정 버스	2	7	4,251	4,251
완행버스	84	302	278,387	278,382
지선버스	115	358	396,456	214,312
지구간 버스	7	102	173,169	89,494
지구간 굴절버스	7	25	15,000	7,751
직통 노선버스	12	180	252,375	85,842
급행 버스	11	93	120,548	80,889
급행 굴절버스	11	43	97,515	60,665
급행 이중굴절버스	4	95	322,537	195,477
총계	235	1,205	1,660,238	1,017,063

등 교통약자들이 언제든 전화를 걸면 특수차량이 직접 달려가는 수요반응형 시스템을 갖추고 있다.

지금까지 우리들은 꾸리찌바의 도로망과 대중교통에 대해 자세히 살펴보았다. 여기서 우리들은 한 가지 중요한 교훈을 얻어낼 수 있었다. 선진국의 교통시스템을 무분별하게 수입·이식시키기보다는 지역 실정에 맞게 기본적으로 세 가지 기준— 개인교통보다 대중교통에 우선, 낮은 집행 및 운영 비용, 최종 이용자들을 위한 서비스의 질—을 충족시킬 수 있는 교통계획과 정책을 수립·집행하는 것이 무엇보다 중요하다는 사실이 바로 그것이다.

특수교통 통합체계(SITES) 버스

"꾸리찌바의 사례는 개발도상국도 해외기술을 수입할 필요가 없다는 것을 입증했다. 지난 수십 년 동안 우리들이 부단히 연구·개발한 새로운 교통 해결책은 단순하고 효과적인 것이었다. 그리고 그것은 매우 신속하게 이식될 수 있고, 저비용으로 즉각 결과를 얻을 수 있는 것들이었다."

꾸리찌바 도시공사(URBS)의 전 회장이었던 건축가 까를로스 세네니바가 한 이 말에는, 열악한 지방재정 여건을 가지고도 엄청난 투자재원이 소요되는 지하철, 경전철, 모노레일, 자기부상열차 등의 건설사업을 무리하게 추진하는 것이 결코 바람직하지 않다는 경고가 담겨 있다. 우리나라의 광역자치단체와 기초자치단체 모두가 귀담아 들어야 할 뼈아픈 충고가 아닌가 생각된다.

3. 사회적 불평등을 해소하는 요금제도

전 시장이었던 자이메 레르네르는 시청이 매일 매일 시민들에게 존경심을 보여줄 의무가 있다고 믿고 있었다. 이를 실천하기 위한 한 방안으로 레르네르는 1979년에 버스요금에 '사회적 요금' 제도를 도입했다. 단거리 통행을 하는 시민들이 교외의 빈민가나 위성도시로부터 장거리 통행을 하는 시민들을 보조하는 이 방식은 단일요금체계를 채택하고 있는데, 그것은 버스요금을 한 번만 내면 터미널을 벗어나지 않을 경우 환승을 자유롭게 할 수 있도록 되어 있다.

버스요금에도 있는 자들이 없는 사람들에게 공적부조를 하는 사회복지 의식이 내재되어 있는 이 시스템은, 완벽한 환승시설을 갖춘 꾸리찌바의 통합교통망이 많은 행위 주체들의 능동적인 참여 아래 계획·집행되었기 때문에 가능했다. 주요 참여자들은 시장과 민간계약자, 시·주의 정부기관이었다. 또한, 꾸리찌바 시의 시민참여는 1979년 이후부터 지금까지 계속 증가해왔다. 그로 인해 꾸리찌바 대도시권 내에서는 구역제, 이동거리제(거리비례제) 등의 복잡한 요금체계를 도입하지 않고도 시스템 자체에서 창출된 자립적인 보조 메커니즘을 가진 요금체계가 효율적으로 운영되고 있다. 주로 중간 및 고소득 계층을 지원하는 단거리 노선이 장거리 노선을 이용하는 승객을 보조하는 이 시스템은 저소득

계층의 공동체를 돕는 데 획기적으로 이바지하고 있다.

우리나라 같으면 가까이 가는 사람과 멀리 가는 사람의 불평등 요소 때문에 이의를 제기하는 사람들이 많을 사회적 요금 제도가 오히려 꾸리찌바에서는 공동체 구성원 모두의 합의 아래 운영되고 있는 것이다. 꾸리찌바 도시공사의 회장 프릭 케린Fric Kerin은 그 제도의 특징을 이렇게 설명하고 있다.

"사회적 요금이란 꾸리찌바 시뿐만 아니라 시내에서 반경 30km 내의 대도시권 지역에서도 한 번만 요금을 내면 버스의 승·하차가 가능하도록 만든 제도입니다.

오늘날 사람들은 거주할 여건이 되는 장소에서 바로 살 곳을 결정할 수 없습니다. 대부분의 사람들은 집과 가까운 곳에서 직장을 얻을 수 없고, 직장을 얻으면 '할렐루야!'를 외칩니다. 고용 사정이 별로 좋지 않은 빠라나 주 사람들은 고용기회를 얻기 위해 인구 160만의 꾸리찌바 시와 대도시권(110만 명 정도 거주)으로 몰려들고 있습니다. 이런 사정을 염두에 두고, 우리들은 주변지역 사람들에게 꾸리찌바 시 중심에 사는 사람들과 동일한 요금을 낼 수 있는 제도를 도입하게 되었지요. 단순히 운행거리의 차이만으로 요금을 차등화한다면, 요금 구조에 내재된 불평등은 해소할 수 있겠지만 사회적 불평등은 해결하지 못한다는 생각에 토대를 두고 있습니다. 한마디로 사회적 요금은 사회적 불평등을 해소하는 중요한 수단인 셈입니다.

어쨌든 이 요금체계 아래서는 짧은 이동을 하는 사람도 긴 이동을 하는 사람과 동일하게 요금을 지불해야 합니다. 짧은 이동을 하는 사람들은 긴 이동을 하는 사람들에 비해 보다 나은 삶의 조건을 가지고 있어

없이 사는 사람들을 도울 수 있고, 반면에 먼 지역에 사는 사람들은 많은 요금을 지불해야 한다는 부담에서 해방될 수 있다는 장점이 있지요."

이 같은 장점을 지닌 사회적 요금 제도가 정착되어, 오늘날은 꾸리찌바 시민들이 불과 1헤알10센타보(2001년 6월 현재 한화로 약 610원)에 지나지 않는 요금을 한 번만 지불하면 시 전역의 어디든 갈 수 있다. 매번 환승할 때마다 버스요금을 지불해야 하는 히오데자네이루와 사웅파울로의 1회 통행 요금보다 20% 이상이 저렴하고, 통합버스시스템을 갖춘 빠울리스따노와 사웅파울로 지하철 운임의 거의 절반밖에 되지 않는다는 사실─97년 5월 기준으로 꾸리찌바의 버스요금이 65센타보인 반면, 히오데자네이루와 사웅파울로의 버스요금은 80센타보, 빠울리스따노의 버스요금과 사웅파울로의 지하철 요금은 1헤알20센타보─을 감안한다면, 꾸리찌바의 버스요금 수준이 어느 정도인가를 짐작할 수 있다. 꾸리찌바 시민들이 하루 평균 2.4회(심지어 필자가 버스 안에서 만난 우비라자라라는 한 시민은 자기의 경우 위성도시에서 출근하므로 6번까지 환승한다고 말했다)나 환승하면서도 적은 비용으로 지하철보다 훨씬 편한 버스교통의 혜택을 누리고 있는 것이다.

이렇게 저렴한 요금으로 완벽하게 꾸리찌바 통합교통망이 운영되는 데에는 1963년에 시에 의해 설립된 꾸리찌바 도시공사라는 준準관영회사의 역할 또한 빼놓을 수 없다. 꾸리찌바 시의「대중교통운송조례」(1990년 10월 17일 개정, 법령 제7556호)에는 꾸리찌바 도시공사URBS의 자격과 임무를 비롯해 승객의 권리, 운임, 버스회사의 관리·감독 사항 등이 상세히 기술되어 있다. 총 13장 70조와 부록(별첨) 10조로 구성된 이 조례는 너무나 구체적인 내용까지 세세히 담고 있어서 보는 이들로 하여금 깜짝 놀라게 한다. 우리는 거기에서 꾸리찌바 시가 얼마나 대중교통을 배려하고 있는지 그 의지를 엿볼 수 있다.

우리 식으로 일종의 공기업에 해당하는 이 공사는 창립 당시에 건물 등의 설립자본금을 전액 시에서 출자 지원했는데, 현재 지분의 51%는 시청이, 나머지 49%는 꾸리찌바 도시공사가 소유하고 있다. 이 기구는 꾸리찌바 산하기관이 아니고 순수하게 사기업 형태로 운영되므로 우리의 공기업과는 달리 시청으로부터 일체의 보조금을 받지 않는다. 그래서 버스회사로부터 받은 전체 운송수익금의 4%에 해당하는 운영경비를 제외하고 모자라는 예산은 부대사업으로 얻는 수입금으로 충당한다. 여기에는 꾸리찌바 도시공사에서 운영하는 환승터미널의 임대료, 시외버스 터미널 운영 수입, 일반 주차비용, 과태료 수입 등이 포함된다.

꾸리찌바 도시공사는 버스 시간표 및 배차간격의 계산, 새로운 버스 노선의 개발과 결정, 필요한 버스 대수의 결정, 시스템 성과에 대한 모니터링, 운전사 및 차장의 훈련, 버스 이용자들이 제시한 개선안과 불만에 대한 응답 등에 책임을 지고 있다. 또한 택시 시스템과 시외버스 터미널의 운영·관리, 그리고 꾸리찌바의 공영주차 시스템과 지역사회 포장계획 등을 관리하고 집행한다.

꾸리찌바에서 버스 시스템은 시내에 있는 10개 회사와 위성도시에 있는 16개 회사 등 총 26개의 민간회사들에 의해 소유·운영된다. 이 회사들은 꾸리찌바 도시공사로부터 허가를 받아 특정노선을 배정 받은 후 꾸리찌바 도시계획연구소가 정한 규칙을 준수하면서 버스운행을 한다. 이 같은 방식으로 버스회사가 운행을 해 얻은 운송 수입금은 꾸리찌바 도시공사에 의해 관리되는 은행계좌에 매일 적립된다. 시에서 규정한 이런 원칙에 의거해 입금된 버스요금 수입을 버스회사는 승객수가 아니라 운행한 km수(주행거리)에 따라 정확히 10일 내에 되돌려 받는다. 꾸리찌바 도시공사가 지불하는 이 금액은 입금 총액에서 공사가 요금관리 수수료 명목으로 공제한 4%를 제외하고 총 운송수입금의 96%이다.

1990년에 제정된 한 법령은 버스 시스템으로부터 얻어진 수입은 반드시 시스템에만 지불·사용할 수 있도록 하는 원칙을 확립하고 있다. 즉, 징수된 요금은 버스회사에 일부를 운행의 대가로 지불하고, 나머지는 시청에서 도로와 정류장의 유지·보수에 사용한다.

앞에서 언급한 'Km별 지불시스템' 의 주요한 장점은 다음과 같다. 즉, 우리나라의 대부분의 도시에서 일상적으로 발생하고 있는 것과 같은 적자노선 시비를 미연에 방지할 수 있을 뿐만 아니라, 서비스의 질과 요금을 공공부문에서 통제하면서도 민간부문의 재정적 위험을 최소화

원통형 정류장의 입구

꿈의 도시, 꾸리찌바

하고, 나아가 민간부문의 투자를 촉진시키는 데 커다란 기여를 하고 있다는 것이다. 또한 버스요금의 계산 및 징수체계가 간단하고 명확해 시스템을 감독하는 것이 매우 투명하고 용이하다.

민간부문의 책무를 확실시하고 불법·부당 이익을 방지하기 위하여 꾸리찌바 도시공사는 두 가지 방식에 따라 시스템을 감독한다. 즉, 1) 봉인된 회전식 문을 매일 읽어 승객 수를 확인하고, 2) 노선 연장, 주행기록계 판독, 점멸실태조사on-off surveys와 24시간 버스 차고지의 문을 감시하는 등의 활동이 바로 그것이다. 이런 감독은 또한 꾸리찌바 도시공사가 버스요금을 사정하는 것을 돕는다. 꾸리찌바에서는 꾸리찌바 도시공사에 의해 이렇게 버스요금이 사정되고, 운영비용, 행정 및 자본비용 등을 고려하여 과학적으로 결정된 하나의 균일 요금 시스템을 이용하고 있는 것이다.

꾸리찌바 버스 시스템의 균일 요금은 1995년에 55센타보에서 물가, 임금 인상 등의 내·외부요인이 겹쳐 1997년에는 65센타보로 증가했고, 작년에는 1999년에 브라질에 몰려온 IMF 사태의 여파로 1헤알 10센타보(약 610원)로 올랐다. 하지만 한 번의 버스요금으로 버스 승객들이 통합터미널에서 한 노선에서 다른 노선으로 하루 평균 2.4회나 환승한다는 사실을 고려한다면, 그 요금은 1회 승차시 우리 돈으로 불과 300원을 넘지 않는 수준이다. 이는 최근 몇 년 동안의 동향에 비춰볼 때, 1회 통행시 요금이 200~290원에 지나지 않아 브라질에서 가장 저렴한 도시교통요금 가운데 하나인 것이다.

민간버스의 월별 수익률은 버스전체에 투자된 자본의 1%인데, 그것은 대략 요금의 11%에 해당된다. 그리고 민간회사의 다른 이윤 구성 요소로 장비 및 하부구조를 위한 관리와 행정비용이 약 3% 인정되고 있는

데, 그것은 요금의 약 0.39%를 차지하고 있다. 이 두 가지를 합한 버스회사의 총수익은 요금의 11.39% 정도이다.

브라질은 전통적으로 높은 인플레이션을 경험했다. 예를 들면, 1992년에 한 달 평균 25%였다. 이런 환경 아래에서조차 버스 시스템은 성공적으로 운영되고 있었다. 그러나 요금은 운영비의 인플레에 대응해 일정하게 증가했고, 탄력적으로 조정해야만 했다. 실제로 새 버스요금은 기술적 계산뿐 아니라 정치적 협상의 한 결과이기도 하다. 버스회사는 가능한 한 자연적으로 요금을 인상해야 한다는 압력을 가한 반면, 승객들은 일정하거나 낮은 요금을 요구한다. 시청과 꾸리찌바 도시공사는 이런 두 정치적 힘의 상호작용과 싸워야만 했고, 협상으로 대중이 지불할 수 있고 민간부문에 이익이 될 수 있는 합리적인 버스요금 인상을 추진하고 있다. 필자가 직접 면담한 한 버스회사 사장의 지적대로, 약 20년 이상 추진해온 '사회적 요금' 제도는 버스업계와 시청, 꾸리찌바 도시공사간에 가끔 운영·행정비용의 인정 부분에 약간의 이견이 있었음에도 불구하고 아주 성공적으로 운영되고 있는 것이다.

그것은 꾸리찌바 시민들이 자신들이 사는 도시의 버스 시스템에 대해 상당히 높은 신뢰를 보이고 있고, 꾸리찌바 도시공사에 대해서도 높은 만족을 나타내고 있다는 사실을 보아도 쉽게 알 수 있다. 도시공사의 사장 보좌역인 이사벨 몰터니 여사가 언급한 바와 같이, 꾸리찌바 시민들은 현재 시 전역에서 운영 중인 버스 시스템에 대해 98%나 신뢰하고 있지만, 시민 만족도(불만족스럽다고 느끼는 비율 30%)는 70%로 이보다는 다소 낮은 편이다. 어느 사회나 항상 수익금을 많이 달라고 요구하고 좀 더 나은 서비스를 원하는 버스회사와 시민들이 존재하고 있다는 점을 염두에 둔다면, 이 정도의 차이는 당연한 수준이기도 하다.

꾸리찌바에는 우리와 같은 버스요금의 원가계산과 관련된 불신과 투명성 시비는 물론이고 오지 적자노선을 반납하겠다는 으름장, 차량 정체로 인한 버스회사의 승객 감소 및 원가 상승, 운송수익금 누락, 불합리한 배차간격으로 인한 난폭 운전, 만성적인 재정적자 등 어느 것도 존재치 않는다. 그것은 꾸리찌바에서 독자적으로 개발한 과학적이고 체계적인 민간회사의 감시·감독 및 요금 결정 시스템과 창조적인 '사회적 요금' 제도 때문이다. 그 결과로 꾸리찌바는 보조금이 없이도 오늘날 지구상에서 가장 낮은 버스요금으로 높은 버스 서비스의 질을 자랑하게 된 것이다.

4. 자동차로부터 해방된 보행자 천국

　　　　　　　　영국의 지리학자이자 교통공학자인 로드니 톨리에 의하면, 인류가 개발한 교통양식에는 크게 두 가지가 있다. 하나는 에너지(화석연료) 다소비에다 사회적 불평등을 가중시키면서 환경에 여러 가지 부정적 영향을 미치는 동력 교통수단을 총칭하는 적색 양식이고, 다른 하나는 에너지 보전, 환경적 영향과 사회적 평등의 관점에서 볼 때 가장 이상적인 통행방식을 지칭하는 녹색 양식이다. 일부 학자나 전문가들은 후자에 보행과 자전거 외에 버스, 지하철, 굴절버스 등의 대중교통수단을 포함하고 있지만, 여기서는 주로 보행과 자전거 교통을 녹색 교통으로 이해한다.

　　현재 우리들이 당면하고 있는 지구 및 지역 환경 문제를 해소키 위해서는 환경친화형, 공간절약형, 시간 및 에너지 절약형 교통수단이자 유연하고 온화하며 평등한 교통수단인 보행 및 자전거 교통의 활성화가

꾸리찌바 시의 자전거도로

무엇보다 시급하다. 특히 자전거의 경우 기후나 지형 등 자연적 장애에 취약하고, 이륜 구조로 인해 안전성이 매우 낮다는 사실에도 불구하고, 활성화된다면 개인과 공중의 건강 유지, 에너지 및 토지자원 절약, 대기오염·소음·진동의 저감, 가로환경의 개선, 도로교통 여건 개선, 통행시간 및 비용의 절감, 붕괴된 지역사회 유대망의 재확립 등의 직·간접적인 효과가 발생된다고 한다.

어떻든 자동차 의존도를 낮추면서 진정한 의미의 생태지향적인 도시 공동체를 구축할 수 있고, 나아가 우리의 숙주인 생물권과 공존하는 길을 열어 가는 것이 우리 시대가 실현해야 할 최대 과제임에는 틀림없다. 꾸리찌바는 일찍이 이런 인식을 토대로 버스를 중심으로 한 대중교통과 보행 및 자전거교통에 교통정책의 우선 순위를 둔 것으로 국제사회에 널리 알려져 있다.

교통 분야에서 버스를 통해 창조적인 해결책을 찾은 꾸리찌바는 오스발도 나바로 알베스의 아이디어로 1977년부터 착수해 이미 연장이 100km나 되는 자전거도로망을 구비하고 있다. 이 도시의 자전거도로는 크게 두 개의 범주, 즉 레저용과 통근·통학용으로 나뉜다. 전자는 완만한 경사를 가진 소로를 통해 시 전역에 분포하고 있는 공원을 연결한 자전거도로로서 스포츠를 즐기는 시민을 위해 약간 경사진 언덕을 따라 형성된 생태도로에 만들어졌고, 후자는 직선인 데다 평평한 자전거도로로 집에서 일하러 가거나 학교에 가는데, 그리고 도심으로 가거나 시를 순환하는 데 이용할 수 있게 조성된 것이다. 최근에는 시의 교외에서 추가로 70km의 자전거 전용도로 건설계획을 세워 완성했고, 이 중 33km의 자전거도로망의 건설은 꾸리찌바 공업단지 내에서 이루어졌다. 특히 후자의 자전거도로망 목표는 통근 시 교통비용을 줄이면서 자전거 이용을 하는 노동자들에게 인센티브를 제공하는 데 두어졌다.

이들 사업이 모두 완결되어 꾸리찌바는 브라질 내에서 가장 광대하고 체계적인 자전거도로망을 갖춘 도시로 탈바꿈하게 되었다. 오늘날 브라질에는 도시 외곽에 입지한 공장과 연계된 자전거 전용도로를 갖춘 이따비리또 시 등 일부 도시를 제외하고는 완벽한 자전거 도로망 체계를 구축한 곳이 거의 없다. 이런 사실을 염두에 둘 때, 꾸리찌바가 지금까

보행자 천국이 만들어지기 전의 '11월 15일의 거리'

지 부단히 추진해온 자전거도로 건설 계획은 브라질에서 가히 혁명에 가까운 변화를 예고하고 있다. 꾸리찌바의 자전거도로는 도시계획연구소에서 수행한 연구 결과에 따라 포장, 폭, 경사도, 배수, 안전체계와 조명 등이 잘 배려되어 있을 뿐 아니라, 자전거 수리소와 주차장을 자연적인 회합지점이 있는 장소에 입지시키고 있다.

이 밖에도 꾸리찌바는 세계적인 규모의 보행자 천국을 가지고 있다. 일명 '꽃의 거리'라 불리는 이 보행자 전용공간은 연장이 1km로 네덜란드의 항구도시 로테르담에 있는 세계 최초의 보행자 전용도로인 라인밴(총연장 1,080m)에 버금가는 규모이다.

브라질 최초인 이 보행자 천국은 70년대 초반에 시민들의 집회 장소이자 '저주받은 입Boca Maldita'이라는 이름으로 알려진 도시 중심부 근처의 거리를 전격적으로 폐쇄하면서 조성되기 시작했다. 물론 이 사업은 당시 브라질의 개발지상주의에 편승한 무분별한 도로 건설이 하나의 물결처럼 번지는 시기였으므로 철학과 소신이 분명한 환경친화적인 정치 지도자가 없었다면 실현이 불가능한 것이었다. 1997년 빠라나 주 주지사 집무실에서 나눈 인터뷰에서 자이메 레르네르가 필자에게 한 다음과 같은 말은 그런 점에서 시사하는 바가 매우 크다.

"꾸리찌바 시는 자동차를 거리에서 몰아내고 보행자들을 위해 도로를 건설했다는 점에서 브라질에서는 최초의 도시지요. 꾸리찌바 시는 다른 도시에서 발생했던 것과는 항상 반대되는 도시입니다. 즉, 다른 도시들이 자동차를 위해 보다 많은 건축물을 만들지만, 우리는 자동차보다 사람들이 더 중요하다고 생각합니다. 그것이 '꽃의 거리'를 보행자 광장으로 우리가 만든 직접적인 동기지요.

그러나 상인들은 브라질 내에 보행자 몰이 한 곳도 없었기 때문에, 그들이 알지 못하는 것에 대해 강한 두려움을 갖고 있었습니다. 엄청난 저항이 뒤따랐지요. 하지만 나는 그것을 실제로 보여줄 기회를 맞이했다는 것을 알았고, 보행자 몰이 완성되면 모두가 사랑할 것이라고 굳게 믿고 있었습니다. 그래서 나는 시장 자리를 내놓을 각오로 주말을 기해 이 프로젝트를 전격적으로 시행할 것을 지시했습니다.

만약 시민들이 이를 이용하지 않는다면, 우리는 자동차를 위해 다시 차도로 전환하려고 생각했습니다. 그러나 시민들이 많이 이용하고, 상인들 역시 보행자들을 위한 지역을 더 많이 요구하기 시작했습니다. 우리는 오랫동안 많은 것을 배우기 시작했고, 우리가 배운 것 가운데 기본적인 것은 자동차보다 사람들이 더 중요하다는 것이었습니다. 자동차에 대해 중요성과 우선권을 적게 주면 줄수록, 도시는 자동차는 물론 사람들에게 더 나은 환경을 제공해주게 되지요."

　이 같은 배경 아래 레르네르의 강력한 의지에 따라 보행자 광장을 조성키 위한 최초의 투쟁이 시작되었다. 그것은 바로 '11월 15일의 거리'와 두 개의 짧은 다른 가로 사이의 폐쇄였다. 이 작업은 상점주와의 마찰을 피하기 위해 상점이 문을 닫는 시간에 맞추어 추진되었다. 주말인 금요일 오후 6시에 소형 착암기를 동원해 포장을 걷어내기 시작했고, 48시간 만에 전격적으로 마무리지었다.
　그러나 월요일 아침에 예기치 못한 사태가 발생했다. 일부의 상점주들이 몰을 확대하는 시장을 상대로 법률적 행동을 하겠다는 협박을 해 온 것이다. 그리고 다음 주말에는 자동차 클럽의 성난 회원들이 다시 도로로 복원하라고 위협해왔다. 레르네르는 이 위기의 상황에 직면해서도

'꽃의 거리' 풍경

꿈의 도시, 꾸리찌바　86

경찰을 부르지 않고, 그 대신에 시청 직원들에게 보행자 몰에 길다란 종이를 깔아놓도록 지시했다. 자동차 클럽 회원들이 도착했을 때는 이미 수십 명의 어린이들이 그 자리에 앉아 그림을 그리는 풍경이 자연스럽게 연출되고 있었다. 이 작은 승리를 통해 꾸리찌바는 자동차가 아닌 보행자를 존중하는 문화적 혁명의 단초를 마련한 것이다.

아무튼 포장을 걷어낸 도로 위에 조약돌을 까는 작업이 끝난 후, 레르네르는 시청의 결정이 바람직한 것이었다는 사실을 주민들이 확신하도록 가로등과 키오스크를 설치하고, 나무를 심고 화분을 배치하는 등 체계적으로 관리해 나갔다. 또한 꽃의 거리의 한쪽 끝에 레일을 깔고 폐전차를 가져다가 놀이기구를 갖춘 탁아소로 재활용해 쇼핑하러 나온 부모들이 어린이들을 편안한 마음으로 맡길 수 있도록 하는 조치를 취했다. 그리고 보행자 천국 근처의 도로에서는 차도를 좁히거나 과속 방지턱을

탁아소로 재활용되는 폐전차

설치하고, 굴곡차선을 만들어 감속을 의도적으로 유도하고, 단주를 설치하는 등 보행자의 안전을 위한 배려도 게을리하지 않았다.

그 결과 오늘날 이곳에서는 꾸리찌바 문화재단의 지원을 받는 한 시민단체가 20년 이상 매주 토요일 오전 10시부터 12시까지 거리미술제를 개최―필자가 만난 한 자원봉사자의 설명에 따르면, 거리미술제가 우천시에는 다른 장소에서 열리고, 토요일이 아닌 다른 요일에 특정지역 시민들이 요청해오면 당해 지역으로 이동해 개최하기도 한다―하는 등 이벤트도 상당히 많이 열리고 있고, 거리에 열 지어 있는 건물의 한 2층에서는 보행자들을 내려다보며 일단의 보컬그룹이 가볍고 잔잔한 음악을 낮과 밤으로 연주해 항상 거리에는 음악이 흐르고 있다.

게다가 보행자 천국을 만들기 위해 최초로 폐쇄한 '저주받은 입'에서는 꾸리찌바는 물론이고 브라질 전역에서도 유명한, 「거리의 고문들을 위한 자유연단」이라는 모임이 열리고 있다. 1957년에 창립된 이 단체는

꽃의 거리 근처의 차도 좁힘

"아무 것도 보지도 듣지도 말하지도 말라!"는 아주 현학적인 슬로건을 갖고 있는데, 그들은 보도 벤치에 무리 지어 앉아서 엑스레이처럼 여성 보행자를 흘긋 쳐다보기도 하고, 모든 농담과 논평을 경청하기도 한다. 그리고 그들이 악처럼 두려워하는 신과 정치 및 정치가들에 대해 일상적인 대화를 나눈다. 또한 금요일부터 시작되는 주말 밤에는 수화를 하는 벙어리들이 이곳에 모여 자유롭게 대화를 나누고 정보를 교환하기도 한다.

이런 보행자 전용공간에 더하여, 꾸리찌바는 구도심의 일부 지역을 제외하고는 보도폭도 넓고, 건축선 후퇴부에 의무적으로 조성한 조경공간이 선형으로 녹색 띠를 형성하고 있어 쾌적하고 안락하게 보행이 가능하도록 하고 있다. 그리고 구도심의 역사보전 지구에 위치한 1개소의 지하보도를 제외하고는 꾸리찌바 시에는 지하도와 육교가 전혀 없는데, 이는 일반 보행자와 장애인, 노약자, 임산부, 어린이 등 교통 약자를 자

매주 토요일 개최되는 거리미술제

〈거리미술제에서 그림을 그리는 어린이〉

동차 운전자에 비해 우선적으로 배려하고 있다는 사실을 입증하는 아주 좋은 증거이다. 여기에서 한 걸음 더 나아가 정류장에서 승·하차하는 지체 부자유자들이 휠체어를 이용해 보도를 안전하게 횡단할 수 있게 홈을 파두는 섬세함도 보여주고 있다. 물론 우리나라의 도시들처럼 인도상의 불법주차나 자동차의 보도주행은 거의 발견할 수 없었다.

한마디로 자동차로부터 완전히 해방된 공간을 시민들이 만끽하고 있는 것이다. 이런 성과에 힘입어 최근 들어서는 다른 지역에서도 보행자 천국을 만들어달라는 요청이 쇄도하고 있다고 한다.

오늘날에는 꽃의 거리 주변지역까지 토지이용계획상 '보행자를 위한 최우선 구역'으로 지정·관리되고 있다. 동력차량의 접근이 부분적으로 허용되거나 완전히 접근할 수 없는 이 구역에는 슈퍼마켓은 물론이고 주차도 허용되지 않는다. 또한 은행, 보험회사와 금융기관은 이 지역에서 건물의 1층을 점유할 수도 없고, 5층 이상의 신규 건물에는 공적으로 바람직한 시설을 제외하고는 건설할 수 없도록 철저히 제한하고 있다. 이는 보행자를 위한 최우선 구역에서 불필요한 차량통행으로 인해 유발될 보행환경의 악화를 방지하고, 역사성을 가진 지구로 계속 유지하기 위해서 내린 보완 조치들이었다. 여기에서 특히 우리들의 관심을 끄는 것은 건물의 1층에 현금이나 유가증권 등을 취급하는 회사들의 입주를 허용하지 않는 것인데, 그것은 브라질의 대부분 도시의 치안 상태가 안정적이지 못하다는 사실과 전혀 무관하지 않은 것으로 생각된다.

이렇듯 꾸리찌바가 지난 30여 년 동안 추진해온 교통 분야에서의 혁신적인 조치들은 동력차량보다는 보행자와 자전거 타는 사람들에게 최우선이 주어져야 한다는 전 시장 자이메 레르네르를 비롯한 많은 행위주체들의 철학의 산물이다. 그로 인해 꾸리찌바에서는 일부 자가용 운전자들의 불만에도 불구하고, 대다수 시민들의 지지를 받아 자전거와 보행자의 통행공간 확보를 위해 도로공간을 축소하는 일까지 가능하게 되었다. 다른 도시들과는 달리 자전거도로와 보행자광장이 꾸리찌바에서는 통합적인 도로망과 대중교통의 일부가 된 것이다.

5. 에너지 절약형 모델도시

꾸리찌바의 지속가능한 도시개발의 기초는 다른 무엇보다 토지이용법률이다. 여기서는 전문가를 대상으로 설명하는 것이 아니므로 핵심이 되는 주요 내용만을 간단히 소개해보고자 한다. 1975년 조례 제5234호—1972년 조례 제4199호를 수정한 것—와 시행규칙 제880호에 의해 정의된 용도지역은 크게 6개(중심, 주거, 공업, 서비스, 농업과 특별지역)로 구분되어 있고, 건축밀도 및 층고 제한 등 규제지침이 명시되어 있다. 각 용도구역에는 허용, 묵인, 요청 시 묵인과 금지 등으로 이용을 제한한다. 여기서 요청과 특수사례는 시청 및 꾸리찌바 도시계획연구소의 구성원으로 조직된 용도구역위원회에 의해 분석·심의된다.

이렇게 엄격한 과정을 통해 이루어지는 토지이용 관리가 꾸리찌바 시의 난개발을 방지하고, 환경친화적인 도시개발을 가능하게 했음은 두말할 나위도 없다. 이 밖에 꾸리찌바 시가 지속가능한 토지이용계획을 집행하는 데 사용한 혁신적인 도구와 제도들을 몇 가지 소개하면 다음과 같다.

첫째, 꾸리찌바 시는 독특한 통제 및 계획도구를 개발·실행했다. 즉, 토지이용법률은 구조적 지역의 경우 간선 교통축을 따라 도시성장과 고밀도 개발을 촉진할 수 있도록 용적률을 600%로 했다. 그리고 상업활동에 종사키 위해 허가를 획득하고자 하는 사람은 누구든지 시청의 도시과에다 교통발생 지수, 인프라 및 주차장 수요, 기타 관련된 영향을 추정한 정보를 제출하도록 규정하고 있다.

둘째, 경제적 인센티브 제도를 도입하고 있다. 꾸리찌바의 역사지구 내에서 역사적인 건물의 소유자들은 그들 토지의 건축 잠재력만큼을 시의 다른 지역으로 이전할 권리를 갖는다. 이것은 법으로 역사적 건물의 소유자들이 그들의 건물을 부수는 것을 금지하고, 동시에 보상 메커니즘을 통해 역사유적과 선조들의 숨결을 보존하고 있다는 것을 의미한다.

또한 1990년 이래 자치단체 주택기금법을 통해 건설회사가 특정지역에서 법률적 한계를 넘어 계획적으로 기성 시가지보다 두 층을 더 높이 건설할 수 있도록 했다. 이렇게 추가로 건설된 지역에 대한 수익금의 일부―건축업자는 추가로 건설한 건물면적에 대해 시가의 75%를 납부한다―는 꾸리찌바 시 주택공사(COHAB)에 제공되고, 그것은 저소득층을 위한 택지의 구입과 저소득자 주택의 건설에 사용하도록 했다. 물론, 이런 특정지역은 기존의 하부구조가 추가건설에 충분히 대처할 수 있는 지역에서만 적용된다. 이와 같이 단순하고 창조적인 메커니즘은 꾸리찌바에서 저소득자 주택을 위한 토지 및 자원을 창출하는 데 커다란 기여를 하고 있다.

마지막으로, 물리적 도구들과 정보적 수단들이다. 꾸리찌바에서 자전거 전용도로는 버스차선처럼 물리적으로 분리되었다. 그것은 다른 방법으로 분리를 유지하는 것이 어려웠기 때문이다. 또한 시청은 지리정보체계(GIS)를 구축하여 꾸리찌바 시 행정구역 안의 어떤 토지의 건설 잠재력에 대해서든 5분 안에 시민들에게 정보를 제공할 수 있도록 했다. 이 같은 투명한 정보체계는 자본주의 사회의 대부분의 대도시에 만연되어 있는 토지 투기를 피하는 것을 돕고 있다. 이런 완벽한 부동산 정보는 재산세가 시의 주요 세입원이라는 사실을 염두에 둘 때, 안정적인 세수기반을 확충하는 데도 적지 않은 기여를 하는 것으로 평가되고 있다.

아무튼 꾸리찌바에서 도로망, 대중교통과 토지관리간 통합이 가져온 환경적 영향을 평가하는 최상의 방법은 비행기나 헬리콥터를 타고 상공에서 시가지를 내려다보는 것이다. 아니면, 빠라나 주 전화공사 전망대에서 시가지를 조망해보아도 쉽게 파악할 수 있다. 이곳에서는 주거지 사이의 경계를 시각적으로 측정하고, 근린도로로부터 집산도로를 구별할 수 있으며, 도시성장을 제한하는 '구조적 지역'의 기성 시가지 선과 보호된 녹지역을 관찰하는 것이 가능하다.

또레 다스 메르세스라 불리는 빠라나 주 전화공사 전망대에서 시가지를 내려다보면, 꾸리찌바는 한마디로 에너지 절약형의 녹색도시다. 이렇게 긍정적인 환경 변화가 직접적으로 도시관리와 연계된 영역은 재래식 지하철이나 경전철 시스템보다 더 저렴하고 덜 파괴적인 대중교통체계를 구축한 교통부문에 있는 것이 아닌가 싶다.

꾸리찌바의 대중교통 시스템은 사웅파울로, 히오데자네이루, 브라질리아의 지하철 건설 경험과 비교할 때 건설비는 물론이고 사후 운영관리비 역시 현저히 낮고, 효율성과 경제성도 탁월한 것으로 국제사회에서 공인받고 있다. 꾸리찌바의 직통버스 전용도로 시스템의 건설비는 지하철과 비교해 불과 80~100분의 1에 지나지 않고, 운영관리비는 대략 450~500분의 1 정도로 현저히 낮은 것으로 알려져 있다.

그리고 꾸리찌바 시에서는 매일 전체 통근자의 약 75%인 190만 명 이상의 승객이 버스를 이용하고 있는데, 그것은 히오데자네이루, 사웅파울로 등 다른 브라질 도시들보다 훨씬 더 높은 수준이다(비교할 수 있는 대중교통 승객률은 히오데자네이루가 57%, 사웅파울로가 45%이다. 『이코노미스트』, 1993년 4월 17일, 49쪽). 이 가운데 직통노선버스 이용자의 28%는 이전에는 자가용으로 통행하던 사람들이었다. 그 결과, 브라질에서 1인당 자동차 보유율이 두 번째로 높았음에도 불구하고 꾸리찌바의 1인당 가솔린 소비는 비슷한 크기의 8개 도시 평균 소비량에 비해 30%가 낮아, 시 전체로 볼 때 25%나 연료소비를 절약할 수 있었다. 그로 인해 자동차 배기량을 현저히 줄였고, 대기오염 수준 역시도 브라질에서 가장 낮을 만큼 아주 괄목할 만한 성과를 거두었다.

또한 브라질에서 자동차 한 대당 사고율이 가장 낮은 도시가 되었고, 통근자들이 평균적으로 교통 부문에 소득의 약 10%(브라질에서 상대적으

빠라나 주 전화공사 전망대

로 낮은 비율)만을 지출하게 되어 교통비용을 절약하는 데도 크게 기여했다. 한마디로 꾸리찌바 시민들은 더 푸르고, 더 깨끗한 도시 그리고 교통혼잡이 거의 없고 더 나은 삶의 질을 향유할 수 있게 된 것이다.

이렇듯 꾸리찌바는 더 많은 사람들이 버스를 이용하는 경향이 있는 대중교통체계를 통해 정 正의 순환체계를 창출했다. 또한 계속 증가되는 승객 수는 더 많은 자원을 생성시켜 그 시스템에 재투자하는 길을 열어 주었고, 그로 인해 더 많은 사람들이 버스교통을 이용하도록 하고 있다. 높은 수준의 버스 후원은 직접적으로 좋은 서비스의 질과 연결되었다.

워싱턴에 있는 국제에너지보전연구소는 이 시스템의 환경적 편익을 공식적으로 인정하여 1990년 '세계 에너지 효율상'을 수여했다. 그리고 1991년에는 세계적인 연구기관 가운데 하나인 월드워치 연구소가 그들의 출판물 『모델 도시』에서 미국의 오레곤 주 포틀랜드 시의 교통체계와 함께 꾸리찌바의 교통체계를 하나의 모범으로 제시하기도 했다. 이 모든 국제사회의 평가는 미주개발은행의 교통전문가 찰스 라이트가 언급한 바와 같이 "꾸리찌바는 세계에서 가장 최상의 교통체계를 갖고 있고, 심지어 일본이나 유럽 도시들보다 교통체계가 더 좋기까지 하다"는 지적이 전혀 무리가 아니라는 것을 의미한다.

Nas pranchetas do IPPUC, a igreja histórica de Umbará.

4

도시환경 개선을 위한 창조적인 노력들

폐기물 관리 일반 현황

꾸리찌바의 시민들은 하루에 1인당 평균 0.85kg의 쓰레기를 배출한다. 이 쓰레기의 구성은 재활용품(금속, 플라스틱, 유리, 종이) 35%, 유기물(식품, 농산물) 30%, 식물/정원 폐기물(나뭇가지, 나뭇잎, 잔디) 12%, 불활성물질(목재, 의류, 잡석, 고무, 가죽) 21%, 그리고 병원폐기물 2%로 이루어져 있다. 꾸리찌바 광역도시권에서는 대략 1,800톤의 고형폐기물이 매일 생산되는데, 그 중 4분의 3은 꾸리찌바 시내에서 발생되고, 나머지는 13개 인접 자치단체에서 발생되는 것이다.

꾸리찌바 시 환경국에 속해 있는 가로청소과가 공공기관과 시(자치단체)의 폐기물 수거 업무를 조정·관리한다. 공공수거는 시 산하의 시설과 공원, 시립공설시장, 가로시장, 공공건물(시청, 주의회), 시립동물원, 병원 및 기타 공공시설에서 이루어진다. 공공기관을 제외한 시의 수거 업무는 1984년 이래 공개경쟁을 통해 민간회사인 리빠떼르 LIPATER와 계약해 처리한다. 이 회사는 약 1,300명의 피고용자를 두고 가로청소를 책임지고 있는데, 시청은 이들의 서비스를 관리·감독하기 위해 150명의 직원을 두고 있다.

시는 행정구역을 98개 폐기물 수거구역으로 나누고 있다. 이곳의 쓰레기는 매주 3회씩 45대의 압축차량에 의해 처리된다. 또한 오염된 액체를 수거하는 별도의 탱크를 가진 2대의 특수트럭이 매일 180개의 병원과 보건소에서 12톤의 병원폐기물을 수거한다. 최근 들어서는 4~5톤의 병원폐

1. 순환형 사회의 열쇠, 폐기물 관리정책

꾸리찌바는 환경 분야의 오스카상이라 불리는 유엔환경계획(UNEP)의 '우수 환경과 재생 상(1990년 9월 5일)'을 수상한 도시로도 유명하다. 이 도시는 오늘날 지구촌의 대도시들이 공통으로 안고 있는 가장 커다란 난제 가운데 하나인 쓰레기 문제를 슬기롭게 극복한 대표적인 사례로 꼽히고 있다.

기물을 생산하는 8백 개소의 치과, 수의와 진료소에서 이런 서비스가 확대·추진되고 있다.

중심도시의 28㎢의 면적은 리빠떼르의 청소부들(415명)이 매일 직접 청소하고, 60㎢의 면적은 6대의 기계식 차량이 적어도 일주일에 한 차례씩 청소하고 있다. 그리고 물탱크를 가진 3대의 대형트럭이 가두, 보도, 시립농수산물시장 지역, 가로시장 지역, 버스정류장 등을 청소하고 있다.

재활용을 할 수 없는 쓰레기는 1989년 10월 매립이 시작된 까쉼바매립장(46ha)으로 가져간다. 이 매립장은 생태도시라는 꾸리찌바의 애칭에 걸맞게 주변이 온통 숲으로 둘러싸여 있고, 쓰레기로부터 나오는 침출수 또한 특별한 화공약품을 사용치 않고 자연적인 방법에 의해 처리되는 곳으로도 유명하다. 침출수는 배수로를 따라 몇 개의 저수지를 차례로 거치면서 맑은 물로 변하는데, 최종 처리된 물은 침출수라고 여겨지지 않을 만큼 거의 완벽하게 정화된 채 방류된다. 침출수의 상태를 점검하여 수질을 감시하고, 시민들이 직접 물의 상태를 확인할 수 있도록 끝 부분에 웅덩이를 만들어 물고기를 기르고 있다.

매일 반입되는 쓰레기 중 54%가 음식 쓰레기인 것으로 보고된 이 매립지는 처음에 15년 동안 매립이 가능할 것으로 예측되었다. 하지만 꾸리찌바 시에서 추진한 대대적이고 체계적인 재활용 프로그램의 시행에도 불구하고, 최근 들어 이주 인구가 급증하면서 예상보다 2년 빠른 2001년 말에는 매립이 종료될 것으로 예상되고 있다. 이로 인해 현재 시 당국에서는 새로운 매립지 선정 작업과 그의 추진에 적극 나서고 있는 것으로 알려져 있다.

꾸리찌바는 경제적 유인동기를 빈민들의 위생·복지와 결합한 다양한 고형폐기물 관리프로그램을 개발하여 공동체 정신 함양, 환경교육, 빈곤 완화, 정맥산업 활성화, 알코올 및 약물 중독자의 사회복지 등 여러 목적을 동시에 달성하고 있다. 여기에서는 흔히 꾸리찌바의 도시환경 개선을 위한 혁신적인 사례의 상징으로 언급되는 고형폐기물 관리정책을 간단히 살펴보기로 한다.

꾸리찌바에는 일련의 사회적 행동과 통합된 두 가지의 혁신적인 폐기물 관리 프로그램이 있다. 도시 전역에서 이루어지는 '쓰레기 아닌 쓰레기' 프로그램은 가두 수거와 가구별로 사전에 분리한 재활용품 쓰레기의 수거로 이루어진다. 그리고 보통 하천 구릉을 따라 들어선 주거지역, 특히 저소득층 지역에서 계획된 '쓰레기 구매' 프로그램은 기존의 폐기물 관리 시스템으로는 접근이 어려운 지역을 청소하는 것을 목표로 하고 있다.

꾸리찌바에서 가장 역점을 기울여 추진하고 있는 거대한 환경교육 사업 가운데 하나인 '쓰레기 아닌 쓰레기' 프로그램은 시립학교에서의 환경교육 캠페인과 함께 1989년 10월에 시작되었다. 쓰레기 분리수거 정보가 담긴 간단한 유인물이 아이들과 가정에 배포되고, 이와 병행하여 재활용품에 대한 가두수거 정보도 배포되었다. 이 사업의 일차적인 목표는 그것을 아이들과 의사소통하고, 일요일의 낮 시간대에 시행되는 일반폐기물 수거와 재활용품 분리수거에 대해 가구들에 알려줌으로써 쓰레기 문제에 대한 대중의 의식을 고양시키는 것이었다.

그리고 환경교육의 주요 대상인 아이들과 성인들 모두를 대상으로 리사이클링의 중요성을 깨닫도록 하는 다양한 캠페인이 개발되었다. 도로를 따라 붙인 벽보는 "종이 50kg이 나무 한 그루와 같다" "우리 모두 리

사이클링에 참가합시다"라고 호소했다. 나아가 나뭇잎 모양의 의상을 차려입은 배우들—한 가족으로 구성됨—이 참가하는 텔레비전 캠페인을 착수했다. 이 캠페인은 배우들이 학교를 방문하면서 강화되었고, 시간이 지나면서 시장과 유관기관의 기관장은 물론이고 지역주민들 모두가 참가하는 대규모 '나뭇잎 가족' 캠페인 행사로 정례화되어 나갔다. 캠페인이 진행되는 동안에는 소규모 악단의 연주 속에서 재활용품을 교환해주고, 묘목을 나누어주는 등의 이벤트 행사도 곁들여지고 있다.

재활용품 수거는 일반 쓰레기 수거를 담당하는 민간회사인 리빠떼르 소속 비압축형 녹색트럭 20대에 의해 이루어진다. 이들 트럭은 지역사회에 그들의 도착을 알리는 작은 금속 벨을 갖고 있다. 시는 이런 형태의 재활용품 수거를 위해 약 100개 구역으로 나누어 운영 중이다.

꾸리찌바의 재활용 쓰레기는 종이류 24.2%, 유리 12.8%, 물건 12.7%,

'나뭇잎 가족' 캠페인 행사

거부된 물건 12.4%, 마분지 10.4%, 금속 9.6%, 연성 플라스틱 9.5%, 강성 플라스틱 7.8%, 그리고 알루미늄 0.3% 등으로 구성된다. 여기서 말하는 '물건'이란 주민들이 '쓰레기 아닌 쓰레기' 차량에 운반해온 것으로, 파손되었지만 재판매가 가능한 품목에 해당하는 물질을 뜻한다. 이들은 목재, 의류, 사용한 가구, 고장난 스토브, 냉장고와 기타 장치들을 포함한다. '거부된 물건'은 재활용할 수 있는 잠재력은 있지만 현 시점에서 상업적인 재활용 가치가 없는 물질을 의미한다. 한 가지 예로 찢어진 스티로폴을 들 수 있는데, 그것은 데이 케어 센터day care centers와 보호소에 배포된 모포를 채우는데 사용되고 있다.

　재활용품은 1965년에 시청의 후원 아래 설립된, 사회교육통합재단(FREI)이라 불리는 공공기관이 세세히 분류해 처리한다. 이 재단이 운영하는 레프트오버 재활용공장―꾸리찌바 시는 '쓰레기 아닌 쓰레기' 프로그램의 착수 초기에 첨단화된 대규모 리사이클링 공장의 건설을 검토했으나 시의 재정 능력을 상회하는 것으로 판단하고 소규모 리사이클링 공장을 건설했다―은 꾸리찌바 시 근교의 깜뽀마르고Campo Margo에 있는 '단결농장'에 들어서 있다. 이곳에서 재활용품을 분류하는 고용기회를 제공함으로써 사회교육통합재단은 알코올 중독자와 극빈층 사람들을 사회 속으로 재통합하는 것을 추구한다. 재활용품의 분리는 컨베이어벨트의 도움을 받아가며 손으로 직접 수행하고, 사용된 기계류의 모든 하부구조는 고물의 기계부품으로 건설한 것이 아주 두드러진 특징이다.

　종이와 마분지는 묶고 압축하여 민간회사에 판매한다. 유리는 보통 장애인들에 의해 닦고 분리되는데, 분리된 유리는 작은 크기로 파쇄하여 다른 컨베이어벨트로 나르고, 나중에 판매하기 위하여 컨테이너에 보관해둔다.

이 외에도 레프트오버 재활용공장에는 명실상부하게 재활용센터로 기능할 수 있도록 하는 아주 중요한 시설이 두 가지 더 있다. 그것은 이곳을 쓰레기만 재활용하는 공간이 아니고, 생생하게 살아 있는 환경교육의 거점으로 만드는 핵심적인 시설들이다. 그 중 하나는 '쓰레기 아닌 쓰레기 박물관'이라 불리는 작은 박물관으로, 여기에서는 다른 박물관에서 흔히 볼 수 있는 근사하고 비싼 전시물은 전혀 발견할 수 없다. 그 대신에 꾸리찌바 시민들이 무심코 버린 쓰레기 더미에서 골라낸 시시콜콜한 생활소품에서부터 누렇게 변한 사진, 동전 및 지폐, 그림들, 그리고 다양한 종류의 가사용품 등이 전시되어 있다. 이 쓰레기에는 포르투갈 식민지 시절부터 현재까지 꾸리찌바 사람들의 기나긴 역사의 흔적과 끈끈한 땀이 배어 있어, 보는 이들로 하여금 문명의 화석을 보는 듯한 착

레프트오버 재활용공장

각을 불러일으키기까지 한다.

또 다른 시설로 작은 학교Escolinhr가 있다. 학교라기보다 오히려 조그만 교실에 가까운 이곳에는 책상과 걸상, 비디오, TV 등 환경교육을 위한 기본적인 시설이 갖추어져 있는데, 그 모든 것들은 레프트오버 재활용공장에서 나온 것들을 수리하거나 조립해서 만든 정말 소박한 물품들이다. 이곳을 방문한 꾸리찌바를 비롯한 위성도시의 학생들과 환경삐아의 어린이들은 모두 재활용한 비디오를 통해 간단한 시청각교육을 받고, 쓰레기가 어떻게 재활용되는지를 실례—페트병이 빗자루가 되고, 마가린 용기가 화분으로 전환된 것 등을 실제로 보여준다—를 통해 보고 배운 후 재활용공장과 '쓰레기 아닌 쓰레기 박물관' 등을 직접 견학한다. 이런 과정을 통해 어린이들은 어려서부터 쓰레기 문제에 대해 진지하게 학습하고, 나아가 리사이클링의 소중함을 직접 체험하고 배운다. 이렇게 어릴 적부터 현장성이 강조된 환경교육을 통해 아이들이 사람과 자연은 별개가 아니라 하나라는 사실을 배우고, 그 경험을 토대로 실천에 옮긴다면 어린이들의 미래는 분명히 밝을 것이다.

사회교육통합재단은 또한 재판매가 가능한 물건을 저장했다가 시에 의해 조직된 시영 벼룩시장에서 판매한다. 꾸리찌바에는 부서졌거나 재판매가 가능한 물건을 기증받는 특별 전화가 있고, 특별한 수거시간표에 따라 그것을 수거해간다. 이 모든 판매수입은 지방의 사회적 프로그램에 재투자된다.

재활용품, 주로 종이의 수거에 '공식적'인 수거계획만 있는 것은 아니다. 약 1,000명의 비공식적인 수집상이 개량형 손수레를 끌고 접근하기 어려운 좁은 골목길이나 파벨라 지역을 샅샅이 뒤져 재활용품 쓰레기를 수거—이들에 의해 수거되는 폐지 수거량은 하루 150톤 정도—하고, '쓰레기 아닌 쓰레기' 프로그램을 지원한다. 시는 이들의 노력을 유용한 공헌을 하는 중요한 직무로 인정함으로써 그들의 직업에 더 존경심을 보여 주었다. 예를 들어, 비공식적인 수집상들에게 유니폼을 제공해주고, 손수레에 일련번호를 부여하는 등의 조치를 취하기도 했다.

이러한 비공식적인 수집상들이 공식적인 수거체계에서 벗어나 있는 도시 전역의 사각지대에서 재활용 쓰레기를 수거한 후 히꼬뻬르 Recoopere라 불리는 재활용협동조합에 가져오면, 조합에서는 무게를 재어 그 대가를 돈으로 환산해준다. 그 다음에 시와 히꼬뻬르 사이에 구축된 협조체계를 통해 시에서는 다시 한번 재활용 쓰레기를 순환시킨다. 예를 들면, 종이 가운데 재활용하기 어려운 폐지의 경우는 묶은 후 압축해서 슬레이트 기와 공장으로 보낸다. 그러면 공장에서는 폐지를 잘게 쪼게 물과 섞어 기와를 만들고, 아스팔트 도료를 입혀 고급 건축자재는 아닐지라도 저소득층 주택에 사용하기에는 아주 훌륭한 슬레이트 기와로 재생산한다.

이 밖에 '쓰레기 아닌 쓰레기' 프로그램이 독특한 것은 시에 의해 폐기물의 재활용은 물론 고용기회를 제공할 수 있도록 설치된 장난감 공장이 있다는 점이다. 그 아이디어는 약 600명의 산업디자인 연수과정 학생들이 여러 가지 형태의 인형을 개발했던 '꾸리찌바 창조센터'의 1일 작업장에서 시작되었다. 이렇게 개발된 모형을 빈민지구의 하나인 빌라뻰또 파벨라favelas—빈민촌을 의미하는 대명사—에 입지한 한 장난감 공장으로 가져갔고, 그것이 다시 아이들을 자극하여 자신의 인형을 만들도록 발전해나갔다.

요즈음에는 장난감 공장이 빌라뻰또 파벨라에만 있는 것이 아니고, 어린이 환경탁아소에서도 그와 유사한 활동이 이루어지고 있다. 아이들은 학급당 30명으로 조직되어 월요일부터 목요일까지 낮 시간에 수업을 받는데, 여기에서 그들은 자신이 가질 인형을 만드는 것과는 별도로 데이 케어 센터와 시영상점 등에 보내기 위해 인형을 만든다.

필자가 방문한 이띠베레 어린이 환경 '뻬아'(PIAs)—유아 및 청년 환경교육 프로그램—에서도 '쓰레기 아닌 쓰레기 장난감' 이라는 이름으로 재활용품 바구니, 장난감 등을 만들어 이과수 공원, 일본광장, 시민의 거리 등에 있는 시 직영상점에 판매하고 있었다. 여기서 발생한 판매수익금—목각인형 모양의 장난감을 2헤알(1997년 환율로 2,400원) 정도에 판매하고 있다—은 어린이들의 생일날 케이크를 구매하는 데 사용하고 있었다.

꾸리찌바에서 시행된 두 번째 혁신적인 폐기물 관리 프로그램은 '쓰레기 구매' 라 불린다. 이 프로그램은 1989년에 시립보건소가 파벨라에서 렙토스피라 병이 창궐한다는 사실을 발견한 데 뿌리를 두고 있다. 시의 주변지역에 위치한 보건소들은 쥐와 파리 등이 옮기는 병원균이 파벨라에서 여러 가지 질병을 만연시키고, 그것이 폐기물 투기에 의해 확산된다는 것을 발견했다. 사웅파울로나 히오데자네이루와는 달리, 꾸리찌바에서 빈민들은 일반적으로 언덕에 정주하지 않고 하천가를 점유한 채 살고 있다. 이들 지역의 지형적 특성 때문에 수거차량이 쉽게 접근할 수 없어 파벨라에서는 쓰레기가 산처럼 쌓이는 일이 일상적으로 나타났고, 그것이 렙토스피라 병과 같은 질병을 가져왔던 것이다.

이를 해결키 위해 시가 채택한 방법은 단순하지만 매우 능률적이었다. 꾸리찌바 주민의 약 15%가 거주하는 53개 파벨라에서 쓰레기 분리수거 체계를 확립시키고, 나아가 자원재생 사업을 본격적으로 추진하기 시작했다. 폐기물 수거 비용을 민간회사에 지불하는 대신에, 시는 쓰레기를 수거해오는 지방주민들에게 쓰레기 5kg당 한 개의 식품 백―쓰레기를 수거해 온 대가로 지불되는 금액은 처음에는 버스 토큰으로, 나중에는 잉여식품의 백으로 지불되었다―을 나누어주었다. 여기에는 보통 쌀, 콩, 감자, 양파, 오렌지, 마늘, 계란, 바나나, 당근

녹색교환에 참가한 지역 주민들

과 꿀 중 하나나 그 이상이 담겨져 있다. 이들 재화들은 주로 시가 이하로 농산물시장이나 주변지역 농가들로부터 시청이 구입한 잉여농산물로 이루어진다.

쓰레기 봉투는 시청으로부터 약간의 행정비용을 지원받는 근린지구위원회라 불리는 지역사회단체에 의해 주민들에게 배급된다. 시가 이들 저소득지역 주민들에 의해 수거된 쓰레기를 받는 데 지불하는 kg당 가격은 민간회사에 지불하는 것과 동일하다. 즉, 식품과 상품권 비용은 청소원이 파벨라에 들어가 쓰레기를 수거하는 데 소요되는 총비용을 상회하지 않는 수준에서 결정되었다. 그 결과, 꾸리찌바 시는 빈민들에게 생활의 질 향상과 영양 개선뿐만 아니라 대중교통을 이용할 수 있는 편익을 추가로

재활용쓰레기를 전표와 교환하는 모습

학교 교재와 재활용품의 교환

제공할 수 있었던 것이다.

 앞에서 소개한 두 가지 혁신적인 폐기물 관리 프로그램에 더하여 꾸리찌바는 두 개의 프로젝트를 추가로 시행했다. 그 중 하나는 쓰레기 구매 프로그램과 비슷한 '녹색교환'이라 불리는 것이다. 기본적인 차이점은 녹색교환이 식품 백과 교환할 때 재활용품 쓰레기만 받는다는 점이다. 그것은 슈퍼마켓, 학교, 공장 그리고 근린단체에 의해서 행해진다. 한 달에 평균 21톤의 식품이 학교에서 교환되고, 61톤은 근린단체를 통해서, 그리고 산업체에서 10톤이 교환되었다. 현재 66개 지역사회에서 이루어지고, 약 7만 명을 돕고 있는 것으로 전해지고 있는 이 프로그램의 시행으로 빈민들에게 경제적 편익을 줄 뿐만 아니라 꾸리찌바와 주변 농촌지역에서 채소, 과일 등을 생산하는 소농의 잉여생산량을 흡수하는 데도 커다란 기여를 하고 있다.

어린이들이 재활용품을 장난감과 교환하고 즐겁게 웃는 모습

특히 학교에서 어린이들을 대상으로 시행되는 녹색교환 프로그램은 꾸리찌바를 순환형 사회로 만들어 가는 데 열쇠가 되는 주요한 사업 가운데 하나이다. 시 당국에서는 '어린이들을 위한 쓰레기 교환'이라 불리는 프로그램을 특별히 개발하여 꾸리찌바 시의 학교 네트워크를 통해 재활용 쓰레기를 학교에서 쓰는 교재, 초콜릿, 인형, 크리스마스 케이크 등과 교환해주었다. 이런 쓰레기 교환으로 어린이들에게 1년에 평균 60만 개의 물품이 제공되고 있다.

이와 같이 여러 지역에서 다양한 형태로 진행되는 녹색교환 프로그램은, 어린이들을 포함해 꾸리찌바 시민 모두에게 재활용 쓰레기는 함부로 버리는 것이 아니라 식품, 학용품 등과 교환할 수 있는 소중한 자원이자 미래를 위한 값진 돈이라는 사실을 마음 속 깊이 새겨주었다. 그것은 녹색교환을 바라보는 꾸리찌바 시민의 태도에서도 쉽게 읽을 수 있는데, 파벨라에 사는 뻬라 고르데이루Vera Cordeiro는 다음과 같이 말하고 있다.

"좋은 일이에요. 우리가 수거하는 쓰레기로 인하여 강을 오염시키지 않고 쓰레기를 채소와 과일로 교환해주니까요. 참 좋은 일이라 생각됩니다. 저뿐만 아니라 아이들 모두에게도 좋은 경험이어서 트럭이 오면 모두 즐거워합니다."

이렇듯 녹색교환이 있는 날이면 언제나 꾸리찌바의 어린이와 빈민들은 모두 즐거워한다. 그 이유는 아무 쓸모가 없다고 생각한 쓰레기가 맛있는 먹거리가 되어 식탁으로 다시 돌아온다는 사실을 이들이 누구보다 잘 알고 있기 때문이다. 그것이 바로 이 도시를 풍요로우면서도 푸른 사회로 만들어 가는 열쇠인 것이다.

폐기물 관리와 연관된 또 다른 혁신적인 프로젝트로 '뚜도 림뽀Tudo Limpo' 또는 '올 크린All Clean'이라 불리는 것이 있다. 그 주요 목표는 쓰레기가 산처럼 누적되는 시의 특별지역이나 텅 빈 나대지를 청소하는 것이다. 필자가 관찰한 바에 따르면, 아직도 꾸리찌바에는 상당히 많은 곳에 건축폐기물을 비롯해 수많은 쓰레기가 무단으로 투기되고 있었다. 이 문제를 해소키 위해 퇴직자 및 실업자들이 임시로 시청에 의해 고용되는데, 한 팀당 15명 내외로 구성되고 89일—브라질의 법 체계 아래서 피고용자들은 90일을 일하도록 되어 있다—동안 비포장도로를 따라 도랑을 파내고 쓰레기를 청소하는 등의 일을 한다. 그리고 여기에서 한 걸음 더 나아가 참가자들은 정규의 교육과정과 함께 잔디를 깎고, 꽃과 나무를 가꾸고, 담장을 고치는 것과 같은 일을 배우고 직접 수행하

뚜도 림뽀 사업에 참가한 사람들

기도 한다.

　1992년에 120개 팀(약 2,500명)이 그 프로젝트에 참가해 335개 지역을 청소했고, 이를 위해 135개 근린단체가 퇴직자와 실직자를 충원하고, 작업을 감독하기 위해 동참했다. 그로 인해 지역 사회단체의 기능을 한층 강화하고, 추가로 고용을 창출하는 효과를 거두기도 했다. 또한 이들 지역에서 쓰레기 수거를 위해 민간회사에 지불하는 것보다 적은 비용을 지출해 시청의 예산을 절약하는 데도 크게 기여한 것으로 나타났다.

 이 밖에도 꾸리찌바 시는 시 교외에 입지한 농산물 도매시장에서 발생하는 쓰레기를 줄이고 재활용하는 길을 모색하기도 했다. 처분되지 않은 채소, 과일, 곡물 등의 잉여농산물과 경매 이전에 버려지는 껍질과 줄기 등 남은 유기물을 농산물 시장 구내에 있는 가공시설에서 혼합·가공하여 식품으로 만들고 있다. 누드리 싸웅이라 불리는 이 음식을 지금은 파벨라나 사회복지재단에 무상으로 공급하는 노력도 병행해 시행하고 있다.

 마지막으로 꾸리찌바에서 추진 중인 폐기물 관리정책과 관련해 빼놓

농산물 도매시장에 들어선 영양센터

을 수 없는 것은 유해폐기물의 분리배출과 수거에 있다. 유해폐기물의 수거는 거점수거 방식을 채택하고 있는데, 유동인구가 비교적 많은 버스터미널 앞에 아주 말끔하게 정리된 박스형 트럭을 월요일부터 금요일까지 항상 출근시간과 퇴근시간 사이에 배치시켜 놓고, 형광등, 백열등, 건전지뿐만 아니라 사용하고 남은 약품과 페인트까지도 별도로 분리해 수거한다. 여기에는 시민들 개개인이 가져온 유해폐기물을 받고 정확하게 분류해서 보관하는 일을 담당하는 두 명의 전담요원이 특별히 배치되어 있다.

이렇게 꾸리찌바는 우리나라에서 흔히 간과하고 있는 유해폐기물의 수거 시스템을 완벽히 구축, 운영하고 있다. 그것은 바로 가정 내에서나 소규모 사업장에서 발생하는 유해물질에 대한 구체적인 사전연구와, 시민들의 이동 동선에 대한 정확한 조사·분석을 토대로 정밀하게 유해폐기물의 수거계획을 입안하고 실행에 옮기고 있다는 것을 뜻한다.

이상과 같은 일련의 노력들이 꾸리찌바를 점차 순환형 사회로 개조시켜 나갔다. 그것은 창조적이고 혁신적인 폐기물 관리정책이 꾸리찌바에 가져온 유형·무형의 성과를 보면 좀더 분명해질 것이다.

현재는 꾸리찌바 시 가구의 70% 이상이 재활용 프로그램에 참가하고, 평균적으로 약 1,500그루의 나무가 '쓰레기 아닌 쓰레기' 프로그램으로 매일 구해진다(공식·비공식적인 시스템에 의해 수거된 종이의 양에 기초한 것이다. 이 계산은 재활용된 종이 50kg당 한 그루의 중간 크기 나무가 구해진다는 가정에 따른 것이다). 중소규모의 숲이 약 200그루의 나무를 가지고 있다고 가정하면, 그것은 매일 7~8개의 산림이 보존된다는 것을 의미한다.

꾸리찌바 시 환경국은 1991년 8월과 1992년 9월 사이에만 22만1천 그루의 나무, 즉 1만1천 톤 이상의 종이가 재활용된 것으로 추정했다. 이는 브라질의 전체 도시인구가 꾸리찌바 인구의 약 70배에 이른다는 사실을 고려할 때, 모든 도시들이 꾸리찌바와 유사한 프로그램을 시행한다면 브라질은 종이 재활용만으로도 하루에 약 8만4천 그루의 나무 또는 350~420개의 산림을 구할 수 있는 엄청난 규모이다. 지금은 시 쓰레기의 3분의 2, 하루에 100톤 이상(종이 32톤 포함)이 재활용되고 있다.

그리고 '쓰레기 구매'를 시작한 1989년 1월과 1992년 10월 사이에 약 3만1천 가구를 포함하는 60개의 근린주구가 이 프로그램에 참여했다. 같은 기간에 봉투당 평균중량이 8~10kg인 고형폐기물 백이 180만3천 개나 수거되고, 버스 토큰이 85만9천5백 개나 교환되었으며, 94만3천2백 봉지(1,200톤)의 잉여농산물이 분배되었다. 현재는 쓰레기 구매 프로그램을 통해 혜택 받는 사람이 약간 증가해 3만5천 가구에 이르는 것으로 보고되고 있다.

이런 괄목할 만한 성과에 힘입어 오늘날에는 새로운 공동체 정신이 꾸리찌바의 지역사회에서 새롭게 창조되고, 이전의 폐기물 투기지였던 비옥한 땅에서 채소밭이 급속하게 성장하고 있다. 한마디로 꾸리찌바에서는 무지가 환경의 적이라는 인식 아래 쓰레기를 매개로 한 환경교육이 생활화되고 있다. 또한 리사이클링은 꾸리찌바 시민들을 끈끈하게 묶어주는 공동체의 행동강령인 것이다.

최근 들어서는 꾸리찌바에서 처음 이 사업을 주도했던 자이메 레르네르가 주지사로 자리를 옮겨 빠라나 주 전역에 재활용 프로그램을 계속 확대해 나가고 있다. 레르네르가 필자에게 말한 것처럼, 빠라나 주의 399개 도시 가운데 이미 120개가 재활용 사업에 나서는 등 꾸리찌바의 혁신적인 경험이 계속 브라질 내에서 확산되고 있다.

그리하여 오늘날은 대부분의 브라질 도시가 직면한 쓰레기 위기가 꾸리찌바에는 없고, 꾸리찌바 시민 역시 주변의 깨끗한 환경을 시의 자랑으로 여기게 되었다. 대부분의 우리나라 자치단체와는 달리 소각장을 하나도 건설치 않아 시민들을 다이옥신 공포로부터 해방시킨 도시, 그리고 시민의 건강과 자연생태계의 먹이사슬을 단절시키지 않고 유지하면서도 쓰레기 문제를 완전히 해결한 친환경적인 도시가 바로 꾸리찌바인 것이다.

2. 두 마리 토끼 잡은 하천 및 공원 녹지정책

빠라나에는 까마귀 과의 조류인 그랄라 아줄 the Gralha Azul이라는 새가 있다. 이 새는 겨울에 먹을 양식을 마련하기 위해 여름 내내 파인 넛트(빠라나 주의 소나무 열매로 식용임)를 땅에 묻는다. 그 새들이 열매를 묻어 놓은 장소를 찾지 못함으로써 꾸리찌바의 향토수종인 빠라나 소나무는 씨앗 가운데서 싹이 트고 자란다.

1971년 자이메 레르네르가 시장이 되었을 때, 꾸리찌바 시는 주민 1인당 불과 0.5㎡의 녹지만을 갖고 있었다. 그래서 그는 그랄라 아줄과 같이 행동할 것을 시민들에게 제안했다. 즉, 꾸리찌바 시청이 시 전역에 6만 그루의 나무를 심고 가꾸어 그늘을 마련하면, 시민들은 그곳에서 깨끗한 물을 얻는 '그늘과 신선한 물'이라는 프로그램에 착수했다.

이것은 하천과 하천변 식생대 모두를 고속도로, 하상도로, 주차장 등을 건설하며 무분별하게 훼손하는 우리나라 도시 일반의 기존 관행과는 정반대이다. 그리고 하천의 직강화와 함께 호안을 시멘트로 뒤덮으면서

둔치를 인공잔디와 놀이공간으로 만들어 가는 전근대적이고 반환경적인 국내의 하천행정과도 상당한 차이가 있다. 꾸리찌바에는 하천이 더 이상 인간만의 땅이 아니라는 자각이 살아 숨쉬고 있는 것이다.

꾸리찌바 시에는 빠라나 주의 젖줄인 이과수강과 아뚜바, 벨렝, 바리귀, 빠디아, 빠사우나와 같은 이과수강의 지류, 나아가 바까쉐리와 이보 등의 소하천이 흐른다. 이주민이 최초로 정착한 이후 약 250년 동안 시는 하천과 수자원을 보존하고, 건조기와 홍수기에 나름대로 적응해 나가며 조화롭게 성장해왔다.

그러나 이런 상황은 꾸리찌바 시의 인구가 1950년에 18만 명에서 1960년에 36만 명으로

◀ 그랄라 아줄
▼ 빠라나 주의 향토수종인 파인 넛트(가운데)

꿈의 도시, 꾸리찌바 **116**

두 배 정도 증가하면서 급변하기 시작했다. 무질서한 도시성장이 배수를 전혀 고려치 않은 채 주변 교외지역의 신규개발을 촉진하고, 대부분의 하천을 복개시켜 인공적인 지하수로로 전환시킴과 동시에 습지, 계곡 및 수자원지역을 침식해 나갔다. 그 결과 배수가 더 어렵게 되고, 필요한 배수사업도 매우 많은 비용을 들여 지하를 파야만 가능했다. 또한 강과 하천이 수시로 범람했고, 홍수가 더욱 빈번하게 꾸리찌바를 강타하기 시작했다. 홍수는 꾸리찌바가 직면한 가장 심각한 도시문제 중 하나로 부상하게 된 것이다.

이에 대응키 위한 방안으로 1966년 초에 배수를 위해 일부 지역에 나대지가 만들어졌고, 특정한 저지대는 건설을 목적으로 출입을 제한했다. 그렇다 하더라도 1970년대 초까지는 수백만 달러가 강을 수로화하는 데 사용되었거나 지하갱도 건설과 같은 엔지니어링 사업에만 투자되었다. 문제는 해결되지 않았고, 곧 한 지역에서 다른 지역으로 옮겨갔다. 원래 하천의 물이 사행으로 흐르기 때문에 많은 비용이 소요되는 규격화된 배수방식은 자연하천을 훼손하고 투자 역시 비효율성을 가져왔다.

이상의 모든 문제점을 극복할 수 있는 해결책은 새로운 종합계획이 완성되면서 발견되었다. 1975년에 남아 있는 자연배수 시스템은 엄격히 법률로 보호되었고, 하천유역은 특별한 주의와 보호를 요하는 특수지역으로 분류되었다. 이런 일련의 예방 조치들은 시가 홍수통제에 실질적인 투자를 하기 전에 반드시 선행해야 하는 것들이었다.

자이메 레르네르가 말한 것처럼 꾸리찌바 시는 "강을 크고 비싼 콘크리트 컨테이너 속으로 상자화하는 대신에 작은 도랑을 건설했고, 그 강들의 흐름을 통제할 수 있는 호수를 조성했다." 이를 위해 시 당국은 강을 따라 토지를 수용했고, 물보다 아래에 있는 저지대 지역에 홍수 피해가 없도록 신중히 배려해 나갔다. 동시에 토양 이용에 관한 새로운 법령을 통과시켰고, 오픈 스페이스를 보호했으며, 그것을 나중에 점차 공원 용지로 전환시켜 나갔다. 그리고 이과수강과 그 지류를 따라 분포하는 홍수위험지역에 부정적인 영향을 미칠 도로 및 건물의 건설을 금지하는 조치를 취했다.

이런 일련의 노력에 토대를 둔 하천 정책은 많은 공원을 가져다주었고, 꾸리찌바를 세계에서 가장 생태적인 도시의 하나로 바꾸어놓았다. "오늘날, 만약 이과수강이 빗물과 홍수로 수위가 올라간다면, 유일한 위험은 수위 875에서 수영하는 물오리가 수위 876에서 헤엄치고, 그 후 다시 강이 정상위로 되돌아갈 때 수위 875에서 헤엄치는 것뿐이다." 이 같은 레르네르의 지적이 시사하듯이, 녹지공간을 개발·관리하는 꾸리찌바의 많은 접근방법은 배수 및 홍수통제와 밀접히 관련되어 있었다.

하천보호지대는 선형 공원으로 개발되었고, 유역은 종합적인 나무 식재계획과 함께 법으로 보호되었다. 홍수위험이 비교적 높은 여타 지역 역시 공원으로 전환되었고, 스포츠와 레저시설이 주민 모두에게 유용하게 만들어졌다. 그 대표적인 예는 브라질 도시 중 가장 큰 선형 공원인 이과수 공원과 꾸리찌바 동물원, 자연림과 호수, 조깅 코스 등을 골고루 갖추고 있어 꾸리찌바 시민들이 가장 많이 찾는 바리귀 공원과 사웅 로렌소 공원 등을 들 수 있다. 그리고 바리귀 강, 빠디아 천, 벨렝 강, 뻰에리노 강, 아뚜바 강, 바까쉐리 강과 주베베 강을 따라 선형 공원이 조성되어 오늘날에는 꾸리찌바 시민들에게 1,000만㎡ 이상의 레저공간을 만들어 제공하고 있다.

그 가운데 특히 꾸리찌바 시민들이 깊은 애정과 관심을 보이고 있고, 공원 조성 자체에도 대단히 자긍심을 느끼고 있는 땅구아 공원의 경우는 이곳을 처음 찾는 외국인들이 충격과 찬사를 동시에 보낼 만큼 기가 막히게 아름다운 자연건축물이다. 원래 채탄장이었던 이곳의 소유주가 버려진 땅을 공원으로 복원할 것을 시에 제안하여 조성하게 된 땅구아 공원은, 오뻬라 데 아라메 극장처럼 자연지형을 그대로 살린 채 설계·복원된 공원으로 꾸리찌바 공원사에 있어서 새 지평을 연 장소로 평가받고 있다. 그 이유는 토지소유자가 개발을 하지 못하면서도 땅을 방치해둔 채 세금만 내는 경우, 합법적으로 손해를 보지 않고도 자연환경의 훼손을 방지하거나 훼손된 자연을 복원하는 길을 열어 주었기 때문이다.

현재 이곳의 초입에는 전망대 기능과 휴게시설을 갖춘 커다란 건축물과 분수대가 있고, 호수에는 오리가 노니는 수상카페가 있으며, 호수 물을 끌어올려 만든 멋진 대형 인공폭포까지도 있다. 또한 산책로는 물론 자전거도로까지 잘 구비되어 있고, 꾸리찌바 시의 선조들이 옛날에 이곳에서 석탄을 채굴하던 흔적 중 일부의 건조물은 당시 사람들의 삶의 체취를 느낄 수 있도록 원형 그대로 보존되어 있다. 그리고 이 공원 주변에 있는 전원주택들의 경우는 경관 훼손을 방지키 위해 건물의 색채와 층고 등도 시로부터 엄격하게 규제를 받고 있다. 그 결과로 새벽에 해가 뜰 때와 저녁에 해가 질 무렵에 땅구아 공원의 전망대에 서서 주변을 둘러보면 한 폭의 수채화를 보는 듯한 착각을 불러일으킨다.

이 밖에도 브라질 전통을 살린 뚜로뻬로스 공원, 우크라이나 기념공원이 있는 땡귀 공원, 이탈리아 공원, 포르투갈 공원, 독일 공원 등 지역사회의 특성을 감안한 공원이 있다. 예를 들어, 독일 공원은 원래 있던 숲의 원형을 그대로 살리면서 그들 특유의 문화적 색채를 가미하여 가꾸어 놓았다. 이 공원의 주제는 '헨젤과 그레텔'의 이야기였다. 숲 입구에 있는 나무 계단을 내려가면 작고 예쁜 기념관이 있는데, 여기서는

'헨젤과 그레텔'의 동화를 구연해볼 수 있는 소박한 무대와 관련 도서가 비치되어 있다. 또한 숲의 오솔길을 따라 가다보면 집 모양의 예쁜 나무 조형물에 '헨젤과 그레텔'의 이야기가 순서대로 적혀 있다. 이렇게 독일 공원은 무분별하게 인공성을 가미치 않고 그들만의 역사와 문화적 색채를 작지만 아름답게 담아냄으로써 '숲 속의 그림책'으로 다시 태어나고 있었다. 그리고 하루에 1,350 l 의 음용수를 제공하는 자연 샘을 가진 꾸띠에레즈 공원, 축구, 배구 등을 할 수 있는 운동장을 갖춘 꾸리찌바 공업단지 내의 까이우아 공원 및 디아데마 공원 등을 개발했고, 화려한 금속 구조물로 만든 온실과 27만8천㎡ 이상의 면적에 식물과 꽃

바리귀 공원 전경

이 가득 채워진 식물원을 조성했다.

또한 다음과 같은 토지이용 법률에 토대를 둔 시책과 함께 녹지 배가 운동이 전개되었다. 즉, 꾸리찌바의 중심지역 바깥에 있는 모든 건물을 대상으로 간선도로로부터 의무적으로 5m씩 후퇴하도록 하여 식재 공간을 충분히 확보하고, 주거지 면적의 50%에만 건물을 건설할 수 있게 하되 오픈 스페이스는 토양 흡수능력을 유지하기 위하여 자연상태로 남겨두도록 규정해 놓았다. 그리고 꾸리찌바 총면적의 3분의 1은 저밀도 건물지구로 구성했고, 전체 도로망의 약 50%(약 1,000km)에 20만 그루의 가로수와 함께 엄청난 양의 수목을 심었다.

그 외에 꾸리찌바에서 특히 주목되는 것은, 많은 다른 도시와는 달리 영구적으로 식생을 보존하는 조치가 마련되어 있다는 점이다. 예를 들어, 허가 없이 나무를 베는 행위가 금지되어 있고, 허가 없이 벨 경우에는 엄청난 벌금을 물거나 그 자리에 두 배의 나무를 심도록 강제하고 있다. 그리고 기존의 모든 나무의 등록을 의무화하고, 토지이용법령에 의해 식생이 양호한 지역은 특별히 보호하고 있다. 또한 이들 지역의 보존을 위한 한 방안으로 해가 거듭되면서 세금을 점진적으로 감면해주는 제도가 마련되어 있다. 가장 최근에 이루어진 한 조사는 약 4,000만㎡의 녹지에 상당하는 1,099개의 사유림이 등록·관리되고 세제 혜택을 입고 있는 것으로 보고하고 있다.

이 모든 노력의 결과, 꾸리찌바는 오늘날 1,768만㎡ 이상의 공원, 100만㎡ 이상의 광장, 정원과 산림지, 나무가 심어진 600만㎡의 가로변 녹도, 면세 특권이 부여된 6,500만㎡의 민간녹지와 빠사우나 및 이과수강을 따라 8,200만㎡의 환경보호지역 등을 갖고 있다. 1971년에서 불과 25년이 지난 1996년 말에 27개 공립 공원(2,100만㎡)을 갖추고 있는 꾸리찌

땅구아 공원의 전망대와 인공폭포

바는 1인당 0.5㎡의 녹지가 지금은 100배 이상 증가한 55㎡로 바뀌었다. 그것은 유엔과 세계보건기구가 권고한 수치의 네 배 이상이나 되는 엄청난 면적으로 선진국의 도시에서도 그 유례를 찾아볼 수 없을 정도로 큰 규모이다.

따라서 꾸리찌바는 우리들이 일반적으로 알고 있는 도시들과는 달리 생물의 종 다양성도 매우 높다. 현재 꾸리찌바 시에서 살고 있는 것으로 확인된 새가 242종, 살고 있는 것으로 짐작되는 새가 48종으로 총 290종의 조류가 서식하고 있는 것으로 알려져 있다. 이 밖에도 다양한 양서류와 포유동물, 그리고 50종의 뱀이 서식하고 있다고 한다. 게다가 최근에는 꾸리찌바의 토착종이었다가 한때 교외로 사라졌던 여러 동물들이 다시 도시 안으로 유입되고 있는 것으로 보고되고 있다.

이렇게 많은 공원녹지들이 잘 관리되는 데에는 다음과 같은 여러 가지 요인들이 적지 않게 작용했다. 즉, 공원들은 일반 대중들에게 적절히 환경정보를 제공하고, 응급처치 훈련을 받은 녹색 복장의 '공원경찰' 에 의해 유지·보존된다. 또한 공원을 지역사회가 보살피고 유지·관리하는 것을 조장하는 다양한 지역사회 프로그램을 갖추고 있다. 예를 들어, '공원의 친구들 협회' 는 여러 종류의 노동을 수행하는 자원봉사자들을 제공하고, '보이스카웃 자전거 감시단' 은 공원자산을 보호·관리한다. 그리고 지방학교들 또한 공원을 아이들에게 생태학을 가르치는 가장 중요한 학습장소로 활용한다.

공원 시스템은 또한 교통이 용이하도록 잘 연계·통합되었다. 개별 공원은 자전거도로망을 통해 상호 연결되었고, 공원으로의 접근은 재활용된 시영 버스, 즉 시내전차를 본떠서 만든 무료의 녹색공공버스를 통해 더욱 향상되었다. 이 버스가 주말에 주요 공원에서, 그리고 공원으로부터 사람들을 실어 나르고 있다.

지금까지 우리들은 꾸리찌바가 채택한 혁신적인 환경관리 방식, 즉 창조적인 아이디어를 토대로 하여 하천을 친환경적으로 관리하면서도 보다 많은 공원·녹지를 확보해 온 역사를 간단히 살펴보았다. 한 마리의 토끼도 잡기 어려운 우리의 현실에 비추어볼 때, 두 마리의 토끼를 모두 쫓아 잡은 그들의 지혜를 보면 정말 감탄을 금하지 않을 수 없다.

그렇다고 꾸리찌바 시가 모두 완벽한 것은 아니다. 아직도 이곳에는 창조적이고 혁신적인 해결책을 기다리고 있는 과제들이 무수히 산적해 있다. 그 중 대표적인 것은 꾸리찌바 전체 인구의 단지 61%만이 하수체계에 연결되어 있고, 하수의 대부분이 아직도 최종처리를 하지 못한 채 방류되고 있다는 사실이다. 이것은 현재 빠라나 주 전역의 도시 하수시설의 건설과 유지에 책임이 있는 주 정부가 투자재원의 부족으로 완벽한 하수체계를 구축하지 못했다는 사실에 직접 기인한다. 또한 꾸리찌바의 인지도가 브라질 내에서 상당히 높아지면서 빠라나 주의 농민과 외지에서 유입되는 상당수의 이주민들이 위생적인 하수시설이 거의 전무한 파벨라를 계속 형성하고 있다는 점도 크게 작용한 것으로 보인다.

실제로 필자가 직접 관찰한 바에 의하면, 일부 소하천의 경우는 파벨라와 저소득층 지역 주민들이 무단으로 방류하는 오·폐수로 인해 하천이 하수도로 연상될 만큼 더럽고 수질오염도 상당히 심각한 수준이었다. 이 사실은 1997년 5월 말 필자와 레르네르 빠라나 주지사와 다니구찌 꾸리찌바 시장 등과 나눈 대화에서도 입증되었다. 레르네르는 하천 문제가 심각하다는 사실을 시인했고, 다니구찌도 하수체계가 꾸리찌바 시 전 지역에 구축되지 않아 수질관리와 관련된 하천정책이 솔직히 실패했다고 인정한 바 있다.

하지만 시간과 비용이 엄청나게 소요되는 이 문제를 해결키 위해 당시에 그들은 유엔을 비롯해 세계은행과 협의 중이었고, 조만간 자금지원이 결정될 것이라고 필자에게 말한 바 있다. 4년이 지난 지금 그것이 성사되었다면 하천 분야에 집중 투자가 이루어져 1997년 수준의 약 60~70% 정도는 개선되었을 것이다. 어떻든 이런 지도자들의 확신에 찬 태도와 지금까지 꾸리찌바 시가 추진한 창조적인 시책을 종합적으로 유추해볼 때, 이 분야의 미래도 결코 어둡지만은 않을 것 같다.

3. 역사와 문화 유산의 보존과 재활용

꾸리찌바는 다민족도시다. 이 도시의 다양성은 시의 정책과 법률에도 잘 반영되어 있다. 한 예로, 몇몇 지구의 출입구에 '민족의 관문'이 설치되어 있다는 사실을 들 수 있다. 이탈리아 및 폴란드의 관문은 건축계의 경쟁을 통해 건설된 반면, 일본, 우크라이나와 독일 관문은 이들 공동체의 참여에 기초해 가까운 미래에 건설될 것이다. 초기 이주자들의 전통주택은 법률로 보호되고, 진기한 건축양식의 목조주택은 '보존문화재'로서 등록·관리되고 있다.

문화재 보존 역시 기존의 공원정책과 통합되었다. '교황의 숲'이라 불리는 요한 바오로 2세 선형 공원이 좋은 예이다. 1980년 7월에 요한 바오로 2세가 꾸리찌바를 방문했고, 이를 기념하여 12월 13일에 4만㎡ 규모—일부 면적은 옛날에 양초공장으로 사용되던 공간을 수용해 확보했다—의 기념 공원 조성사업이 시작되었다. 그 일환으로 빠라나 주의 소나무로 만든 7동의 목조주택이 못을 사용치 않고 조립식으로 지어졌다. 1871년 꾸리찌바에 최초로 이주한 폴란드인의 집 모양을 한 이 주택 주변에는 옛날의 마차와 양배추, 피클 등을 만들 때 사용되던 통 등이 배치되었다. 그리고 교황의 동상—교황의 동상 개막식 때 한 조각가가 만든 동상이 인자한 교황이 아닌 우락부락하고 성난 교황처럼 보인다고 상당한 논란이 있었다고 한다— 주변에는 '교황의 숲'이라 불리는 데 손색이 없을 만큼 빽빽하게 교목, 관목, 초본식물 등을 가꾸어 놓았다.

이 공원 조성사업에는 폴란드 태생의 꾸리찌바 시민들이 능동적으로 참여했고, 폴란드인 공동체가 주축이 되어 축하행사 및 전통춤 축제를 개최하기도 했다. 그리하여 이 공원에는 다른 공원과는 달리 폴란드인의 냄새가 물씬 풍기는 것이 주요한 특징이다.

역사적인 건물과 장소는 용도구역법과 인센티브 제도에 의해 보존·복원·재활용된다. 꾸리찌바에서는 쓰레기가 식품을 제공해주듯이 문화도 쓰레기와 같은 방식으로 재활용되고 있다. 이는 꾸리찌바에서 모든 것, 특히 시민이 될 사람들과 역사적 유산이 새롭게 재활용된다는 것을 뜻한다.

예를 들면, 빠이올 연극관은 1971년에 시가 아름다운 원형극장으로

싼타 펠리시다데 관문

전환시키기 전까지는 단지 쓸모없는 하나의 화약고이자 탄약창(1874년 건설)에 지나지 않았다. 도심지역 바깥에 있는 최초의 공연장으로 변모한 이 연극관은 시내에 있는 기념물의 보존에 상당히 커다란 영향을 미쳐 꾸리찌바의 문화혁명의 한 상징으로 자리잡고 있다.

필자가 '과이라 연극문화센터'가 운영하는 이곳을 방문했을 때는 브라질의 북부지역 사람들이 남부

꾸리찌바를 방문한 요한 바오로 2세 ▶
요한 바오로 2세 공원 ▼

빠이올 연극관

인의 행태를 풍자하는 『고독한 기사의 믿을 수 없는 귀환』이라는 연극이 공연 중이었다. 포르투갈어를 모르는 필자로서는 답답하기 이를 데 없었지만, 배우들의 해학과 익살이 섞인 몸 동작과 전통악기를 이용해 분위기를 돋구는 악사들의 연주 자체만으로도 희극을 보는 즐거움을 만끽할 수 있었다. 시설이라고 해봐야 조명시설과 약간의 무대장치가 전부인 공연인 데도 관객들이 빼곡했고, 배우들과 함께 웃으면서 즐기는 관객들의 풍경을 보면서 문화도 이런 방식으로 리사이클링이 가능하구나 하는 교훈을 얻었다. 번듯한 공연장이 하나도 없다고 불평하는 문화예술인과 비용이 많이 소요되더라도 막대한 투자비를 부어 넣어 대규모 공연장을 만들려는 관공서만이 존재하는 우리나라의 현 실정을 염두에 둘 때, 그것은 필자에게 엄청나게 큰 충격을 가져다주었다.

빠이올 연극관과 마찬가지로, 사웅 로렌소 공원에 있는 구 양초 및 아

사웅 로렌소 공원에 있는 창조센터

교공장도 동일한 기준에 따라 1974년에 창조센터로 전환되었다. 이곳에서는 '유아 및 청년 환경교육 프로그램(PIAs)'과 지역사회의 빈민 어린이, 일부 학생과 강사들에게 꾸리찌바 시의 전통적인 기술과 공예 등을 가르친다. 즉, 채그릇 세공 작업, 세라믹, 책 덮개, 종이기술, 무늬 놓은 두꺼운 천 만들기 등에 관해 직접 실습하고 제품도 만든다. 만들어진 제품은 '꾸리찌바 만세Leve Curitiba'라 불리는 시의 직영상점에서 판매된다.

그리고 꾸리찌바의 역사가 시작된 지역의 세 광장―찌라덴떼스 광장, 제네로소 마르께스 광장과 조세 보르게스 데 마께도 광장―을 복원해 문화·상업활동, 꽃과 커피숍이 늘어선 뻴로리 아케이드로 전환했다. 또한 바라웅 도 세로 아줄이 1880년에 건축한 집인 '바라웅의 저택'도 1백주년 경축 기념일에 문화센터로 다시 태어났다. 현재 브라질의 대표

식물원에 있는 시영상점, '꾸리찌바 만세'

적인 조각박물관 가운데 하나가 서 있는 이곳에는 국내는 물론이고 국제적으로도 유명한 2,000명 이상의 예술가들의 작품이 소장되어 있고, 플라스틱 및 시각예술 작업실, 음악학교, 그리고 세계 전역에서 수집한 3만 권 이상의 책이 소장된 희극도서관이 자리잡고 있다.

  '구이마랑에 장원'은 1993년 이래 도서실과 음악상점뿐만 아니라 악기 수리소를 보유하고 있는 대중음악의 산실로 지역사회와 오케스트라를 위한 30개 이상의 연수과정을 운영하고 있다. 이곳에서는 1992년에 창립한 꾸리찌바의 '브라질 대중음악단'이라는 오케스트라가 로베르또 그나딸리의 지휘 아래 정기적으로 연주회를 열고 있다.

  예전의 '베데도로우 레스토랑'은 지금은 시인들이 모이고 새로운 작

헤지 글로보 떼베 빠라넨스 사옥 전경

품을 인쇄하는 장소로 바뀌었고, 약 90년의 역사를 지닌 오래된 근대 건축물 중 하나는 '헤지 글로보 떼베 빠라넨스Rede Globe TV Paranaence'의 사옥으로 이용되고 있다. 또한 1904년에 건설된 '비에이라 까발깐티의 집'을 복원해 1992년에 소극장으로 전환했고, 수년 동안 재래식 창고로 썼던 '레드 하우스(1891년 건축)'를 1983년에 문화재단의 구내로 편입시켜 전시회를 개최하고 있다.

이 밖에 자이메 레르네르 행정부 기간 동안에 성취된 주목할 만한 사업으로는, 예전의 바울로 레민스키 채석장, 지금은 꾸아리 공원이라 부르는 1만㎡의 자연적인 원형극장과 같이 대담한 것들도 있다. 삘라징오 지구에 있는 이 노천극장은 브라질에서 쇼를 볼 수 있는 가장 큰 야외극

멀리서 본 오뻬라 데 아라메 극장

장인데, 오페라 가수 호세 까레라스가 꾸리찌바 3백 주년 기념일(1993년 3월 29일)에 5만 명의 청중을 대상으로 공연한 장소로도 유명한 곳이다.

　꾸아리 공원과 인접해 있는 곳에 꾸리찌바의 대표적인 랜드마크 중 하나인 '오뻬라 데 아라메' 극장도 있다. 외국 방문객이 가장 많이 찾고, 시가 개최하는 대부분의 문화 이벤트가 열리는 이곳은 원래 폐광지역이었다. 그런 땅을 시가 직접 광물회사로부터 저가에 구입해 주변지역을 자연상태로 복원함과 동시에 오페라 하우스를 아주 저렴한 비용으로 건설했다.

　자이메 레르네르가 직접 설계했다는 이 구조물은 230톤의 철강을 이용해 80명의 기능공이 60일 만에 건설했다. 약 1,000명이 관람할 수 있는 좌석은 철망으로 만들어졌고, 1,600m²의 폴리카본 유리돔에 의해 좋은 음향이 제공되도록 설계되어 있다. 이렇게 아름답고 훌륭한 외관을 갖춘 오페라 하우스가 전부 철사와 철제기구, 그리고 유리로만 만들어졌다는 사실에 경탄을 금할 수 없다.

또한 오페라 하우스의 옆에 있는 암벽에는 세계적으로 유명한 인사들이 방문할 때마다 부착해놓은 듯한 기념패가 있어 이곳이 국제적 명소임을 느끼게 한다. 지하에 해당하는 지상부에는 전시관이 있고, 항상 이곳은 시의 홍보관으로서 기능하도록 운영되고 있다. 그리고 이곳의 주변경관 역시 레르네르에 의해 환경친화적 설계가 이루어져 언제나 자연 속에 들어와 있는 착각을 불러일으키기까지 한다.

앞에서 기술한 복원·변형·건설사업 때문에 오늘날 꾸리찌바에는 도시 전역에 산재한 역사적 중심지에 도서관(23개), 박물관(6개), 극장(4개), 오케스트라(3개), 영화관(5개) 등의 다양한 문화공간을 갖게 되었다. 필자가 직접 보지는 못했지만 42쪽으로 된 「꾸리찌바 문화재단의 의제 Agenda」라는 한 자료에 따르면, 플라스틱 예술로부터 체스에 이르기까지 알파벳순으로 열거된 모든 종류의 활동을 상세히 소개하고 있다고 한다. 그만큼 꾸리찌바 시는 우리들이 전혀 예상치 못한 리사이클링이라는 방법으로 역사와 문화의 보존과 유지에 힘쓰고 있는 것이다.

아무튼, "소나무, 소나무를 주

파인 넛트

세요. / 소나무, 나에게 파인 넛트를 주세요. / 파인 넛트, 나에게 꾸리찌바를 주세요. / 내 마음의 집 …"이라고 말하는 옛 노래에서 영향을 받은 뻰아웅 라인을 언급하지 않고 이 글을 끝내는 것은 불가능하다.

'뻰아웅 라인' 또는 '파인 넛트 라인'은 1993년에 개장했는데, 꾸리찌바를 걸어가면서 학습할 수 있는 '문화 및 역사로'이다. 이 길은 도시 중심의 보도에 파인 넛트—이는 아라우까리아 나무(남미 일부 지역에 분포하는 침엽수로 소나무의 일종)의 도시인 꾸리찌바의 상징이다— 모양의 돌을 박은 적색 길인데, 벽타일이나 모놀리스(건축·조각용의 상당히 큰 돌덩어리) 길을 따라 확인할 수 있는 51개의 역사적 지점을 연결하고 있다. 예를 들면, 바실리까 대성당, 종교예술박물관과 최초의 우체국 건물뿐 아니라 전통적으로 정치가, 지식인 및 저널리스트들의 모임 장소였던 '뜨리앙구로 바' 등이 바로 그것이다. 이 파인 넛트 라인은 꾸리찌바에서 관광 안내로로 기능하기도 하고, 학생들이 지역 문화유산을 학습하는 탐방로이기도 하다.

지금까지 우리들은 다민족사회로 구성된 꾸리찌바가 각 민족의 개성과 정체성을 유지하면서도, 민족간의 이질성을 극복하고 동질성을 갖도록 하는 문화사업에 얼마나 심혈을 기울이고 있는지 알 수 있었다. 파인 넛트 라인에서 보듯이 300년의 긴 역사에도 불구하고 민족간의 갈등 한 번 없이 모든 민족이 하나로 연결·통합되어 자랑스러운 꾸리찌바를 만들고 있다. 이렇게 꾸리찌바라는 용광로에 녹아든 쇳물처럼 출신 배경이 다른 모든 시민이 하나가 된 데에는 선조들의 문화유산과 전통을 헛되이 버리지 않고 리사이클링해 오늘에 되살리는 꾸리찌바인의 지혜가 자리잡고 있는 것이다.

4. 무미건조한 도시에 표정을 불어넣는 벽화

꾸리찌바 시가 앞서 소개한 바와 같이 역사·문화 유산의 보존과 재활용에만 심혈을 기울여온 것은 아니다. 이 도시를 방문하는 많은 이방인들은 거리에서 자연스럽게 만나는 도시벽화와 조각, 조형물 그리고 다양한 양식의 건축물 등을 보면서 놀란다. 필자도 예외는 아니었던 바, 여기서는 꾸리찌바 시가 무미건조한 도시에 어떻게 표정을 불어넣었는지를 더듬어보기로 하자.

벽화는 '벽화'라는 개념이 성립되기 훨씬 이전부터 존재해왔던 인류의 가장 원초적인 예술적 행위다. 이런 벽화는 대략 1만5천 년 전의 후기 구석기 시대의 스페인 알타미라 동굴과 프랑스 라스코 동굴 벽화들을 시작으로 하여 고대 이집트 시대, 그리고 그리스 로마 시대로 계속 이어져왔다. 또한 고대 마야 문명과 아스텍 문명 시대에 제작된 훌륭한 멕시코 벽화와 중국의 돈황 석굴 벽화, 그리고 우리나라의 고구려 고분 벽화 등 동서고금을 막론하고 어느 곳에서나 존재해왔다.

오늘날 우리가 흔히 벽화라고 부르는 예술, 즉 프레스코fresco─회칠을 한 후 완전히 마르지 않은 벽면에 수채화 물감으로 그리는 벽화기술 및 그 작품을 일컫는다. 벽이 마르면 그림 물감이 회칠의 석회분과 결합하여 색채가 오래 보존되는 것이 특징이다─는 13세기경에 개발되어 16세기의 르네상스 시대에 전성기를 맞이했다. 특히 1481년에 완공된 이탈리아 로마 바티칸 궁전에 있는 시스틴 성당의 벽면과 천장에 있는 미켈란젤로의 「최후의 만찬」·「천지 창조」 등은 당대의 걸작으로 지금까지 벽화예술의 표본으로 널리 알려져 있다. 그러나 르네상스 시대가 지난 후에 유화가 떠오르면서 프레스코는 서서히 밀려 쇠퇴했고, 벽화 또

뽀띠 라자로또의 벽화

한 그다지 괄목할 만한 자취도 없이 면면히 이어져오다 20세기에 접어들어 멕시코에서 커다란 예술 운동의 하나로 꽃 피우게 된다.

이 운동을 주도한 디에고 리베라Diego Rivera(1886~1957)와 호세 클레멘테 오로스코José Clemente Orozco(1883~1949), 다비드 알파로 시케이로스David Alfaro Siqueiros(1898~1974) 등 3인의 거장들의 노력으로 벽화운동이 만개했다가, 그들 중 가장 어렸던 시케이로스가 마지막으로 죽음으로써 멕시코에서도 벽화운동이 사실상 끝난 것으로 간주될 만큼 급속히 쇠퇴하기에 이르렀다. 하지만 멕시코와는 달리 라틴아메리카의 다른 나

꿈의 도시, 꾸리찌바 **136**

라에서는 좌익적 대중문화 현상이자 정치운동의 한 방편으로 1970년대 후반부터 들불처럼 번지기 시작했다. 꾸리찌바 시도 이로부터 직·간접적인 영향을 받은 것으로 추정되나, 필자의 견해로는 꾸리찌바의 경우 남미의 다른 도시들과는 달리 벽화운동의 탄생 배경과 그 소재 등에 있어서 현저한 차이를 보이고 있는 것으로 여겨진다. 이를 상세히 알아보기에 앞서 먼저 도시벽화의 유형에 대해 간단히 살펴보기로 한다.

일반적으로 도시벽화는 크게 세 가지로 구분된다. '도시환경을 위한 벽화'와 '지역사회 단위의 벽화' 그리고 '예술적 벽화'가 바로 그것이다. 이 가운데 두 번째의 '지역사회 단위의 벽화'는 해당 지역 주민들의 발언을 위해서 자연발생적으로 시작된 것으로 자기민족 고유의 전통과 특성을 살린 개성적이고 강한 벽화나, 뜻 있는 예술가들이 미술을 전혀 모르는 주민들을 이끌고 지도하며 함께 벽화를 그려 가는 것으로 대중과 미술 사이의 거리를 좁히는 데 크게 이바지하는 것으로 평가되고 있다. 꾸리찌바에는 이런 주민 참여형 벽화 만들기가 별로 눈에 띄지 않는다.

그보다는 오히려 주로 도시 재개발과 관련된 주체들, 예를 들어 계획 입안자인 시 정부나 건축가, 엔지니어 등의 제안으로 시작된 것으로 도시환경의 개선을 미학적인 입장에서 접근하는 '도시환경을 위한 벽화'가 비교적 많은 편이다. 그러나 꾸리찌바에는 다른 도시에서 흔히 발견되는 슈퍼그래픽super-graphics과 같은 형태의 '도시환경을 위한 벽화'는 거의 없고, 홍보 또는 교육 목적을 지닌 도시벽화들이 눈에 많이 띈다. 그리고 사회적 발언보다는 무미건조한 도시에 표정을 불어넣고 꾸리찌바 시 자체의 의미를 되새겨보는 데 주력하는 '예술적 벽화'도 역시 적지 않다.

꾸리찌바 시청 정면에 있는 마릴리아 크랜쯔의 패널화

　필자가 보기에 꾸리찌바는 시의 얼굴을 시각적으로 리모델링하여 도시를 더 아름답게 만들고, 시민들이 거리에서 직접 유명한 예술가들의 그림을 접할 수 있도록 하는 주요한 도구로서 벽화를 사용해왔다. 그 대표적인 예로 역사지구 근처에 자리잡고 있는 것을 들 수 있다. 이 도시가 낳은 유명한 미술가, 뽀띠 라자로또Poty Lazzarotto의 작품인 「꾸리찌바와 그 사람들」이라는 제목을 가진 벽화에는 꾸리찌바를 상징하는 원통형 정류장, 식물원, 지혜의 등대, 그리고 '그늘과 신선한 물 프로그램' 등이 주요 소재로 채택되어 있다. 이 밖에도 꾸리찌바 시내의 거리에서 라자로또의 그림이 적지 않게 발견되는데, 오래된 건물의 벽과 상점 전

면부에 있는 벽화에는 꾸리찌바 역사가 시작된 광장과 목조건축물과 성당, 농민이 풍성하게 수확한 바구니 모습 등이 서정적으로 그려져 있다. 또한 시 청사 정면에 있는 화가 마릴리아 크랜쯔 Marilia Kranz의 벽화에도 달빛이 비추는 지혜의 등대와 빠라나 소나무가 좌우로 배치되어 있고, '12월 19일의 광장'에 있는 유약을 칠한 타일로 만든 벽화의 경우는 라자로또가 빠라나 주의 여러 경제 활동을 병풍화처럼 묘사하고 있다.

그리고 생태도시 꾸리찌바의 이미지에 걸맞게 자연을 소재로 한 많은 벽화들이 도처에 산재해 있다. 호제리오 다이아스 Rogério Dias가 이과수 강의 주요 동·식물과 인디오 원주민 등을 담은 패널화와 이다 한네

이과수 강을 화폭에 담은 호제리오 다이아스의 벽화

만Ida Hannemann이 그랄라 아줄과 빠라나 소나무, 태양 등을 화폭에 담은 벽화 등이 있다.

앞서 소개한 이런 대표적인 벽화들은 역사와 문화, 경제 그리고 자연 등을 시민들이 접하고 학습할 수 있도록 기획되어 꾸리찌바에 대한 사랑, 애정과 자긍심을 갖도록 자연스레 유도한다. 다른 한편으로는, 기계의 톱니바퀴처럼 빈틈없이 짜여진 도시생활에서 탈출하여 비도시적인 전원 풍경 속에서 잠시 지친 눈을 쉬어가도록 해준다. 이렇듯 꾸리찌바의 도시벽화는 대중의 정서를 순화시키고 스트레스를 해소하는 데도 일조하는 것으로 보인다. 그것은 꾸리찌바 시의 행정관료들이 우리나라의 대부분의 자치단체들처럼 현수막이나 입간판立看板을 이용해 홍보치 않고 벽화를 이용해 시민들에게 어떤 메시지를 전하고, 도시환경도 미화하는 이중의 효과를 얻고자 했기 때문에 가능한 것이 아니었나 하는 생각이 든다.

이 밖에도 카톨릭 신자가 많은 다민족도시인 꾸리찌바의 분위기에 부합하는 그림도 종종 눈에 들어온다. 그 예로, 포르투갈 식민지 기간 동안 유럽문화에 동화되어 브라질 특유의 전통적인 색채가 퇴색되기는 했

지만, 유럽의 영향을 깊게 받은 기독교적인 종교 벽화를 들 수 있을 것이다. 멕시코의 종교 미술의 일부인 레타블로스retablos―멕시코의 전통 민족예술의 한 장르로 스페인 식민지시대까지 거슬러 올라간다. 교회에 봉납하는 작은 그림들로 위험에서 구조된 봉헌자가 자신이 처했던 상황을 보여주거나 성녀나 전능자의 도움에 감사하는 용도로 그려지는 것으로 알려져 있다―와 흡사한 이런 양식의 그림으로는 사웅 프란시스코São Francisco의 시립묘지에 있는 벽화가 좋은 보기가 된다. 예수상과 날개를 달고 승천하는 천사의 모습 등이 그려진 이 벽화는 죽은 사람들에 대한 산 사람들의 기대와 소망이 담겨져 있다. 시립묘지의 정문에 벽화가 그려져 있는 탓인지는 몰라도 방문자들에게 혐오시설이라는 느낌을 전혀 주지 않는 것을 특징으로 하고 있다.

꾸리찌바의 벽화는 멕시코를 비롯한 남미 및 미국의 일부 도시와는 달리 정치적이고 도전적인 색채를 띠고 있지 않고, 신비롭기까지 한 대담한 색상과 초현실주의적인 기법 등은 전혀 발견할 수 없다. 이런 그림들은 벽화를 사회 변혁의 한 도구로 보고 반전, 인종차별 반대, 노동자·농민의 생존권 주장 등 정치적·사회적 구호로 덧씌운 실험정신이 강한

이다 한네만의 벽화

꾸리찌바 시립묘지 입구에 그려진 종교 벽화

화가들의 시각에서 보면 많은 비판이 가능할 것이다. 하지만 평범한 일반 시민들의 입장에서 보면 그런 벽화들 역시 섬뜩한 느낌을 주는 탓에 커다란 거부감을 가져다준다는 점 또한 부인할 수 없는 사실이다.

그렇다 할지라도 벽화가 그림 자체의 미학적 가치보다는 하나의 예술

적 사회현상으로 나타나기 시작했다는 사실을 염두에 둔다면, 꾸리찌바의 벽화는 시민들 모두의 그림이기는 하지만 민중을 위한 그림이 아닌 것만큼은 분명하다. 벽화는 이곳에서 더 이상 가지지 못한 자와 억눌린 자들의 격렬한 사회적 주장도, 잘못된 사회를 향해 던지는 조형언어도,

커다란 포스터도 아니고, 자신들만의 미술을 갖자는 마을 사람들의 소박하지만 적극적인 의사의 표현도 아니다.

다만, 꾸리찌바 시의 거리의 벽면은 일부 예술가들에게 제공되는 선택적인 공간이면서 시민이면 누구나 쉽게 작품을 감상할 수 있도록 열려져 있는 자유롭고 커다란 캔버스일 뿐 아니라, 예술과 대중이 직접 만나는 현장이기도 하다. 이런 이유 때문에 시에서는 벽화의 이미지를 고려해 되도록 통행이 많고 사람들의 눈에 잘 띄는 곳에는 꾸리찌바 시의 역사와 문화, 그리고 주요한 랜드마크가 그려져 있는 그림을 배치하고 있다. 그것은 시 청사의 정면이나 역사지구와 인접한 지역의 벽면에 대형의 걸개 그림과 같은 벽화를 보면 쉽게 확인된다. 게다가 일부의 벽화는 위치 좋은 곳에 자리한 오래된 건물의 퇴색된 외벽에 새로운 색깔을 입혀 해당 지역의 경관을 아름답게 꾸미면서 건축물 자체에도 새 생명을 불어넣기도 한다. 이 모든 것을 종합해볼 때, 꾸리찌바에서는 벽화도 다른 창조적인 사업과 마찬가지로 장소 마케팅을 하는 주요한 도구로 활용되고 있음이 분명한 것 같다.

아무튼, 마크 로고빈Mark Rogovin이 『벽화 입문서*Mural Manual*』에서 언급한 바와 같이, 벽화는 공공장소를 이용하는 수많은 대중들에게 전달되고, 누구에게나 친근해질 수 있는 좋은 방법이며, 또한 대중을 교육하고 그들에게 영감을 줄 수 있는 훌륭한 형식이다. 이를 잘 알고 있는 꾸리찌바 시의 경우는 미술의 대중화에도 조금은 앞서 가는 도시 가운데 하나가 아닌가 싶다.

어느 도시든지 박물관이나 미술관에 가면 벽면을 통해 동서고금의 기라성 같은 화가들의 작품을 흔히 만난다. 그렇지만 이 명작들은 대체로 딱딱한 권위주의에 의해 엄선된 극히 제한된 작가의 작품일 뿐 대중들이 쉽게 접하고 이해할 수 있는 그림들은 아니다. 게다가 권위 있는 박물관 또는 미술관에 걸려 있다는 사실 하나만으로도 그 그림들은 아주 고압적인 힘을 가지게 되어, 보는 사람들이 마음을 열고 순수하게 받아들이기가 어렵다. 또한 이러한 걸작들은 오늘의 숨결을 찾아 느끼기가 어려운 '어제의 미술'로서 한마디로 권위로 박제된 '죽은 미술' 같은 것이다. 꾸리찌바에서 우리들이 일상적으로 만나는 벽화는 이런 부류의 그림이 아니고 지역적인 특성과 시대적인 흐름을 반영하는 하나의 도구로서 지역사회의 삶의 일부라 할 수 있다.

거리의 미술을 통해 '예술의 도시'를 만들고 도시에 표정을 불어넣으려는 그들의 노력은 비단 벽화에만 국한되어 있지 않다. 꾸리찌바에는 어디를 가든 기념공원이나 도로변의 주요한 공공공간, 예를 들어 광장이나 폭이 넓은 중앙분리대에는 반드시 다양한 형태의 조형미를 갖춘 기념물, 타일로 만든 패널화, 조각 작품 등이 자리잡고 있다. 이 모든 것을 시민들이 파괴치 않고 잘 보존하고 있어 오늘의 꾸리찌바를 아름다운 도시로 만들고 있는 것이다.

우리가 쉽게 만나는 거리의 예술은 대중음악과 같은 것이어서 그 생명이 길지 못하고, 또한 대중의 문화나 의식구조에 깊게 뿌리를 박고 있어 사회적 상황이 바뀌면 언제든 훼손될 위험을 갖고 있다. 이런 특징 때문에 거리에 있는 예술작품들은 잘 관리되고 감독하지 않으면 어느 날 갑자기 없어지거나 훼손·파괴될 수 있다. 특히 벽화의 경우는 낙서가 섞이면서 그림 자체의 존재 가치가 없어질 정도로 변모해 가기도 하고, 새로운 이미지를 가필하면서 원래 의도했던 내용과 전혀 다른 그림을 만들어내기도 한다. 아직까지 꾸리찌바에서 이런 현상은 발견되고 있지 않다.

하지만, 최근 들어서는 꾸리찌바의 가로 경관이 무분별한 낙서로 인해 다소 혼란스럽게 바뀌고 있다. 최근 시내의 많은 벽면과 전신주 등에 아무런 의미도 없는 낙서가 급증하면서 도시의 미관을 크게 해치자 꾸리찌바 시민은 물론이고 많은 방문객들까지도 우려의 눈길을 보내고 있다. 전문가들은 낙서도 그 나름의 독특한 세계를 가지고 있다고 지적한다. 그러나 필자의 일천한 지식으로는 어떤 독특한 세계가 있는지 알 수 없을 뿐 아니라, 꾸리찌바에서 최근 발견되는 현상을 구체적으로 분석할 수도 없다. 이것들이 현대 사회에 있어 대단히 중요한 시각언어로 영향력을 미치고 있는 만화 형태의 낙서가 아닌 데다, 스프레이로 아무런 의미 없이 뿌리거나 페인트로 길게 줄을 그은 모양으로 대부분 이루어져 있기 때문이다.

이렇게 시각적으로 매우 거슬리고 불쾌하기까지 한 낙서가 도시 도처에서 발견되는 것은, 아마도 사회적 요인이 적지 않게 작용한 것으로 보인다. 필자가 1997년 처음 꾸리찌바를 방문했을 때는 낙서가 거의 없었으나 2001년에는 상당히 눈에 띄었다. 이러한 현상은 1999년에 브라질에 다시 닥친 IMF 경제위기가 직접적인 계기가 아닌가 여겨진다. 그만큼 꾸리찌바에 사는 빈민들과 서민들의 경제생활이 팍팍해지자, 이들이 삶의 고통을 참지 못하고 분노 내지는 사회적 저항의 표시로 낙서라는 양식을 선택한 것이 아닌가 짐작할 뿐이다.

이 같은 걱정스런 현상에도 불구하고, 지금까지 꾸리찌바는 예술의 도시라는 사실을 거리에서 느낄 수 있도록 무미건조한 도시에 표정을 불어넣는 사업을 성공적으로 추진해왔다. 그리고 꾸리찌바 시민들이 자신들의 마을을 좀더 잘 알고 사랑할 수 있도록 벽화를 비롯한 많은 예술 장르를 이용해 아름다운 도시를 만들어온 것만큼은 분명한 사실이다.

5. 새로운 환경관리 기반의 구축

　　　　　　　　브라질에서 가장 존경받는 정치학자 가운데 한 사람이자 현재 사웅파울로 대학 교수로 있는 볼리바르 라모니에르는 꾸리찌바 시를 생태수도라 부른다. 이렇게 꾸리찌바가 브라질 내의 다른 대도시들과는 달리 자연의 에너지와 순환계를 중요시하는 지속가능한 도시지만, 농업 분야의 생산 쪽에 상당한 비중을 두고 공업부문에서는 소규모 시설만을 지역사회에 적절히 짜 넣은 생산 시스템을 갖춘 에코토피아는 아니다. 오히려 꾸리찌바는 도시에 있어서의 다양한 활동이나 구조가 자연 생태계가 가지고 있는 다양성, 자립성, 안정성, 그리고 순환성을 고려해 계획하고 설계된 도시에 가깝다. 이는 꾸리찌바 시 도처에서 쉽게 발견된다.

　그러나 꾸리찌바 시의 환경관리 기반은 우리들이 흔히 선진국이라 말하는 국가들의 대도시에 비해 아직도 상당히 취약한 형편이다. 그것은 대기질, 수질 등의 관리에서 쉽게 찾아 볼 수 있다.

　꾸리찌바 시는 리사이클-에어 시스템이라 불리는 독자적인 관리체계 아래서 매연 배출과 자동차 소음을 규제한다고 한다. 여기서는 이와 관련된 구체적인 내용은 물론이고 상세한 자료가 없어 우리나라 및 국제적 기준과 비교하지 못하고, 다만 필자가 직접 보고 느낀 소감과 정보만을 간단히 소개하는 데 그치겠다.

　꾸리찌바 시는 우리나라와 같이 대기질 관리를 위한 자동측정망을 구축하고 있지 않고, 도심 한복판의 후이 바르보사 광장에 위치한 보건소 구내에 단 1개소의 반자동 측정시설을 갖추고 있다. 이곳은 꾸리찌바 시에서 가장 오염된 장소지만, 대기질 측정결과를 보면 최근 5년간(1992

~96년)의 평균 먼지(부유 분진) 농도는 빠라나 주의 대기질 기준을 준거로 할 때 보통에 해당하는 $95\mu g/m^3$로 비교적 양호한 수준이다. 또한 매연 농도는 $47\mu g/m^3$, 아황산가스 농도는 $44\mu g/m^3$로 모두 기준치를 만족시키고 있고, 국제적인 수치보다도 훨씬 낮은 수준을 보이고 있다.

그러나 꾸리찌바가 양호한 기후조건 때문에 난방연료 사용이 아주 적은 반면, 약 50만 대의 자동차를 보유한 대도시라는 사실을 염두에 둔다면 질소산화물(NOx)―1997년 측정자료만 입수가 가능함―과 오존(O^3) 농도의 변화 추이를 파악하는 것이 무엇보다 중요하다. 하지만 이를 빠라나 주 환경연구소에서 정기적으로 측정치 않고 있어 여기서는 구체적인 설명이 어렵다. 이런 문제점을 뒤늦게 인식하고 주 정부에서는 1998년부터 시 전역에 자동측정망을 설치하고, 향후에는 좀더 체계적인 분석과 과학적인 대기질 관리체계를 구축할 계획이라고 한다.

어떻든 꾸리찌바 시는 자동차에 대한 의존도를 줄여 다른 브라질 도시들보다 1인당 25%나 적은 화석연료를 소비하고, 지구온난화의 완화에도 커다란 기여를 하고 있다. 도시 전역을 하나의 거대한 공원과 녹지로 조성하고, 도심지의 모든 공장을 시 외곽의 꾸리찌바 공업단지로 내보내 소음을 비롯해 대기질 수준은 쾌적한 전원도시를 연상할 만큼 아주 좋은 편이다. 그것은 도심에 산재한 많은 공원의 수목과 가로수에도 대기질이 양호해야만 생긴다는 이끼와 곰팡이류가 자라고 있다는 사실만 보아도 분명히 알 수 있다. 또한 꾸리찌바가 이 도시의 공기를 담은 캔을 약 1달러에 관광상품으로 판매하고 있다는 사실로도 여실히 증명된다.

한편, 꾸리찌바와 그 주변지역은 역내에 풍부한 용수를 보유하고 있기 때문에 물 공급에 있어서는 브라질 내의 어떤 대도시들보다도 특권을 누리고 있다. 꾸리찌바 시의 유역은 이라이, 이과수와 빠사우나 강에 의해 형성되고 있다. 이 도시는 물 저장능력이 현재 12만 톤에 달하나 1996년부터는 대규모 지하수원까지 개발하는 사업에 착수해 생활용수 공급에는 별 어려움이 없다. 그리고 공단 근처에 전략적으로 세운 빠사우나 댐에서 꾸리찌바 공업단지에 공업용수를 공급하고 있는데, 1996년 말에 생산용량의 확대사업이 이루어져 현재는 초당 7톤의 공업용수를 공급하고 있다.

그러나 꾸리찌바 시에서는 전체 물 소비량의 6%를 공업분야에서 차지할 뿐, 75%가 가구부문에서 이루어지고 있어 향후에는 생활용수 공급에 약간의 어려움이 예상된다. 그 이유는 최근 들어 인구가 계속 급증하면서 용수 수요량도 증가하는 추세를 보이고 있기 때문이다. 시 당국은 이렇게 급증하는 미래의 용수공급을 위해 2005년 수요량에 맞추어 알또 이과수 유역에서 3개의 신규 댐 건설을 추진 중이고, 새로운 생산시스템도 지속적으로 구축해 나가고 있다.

꾸리찌바에서 물과 하수설비 시스템은 빠라나 주의 상하수도공사(SANEPAR)라 불리는 한 공기업에 의해 관리된다. 현재 총연장 463만m의 상수도망을 통해 완벽히 용수공급체계가 구축되어 있어 꾸리찌바 시 전체 가구의 99%가 수혜를 입고 있다. 하지만 물의 집수 및 처리시스템은 재래식이다. 꾸리찌바에는 초당 1,000 l 를 처리하는 따루마(이라이 강), 3,500 l 를 처리하는 이과수(이과수강), 1,000 l 를 처리하는 빠사우나(빠사우나 호수)—가장 최근에 조성된 빠사우나 공원에는 물과 공원이 통합되어 있고, 전망대와 생태 학습로를 갖추고 있다— 등 3개의 집수처리 시스템이 있다. 이들 재래식 정수장에서는 불순물을 제거하고 침전·여과시킨 후 염소를 투입하고 있다.

벨렝 하수처리장

    이에 반해 하수처리는, 불과 61%의 주민만이 하수체계에 연결되어 있어 꾸리찌바 시가 안고 있는 가장 큰 문제 중 하나로 남아 있다. 1979년에 건설된 벨렝 하수처리장은 에어레이션에 의하여 호기성균을 오수 중에서 증식시키고, 이 균에 의해 오염물질을 산화·분해하여 무해화시키는 활성오니법을 채택하고 있다. 이 대형 하수처리장이 현재 약 50만 명 정도의 오·폐수를 처리하고 있다. 이외에도 꾸리찌바에는 현재 10여 개의 소형 하수처리장이 더 설치되어 있어 우리나라와 같이 도시 하천에서 일반적으로 볼 수 있는 하천 건천화 현상은 전혀 발견되지 않는다.

    앞에서 지적한 내용을 제외하고 꾸리찌바에서 특기할 만한 사항은 저소득 소비자, 가구와 상업·산업체 이용자들에게 각각 상이한 비율로 이루어진 독창적인 요금체계에 토대를 두고 물과 하수 서비스가 제공된다는 점이다. 여기에서도 버스요금 체계에서 본 바와 같이 사회적 요금 원칙, 즉 없는 자에 대한 배려가 이루어지고 있음은 두말할 나위도 없다.

이 밖에도 꾸리찌바 시는 강물, 호수와 샘물의 질뿐만 아니라 수질오염도 지속적으로 모니터하고, 시민들이 안전한 수준에서 건강을 유지하도록 다양한 노력을 한다. 그럼에도 불구하고 인구의 약 61% 정도만이 하수체계에 연결되어 있을 뿐, 하수의 상당 부분—하수처리율 약 40%—이 최종적으로 정화 처리되지 않은 채 방류되고 있다. 꾸리찌바 시가 당면하고 있는 가장 큰 고민거리의 하나인 이것은 현재 빠라나 주 전역의 도시 하수시설에 책임이 있는 주 정부의 열악한 재정 사정 때문이다.

이를 극복하기 위한 한 방안으로 꾸리찌바 시는 세계은행의 지원을 받아 2002년까지 2억3천만 달러를 투자할 계획으로 있다. 다니구찌 현 시장이 필자에게 말한 것처럼, 이것이 완공되면 하천을 따라 무분별하게 들어서 있는 파벨라의 위생상태를 개선하는 데 획기적인 기여를 하게 되고, 꾸리찌바 시민의 약 80%가 하수처리의 혜택을 입을 것이다.

또한 꾸리찌바 시는 몇 년 전에 빠라나 주 상하수도공사와는 별개로 시가 직접 출자·운영하는 꾸리찌바 시 상하수설비공사의 설립 타당성을 조사했다. 이 회사의 설립 목적은 1950년대에 주 정부(빠라나 주 상하수도공사)에게 주어졌던 상하수 관련 서비스에 대한 업무를 이양받도록 하는 데 있었다. 1993년경부터 추진할 계획으로 있었으나, 1997년 현재까지 재정확보가 용이치 않아 수년 동안 지연되고는 있지만 머지 않은 장래에 꾸리찌바 시 상하수설비공사의 설립·운영이 추진될 것으로 보인다.

만약 이것이 이루어진다면, 꾸리찌바는 빠라나 주 상하수도공사가 현재 추진하고 있지 않는 창조적인 상하수도 정책을 개발해 여러 가지의 환경 목표를 추구할 수 있을 것이다. 하수설비와 관련해 엄청난 예산이

파벨라 지역에 하수관이 매설되어 있지 않은 구간

소요되는 재래식으로 문제를 해결할 재원이 없으므로, 꾸리찌바 시는 재래식 시스템의 개선보다는 오히려 하수처리에 대한 대안적인 분산정책을 따르게 될 것이다. 새로운 접근은 또한 하천 및 수원을 따라 불법적으로 파벨라가 형성되고, 빈민들이 정주하는 경향을 줄이도록 종합적인 주택·교통정책과 연계될 것이다.

그리고 물의 재활용과 버려지고 있는 수자원을 효율적으로 이용할 수 있는 방안을 모색해 추진할 계획으로 있다. 예를 들면, 중수도 시스템을 도입해 세차나 정원용수, 수세식 변소용수 등으로 이용하고, 나아가 가정에서 음용수로 적합하지 않은 빗물을 용이하게 집수하고 저장할 수 있는 시설을 마련하는 등 대안적인 공급원을 개발하게 될 것이다.

공업단지의 경우도 주목할 만하다. 꾸리찌바 시 대부분의 산업체를 수용하는 꾸리찌바 공업단지(CIC)는 원래 환경적 영향이 크지 않은 청정

산업들을 유치하도록 계획되었다. 꾸리찌바 공업단지는 도심으로부터 약 10km 떨어진 지역에 입지했고, 1,250만㎡(그 중 40%는 녹지공간)의 면적에 약 500개의 산업체를 수용하고 있다. 그로 인해 환경문제를 발생하지 않으면서도 꾸리찌바 전체 고용인구의 5분의 1에 해당하는 약 20만 명 이상의 고용을 직·간접으로 창출하는 괄목할 만한 성과를 보이고 있었다.

이렇게 꾸리찌바에서 경제·사회적으로 중요한 기능을 담당하는 공업단지였지만, 1980년대 말까지는 산업폐기물 문제를 완전히 해결치 못하고 있었다. 그 이유는 한 민간회사에 의해 수거·처리되는 고형 산업폐기물이 시내의 여러 지역과 인근 자치시에 무단 투기되거나 매립하는 사례가 빈발하고 있었기 때문이다. 이를 해소키 위해 산업폐기물 관리 책임을 맡고 있는 주 환경청(SUREHMA)은 1988년에 산업체에게 자신의 폐기물을 자기 토지에서 처리하도록 의무화하는 법령을 제정·발표했다. 이것은 기업들로 하여금 폐기물을 줄이고, 재사용하고, 재활용하도록 조장했고, 그들 자신의 토지자원을 보존·보호하는 데도 획기적인 기여를 했다.

그리고 이 새로운 환경정책의 영향을 정확하게 평가하고 대안을 마련하기 위하여 꾸리찌바 공업단지에 입지한 500개 기업을 대상으로 심층적인 사례연구를 시행했다. 꾸리찌바 공업단지의 폐기물 관리계획의 수립을 위탁받은 꾸리찌바 도시계획연구소는 1992년 12월에 완성된 초안을 공단내의 모든 기업체에게 공개했고, 진지한 토론을 거친 후 최종안을 확정했다. 현재는 그 계획에 포함된 꾸리찌바 도시계획연구소의 권고안을 여러 기업들이 받아 들여 체계적으로 산업폐기물을 처리하고 있는 것으로 전해지고 있다.

이런 혁신성에 더하여 환경 영향이 적은 공업단지를 만들기 위해 꾸리찌바 공업단지는 아주 독창적인 환경보호 활동들을 병행해 전개하고 있다. 여러 산업체의 피고용자들이 매달 교통 증빙서류를 제출함으로써 자전거를 살 수 있게 도와주는 '다 뻬달Da Pedal'이라는 프로그램을 운영 중이고, 대학과 꾸리찌바 공업협회의 도움으로 고형산업폐기물과정과 같은 기술훈련 과정을 제공하고 있다. 또한 꾸리찌바 공업단지는 산업폐기물의 재활용을 위해 특별한 수거체계를 확립하고, '쓰레기 아닌 쓰레기' 프로그램—주로 종이와 금속을 수거한다—에도 적극적으로 참여하기 시작했다.

6. 환경교육으로 만들어 가는 유토피아

꾸리찌바에서는 다른 브라질 대도시들과 달리 교육과 관련해 두 가지 중요한 성과가 발견되고 있다.

하나는 브라질 내의 다른 대도시들과 비교할 때 문맹률이 상당히 낮다는 점이다. 브라질 지리통계연구소의 자료에 따르면, 꾸리찌바는 1991년 문맹률이 2%로 남동부 지역 4%, 중서부 지역 8%, 북부 및 북동부 지역의 20%에 비해 월등히 낮고, 특히 7~14세의 어린이 및 10대의 경우는 문맹률이 5.6%로 브라질에서 가장 낮다. 이 도시는 어린이 5명당 1명과 10대 중 1명이 읽거나 쓸 수 없는 알라고아스 주의 주도 마까에오 시와는 아주 정반대이다.

다른 하나는 꾸리찌바 시의 초등학교 및 중·고등학교가 완벽한 교육 시스템을 갖추고 있어 학교의 중도탈락률이 매우 낮다는 사실이다. 시

예산의 27%를 교육부문에 투자해 학생들의 탈락률을 이전의 5분의 1 수준으로 낮추었다.

교육에 대한 시의 관심은 세 가지 예에서 찾아 볼 수 있는데, 그것은 꾸리찌바 도시계획연구소의 탁월한 기획력과 독창성, 그리고 기술에 의해 개발되어 브라질 및 다른 국가들에게도 참고가 될만한 모델을 제공하고 있다.

첫째는 하파엘 그레까 전 시장이 창안한 '지혜의 등대'로, 이 사업은 남미는 물론이고 서구사회에서도 비교할 만한 것이 전혀 없는 아주 참신하고 창조적인 아이디어이다. 기원전 4세기경의 이집트 알렉산드리아의 역사적 랜드마크인 파로스의 등대와 도서관에서 영향을 받은 이 '지혜의 등대'는 연구 및 독서센터이자 공공학교이고, 꾸리찌바의 모든 빈민촌에서 문화를 밝히려고 의도된 횃불이다.

둘째는, 전문 백과사전과 열 권의 『리쏭에 꾸리찌바나스Licões Curitibanas』를 들 수 있다. 이것은 마샤토 데 아씨스, 구이마랑에스 로사, 마리오 뀐따나, 비니시우스 데 모라레스 등과 같은 국내의 주

질베르또 프레이레 지구에 있는 지혜의 등대

요한 작가들과 해외의 작가들로부터 브라질인이 최근에 창조한 가장 위대한 업적의 하나로 손꼽힌다. 꾸리찌바 시에 대한 역사, 문화, 자연, 생태, 환경 등을 보다 알기 쉽게 체계적으로 정리한 이 책은 어린이들을 꾸리찌바를 가장 잘 이해하고 사랑하도록 인도하는 안내서이다. 1학년에서 4학년까지 모든 초등학생들이 열 권의 책을 학년이 시작할 때 재활용품과 교환하고, 그들은 다음 해에 새로 들어오는 후배학생들을 위해 책을 깨끗이 유지·관리해 또 넘겨준다. 한마디로 이 시스템은 어린이들에게 자원의 낭비를 방지하는 생활습관과 재활용 의식을 배양할 수 있도록 해준다.

셋째는, 히오데자네이루의 공공전인교육센터(CIEP)에서 영향을 받은 전인교육센터(CEI)이다. 이곳은 빈민학생들의 교육을 담당하는 $600m^2$의 건물과 전통학교로 이루어져 있다. 꾸리찌바의 38개 전인교육센터—학교의 총수에 상응하는 112개가 계획되어 있다—는 '모두에게 균등한 기회'를 제공한다는 원리에 기초해 운영된다. 하루에 8시간을 보내는 전인교육센터에서 빈민학생들은 정규적인 학교활동에 더하여 스포츠, 레저와 문화활동에 참여하고, 하루에 세끼의 식사를 제공받는다.

앞서 소개한 세 가지 예를 보면, 현재 꾸리찌바 시의 공식적인 교육정책은 어린이의 복지와 환경관리를 최우선으로 하고 있다는 사실을 알 수 있다. 어린이들을 위한 행동계획은 주로 도시빈곤에 초점을 두고 있고, 환경 또한 녹색영역뿐만 아니라 내일의 시민들로 성장해 갈 사회·교육적 환경으로 크게 보고 있는 것이다.

무지는 환경악화의 주요한 원인이다. 시는 체계적이고 실용적인 환경교육을 제공함으로써 저소득가구, 특히 어린이들의 삶의 질을 개선하고, 그들의 행동에 스스로 책임을 지도록 아이들에게 가르치고 있다. 또한 환경교육을 시립학교에서 고립된 수업으로 가르치지 않고, 그 대신에 수학, 지리학, 역사와 포르투갈어 등의 교과과정에 구체적으로 삽입해 가르치고 있다.

이 밖에도 꾸리찌바 시는 아이들에게 제공되는 공식적인 교육 수준을 개선·보완하기 위하여 시립학교 근처에 일반학교 교사들보다 더 우수한 교사를 배치한 통합교육센터를 갖추어 운영하고 있다. 이곳은 기존의 학교와는 달리 교실이 없이 널따란 바닥면을 가진 조립식 건물로서, 가구는 의자와 탁자가 없이 입방체 모양의 단순한 시설만 구비되어 있다. 여기에서는 다양한 놀이와 미진한 학습을 보완할 수 있는 '방과 후 학교'가 운영된다.

이와는 달리 파벨라에서는 주민들이 살고 편익을 얻을 환경을 존경하고 보살피도록 가르치는 '자립형' 교육정책을 추구했다. 그의 일환으로 개발된 프로그램 가운데 하나가 '유아 및 청소년 통합 프로그램'이다. 과라니족 언어로 '어린애'라는 뜻의 삐아(PIAs), 즉 '유아 및 청소년 통합 프로그램'은 파벨라와 다른 저소득지역의 어린이들을 보살피고 교육하도록 창조된 모델이다. 학교교육의 수혜를 직접 받지 못하고 있는 7~17세의 어린이와 청소년들에게 개방되어 있는 삐아는 일반적으로 요리와 난방을 위해 나무를 태우는 난로를 갖춘 단순한 방에 지나지 않는다. 여기서는 오전 8시부터 오후 6시까지 낮 시간 동안 어린이와 청소년들이 직업훈련, 스포츠, 예술, 기능, 나아가 정규적인 교육과 전문시험을 준비하는데, 보통 자원봉사자들에 의해 준비된 식사와 의료지원을 제공하고 있다.

꾸리찌바에는 오늘날 시의 빈민지역에 입지한 전인교육센터(CEI)와 연계해 64개의 삐아가 운영 중이다. 그 시설들은 단위당 평균 250명 내외를 보살피는데, 3만 명 이상의 어린이와 청소년들을 지원한다. 이 프로그램을 저렴하게 운영하기 위해 시에서는 단지 300명당 2명의 공식적인 직원만을 고용하고 있을 뿐, 대부분의 역할은 자원봉사자들이 담당하고 있다.

이들 삐아는 형태는 물론이고 운영 내용도 다양한데, 그들 가운데 34개는 8,600명의 어린이와 청소년을 돕는 '환경삐아Environment PIAs'이다. 환경삐아는 일반적인 삐아와는 달리 공업지대와 강, 산림과 기타 녹지에 인접한 저소득가구 정착지에 자리잡고 있다. 이곳에서 아이들은 가정과 공동체, 나아가 지구환경의 소중함을 스스로 인식하게 된다. 필자가 방문한 적이 있는 한 환경삐아의 교사, 히따 소자는 이곳의 기능과 역할을 다음과 같이 간단히 설명하고 있다.

"우리 탁아소는 아이들에게 이곳이 제2의 가정이라는 것을 일깨워준다. 아이들은 시간을 보내면서 동·식물을 사랑하는 방식과 자신을 청결히 하는 법을 배운다. 그리고 다양한 놀이와 재활용품을 이용한 장난감 만들기를 통해 아이들에게 함께 살아가는 지구환경에 대한 책임과 공동체 의식을 일깨워준다."

이 밖에도 아이들은 산림 보존·복원, 수질 감시, 하수 및 배수, 공중보건 등에 대해 배우고, 이들 주제를 그들 부모들에게 가르치고 전파한다. 그리고 청소년들은 공원, 꽃가게와 개인정원에서 조경기술을 배우면서 일하고, 매달 최저임금의 절반(거의 53달러)에 해당하는 소득을 얻고 있다. 물론 여기에서 번 돈의 일부를 어떤 청소년들은 파벨라 공동체에 기부하기도 한다.

식물원 지구에 있는 환경삐아

'환경삐아'와는 달리 '노동삐아The Working PIAs'는 학교 아이들에게 장학금과 견습고용을 제공하는 회사와 시 사이에 맺어진 파트너십에 의해 유지된다. 장학생들은 4일간의 작업시간에 대해 최소임금의 70%(75달러)에 해당하는 급료를 받고 식사, 교통뿐만 아니라 보건의료 혜택을 지원 받는다.

'어린이의 집The Casa do PIA'은 7세부터 17세까지 거리를 방황하는 아이들을 위한 집으로, 그곳에서는 식품뿐 아니라 심리 및 건강상 보호를 제공해준다. 이곳에는 200명의 아이들을 동시에 수용할 수 있는 건물과 27개의 침실을 갖추고 있다. 현재 가족과 떨어져 살거나 부모가 없

어린이 환경탁아소

는 것으로 꾸리찌바 시에 등록된 500명의 어린이와 청소년 중 길거리에서 자는 약 300명이 이 시설에서 직접 혜택을 받고 있다.

삐아가 들어서기 전에는 파벨라와 저소득층 지역에 어떤 인프라도 지원되지 않았고 데이 케어도 존재하지 않았다. 대부분의 아이들은 부모들이 일하는 동안 어느 누구로부터도 보살펴지지 않은 채 지역사회 주변을 배회했다. 그러나 삐아의 시행과 더불어 아이들은 식사와 실질적인 교육을 제공받는 장소를 얻게 되었다. 초기에는 삐아에 어린 갱들에 의한 약간의 건물 훼손과 소란 등이 있었지만, 경찰의 개입 없이 직원들과 교육자들의 인내 어린 노력으로 갱들 역시도 이 프로그램에 참여하기 시작했다. 지금은 이들이 어린아이들을 보살피고, 채소를 갈고 재배하는 법과 일상생활에서 사용할 수 있는 기술 등을 가르치고 있다.

삐아가 도입되기 이전에 파벨라의 아이들은 흔히 사회적으로 고립되어 있었다. 하지만 지금은 그들이 공동체의 일원이라는 사실을 스스로 느끼고, 청소·세차와 요리 등에도 직접 참여한다. 이런 변화에 힘입어 가족생활이 점진적으로 개선되고 주변환경 역시도 파괴되지 않고 보호·개선되기 시작했다. 이 프로그램의 괄목할 만한 성과를 인정해 국제환경자치체협의회(ICLEI)도 저소득 공동체의 환경재생에 대한 '유엔의 지방정부 명예상United Nations Local Government Honors Program Award'을 꾸리찌바 시장에게 수여했다.

 이 밖에도 꾸리찌바 시에는 어린이들을 환경지킴이로 좀더 적극적으로 나서게 하는 아주 독특한 환경교육 프로그램을 운영하고 있다. '물 관찰Olho D'Agua'이라 불리는 이 프로그램은 아이들이 직접 강에 나가 물을 가져온 후 인솔교사의 지도 아래 간단한 방식으로 수질을 검사하도록 하는 것이다. 즉, 가져온 강물을 시험관에 담고 시약을 넣은 다음 물 색깔의 변화 정도를 파악하고, 이를 시에서 마련한 기준표의 색깔과 비교해 용존산소의 양이 얼마나 되는지를 확인하여 수질오염 상태를 어린이들이 직접 느끼고 체험하도록 한다. 이러한 방식으로 진행되는 '물 관찰' 프로그램을 통해 어린이들이 강물의 상태를 정기적으로 관찰·조사하고 기록해 시청에 보내면, 시에서는 이 기록을 물 관련 정책을 수립하는 데 기초자료로 활용한다.

 이 프로그램은 주로 꾸리찌바 시민들에게 물을 공급해주는 빠사우나 댐을 중심으로 시의 주요한 강으로 유입되는 샛강에서 집중적으로 이루어진다. 그 이유는 어린이들이 사는 지역을 보호하고 가꾸기 위해서는 그 지역의 샛강에 관해 무엇보다 자세히 알아야 하기 때문이다. 또한 큰 강으로 흘러가는 작은 하천의 수질을 잘 보존하여 큰 강 자체를 지키고, 나아가 상수 원수를 깨끗이 유지하기 위해서이다.

 이런 목적 아래 추진되는 '물 관찰' 프로그램은 통상 3개월에 한 번씩

'환경삐아' 등을 순회하는 재활용버스를 타고 진행된다. 연중 내내 지구별로 시간계획에 따라 운행하는 이 재활용버스는 차령이 지나 폐기된 굴절버스에 맑고 푸른 물을 상징하는 색깔로 그림을 그려 넣은 것으로, 차 안에는 시청각교육을 위해 마련된 TV와 마이크 등이 비치되어 있다. 생명이 다한 버스에 새 생명을 불어넣어 준 이 재활용버스를 이용해 어린이들은 지겹고 고리타분한 강의식 교육에서 탈피해 소풍도 나가고 신나는 환경교육과 현장실습을 동시에 하게 된다.

이렇게 아이들이 중심이 되어 이루어지는 마을의 '물 관찰' 프로그램은 요즈음 들어 어린이들이 생활 속에서 직접 실천하는 성공적인 환경학습의 하나로 브라질 내에서 알려져 있고, 또한 부모들이 아이들을 통해 환경오염의 심각성에 대해 배우고 각성하는 주요한 촉매제의 역할도 하고 있다. 이 프로그램은 그 탁월성을 국제사회로부터 인정받아 지난 1999년에 '남미공동시장상' 을 받기도 했다.

또한, 꾸리찌바 시에는 성인들을 위한 중요한 교육장으로 환경개방대학(ULMA)이 설립되었다. 프랑스의 세계적인 해양학자 자끄 꼬스또가 휘호를 헌정한 이 혁신적인 건축물은 보스께 자니넬리 공원의 환경지구 내에 있는 통나무 건물─통나무로 만든 폐전주를 재활용해 기둥으로 사용함─로서 땅, 물, 공기와 불 등 네 가지의 자연의 힘을 색채로 재연해 냈다. 자이메 레르네르에 의해 직접 설계된 환경개방대학은 1992년에 설립되었고, 그곳은 꾸리찌바는 물론이고 브라질 내에서도 환경의식과 환경보존의 중요성을 인식시키는 환경교육의 메카 역할을 담당하고 있다. 개방대학의 설립이념에 따라 이곳은 개인은 물론이고 모든 단체에게 개방되고, 하나의 도서관을 마련해 환경관련 자료 및 정보를 제공하고 있다.

환경개방대학 전면 경관

꾸리찌바 시가 건설하고 지금은 한 민간단체에 위탁해 관리하고 있는 환경개방대학에서는 짐꾼, 택시 운전사, 공원관리인, 교사들이 학자나 전문가들만큼이나 중요하다. 이들은 일상생활에서 여론주도층이고, 자립적인 개발과정에 상당히 기여한다. 그래서 환경개방대학은 이들에게 나무를 어떻게 잘라내는 것이 바람직한 것인가에서부터 연회활동에 이르기까지 다양한 도시환경교육과 그의 실천과정에서 필요한 가장 정교하고 자립적인 개발이론을 가르친다.

이렇게 환경개방대학이 여러 분야에서 활동하는 성인들을 대상으로 다양하게 환경교육을 실시하는 이유를 끌레온 산토스Cleon Santos 학장은 다음과 같이 말하고 있다.

환경개방대학으로 가는 나무판자로 만든 길

"시민들은 환경보호에 관심을 가지고 활동하고 싶어하지만 정확한 정보가 없어서 활동에 어려움을 겪고 있습니다. 따라서 우리의 역할은 시민들에게 기본적인 환경보호 지식을 전달해서 그들이 적극적으로 활동하도록 돕는 것입니다."

최근 들어서는 연방정부와 기업 등의 후원을 받으며 브라질 내에서 이루어지는 주요 환경관련 사업을 포함해 400여 개의 프로젝트를 국민들이 직접 포르투갈어로 확인·검색할 수 있는 홈페이지를 운영하고 있다. 그리고 환경개방대학을 국제적으로 선전하고 홍보하는 노력에도 적극 나서고 있다. 한 예로, 7주일간 현지에 체류하며 오전에는 강의를 받고, 오후에는 실습하는 국제적인 장기 환경교육 과정을 운영 중이다. 또한 단기 과정으로는 최소 15명을 기준으로 하여 일주일 동안 강의와 관광을 겸하면서 토지이용 및 건축 방법, 교통, 사회복지, 자연환경교육 등의 분야에 대해서 가르치는 교육 프로그램을 운영 중이다.

이와 같이 꾸리찌바 시민들과 외국인들을 환경지킴이로 양성시키는 환경교육 이외에도 환경개방대학에서는 지속가능한 개발에 관한 연구를 수행하고 친환경적인 개발 프로젝트에 참여하며, 환경산업 부문의 시장 조사 및 연구와 기술자문도 수행하고 있다. 그 일환으로 요즈음에는 꾸리찌바 시의 쓰레기를 외부지역에서 처리하는 계획과 25개 위성도시계획을 수립했고, 2001년 현재는 계획을 주 정부 프로젝트로 유네스코에서 세계자연문화유산 1호로 지정한 이과수폭포가 있는 이과수공원의 자연지역―아르헨티나 영토에 포함되어 있는 지역을 제외한 브라질의 빠라나와 싼따까따리나 주를 계획 대상지역으로 하고 있다―을 확대하는 계획을 수립 중에 있다.

이렇듯 환경개방대학이 최근 들어 조사연구사업에 역점을 기울이는 이유는 아마도 설립 초기와는 다른 재정 여건으로부터 직접 기인하는 것이 아닌가 싶다. 1991년에 건설한 후 초기에는 주와 시 정부의 재정지원에 의존했으나, 현재는 소유권을 시 정부가 갖고 있을 뿐 유지·관리의 책임이 완전히 대학 측에 있는 데다 독립적으로 운영되고 있기 때문에 어느 정도는 불가피한 것으로 보인다. 그것은 전체 예산에서 차지하는 비율을 보면 더욱 명확해진다. 약 20%는 시청이 지원하고, 5%는 개인 및 회사로부터의 후원금―개인 40달러/월, 회사 500달러/월―을 받고 있는 반면, 75%에 해당하는 상당수의 예산은 20명의 자문위원들이 수행하는 프로젝트와 자문비로 조달하고 있는 형편이다.

앞서 언급한 것처럼 사정이 지금에 와서 현저히 달라졌다 하더라도,

초등학교 교사들이 놀이활동을 통해 배우는 환경교육 현장

이곳이 여전히 꾸리찌바 시의 환경교육센터로의 역할을 계속 담당하고 있다는 사실은 누구도 부인하지 않는다. 지난 10년 동안 약 7만여 명의 꾸리찌바 시민들이 이 대학에서 교육을 받고 환경지킴이로 다시 태어났다는 사실이 이를 바로 입증해준다.

필자가 1997년 이곳을 처음 방문했을 때, 약 20명의 초등학교 교사들이 심리학과 환경학을 전공한 두 강사들의 안내를 받아가며 인디언들처럼 춤을 추고 노래를 부르는 놀이활동을 하고 있었다. 거기서 만난 강사 가운데 한 명인 히따 올리베에라는 강의식 환경교육에 익숙해 있는 필자에게 다음과 같이 아주 인상깊은 말을 했다.

"이 환경교육의 목적은 교육생 스스로가 자연의 일부라는 사실을 깨닫게 하는 것이다. 몸짓과 언어를 통한 예술의 활용은 우리의 아이들을 좀더 쉽게 가르칠 수 있게 해준다. 이런 연극을 통해 우리들은 사람들에게 환경에 대해 새로운 인식을 갖게 해 주고 있다."

올리베에라의 말을 입증이라도 하듯이 그 광경은 마치 꾸리찌바 시민들이 스스로 환경친화적인 인간으로 거듭나겠다는 각오를 되새기는 것 같았다. 당시에 그들이 한편의 서정시와 같이 아름다운 노랫말을 따라 부르며 주술을 외우듯이 자기최면을 걸던 감동적인 모습은 4년이 지난 지금도 잊을 수가 없다.

> 작은 물 한 방울이 커지고 커져 물이 근원이 되고
> 그 물의 근원은 커지고 커져 폭포가 되고
> 아름다운 폭포의 물로 빠르나 전체를 풍요롭게 하고
> 그 폭포의 물은 아름다운 강으로 변했다
> 우리 모두는 같은 목표가 있고, 같은 행성에서 살고 있다
> 이 행성을 무엇이라고 부르죠?
> 다같이 지…구
> 지구여 저희를 부양해 주셔서 고마워요
> 태양이여 우리를 비추어 주셔서 고마워요
> 지금 우리는 일할 준비가 되어 있어요
> 감사합니다

시민을 존경하는 여러 실험들

1. 환경친화적인 공업단지 조성

꾸리찌바는 국가와 분리되어 존재하는 경제적 섬은 아니다. 오늘날 시의 발전은 지난 몇십 년 동안 무분별하게 추진되어 온 브라질의 해체된 성장의 한 결과이다. 브라질의 추정 인구가 9천만 명일 때, 꾸리찌바의 인구는 불과 60만 명이 약간 넘는 정도였다. 그렇지만 꾸리찌바는 빠라나 주의 모든 공공서비스를 보유한 지방도시이자 브라질의 주요 곡물 및 전력생산지였으며, 게다가 사웅파울로 남쪽의 상업 중심지였다.

빠라나 주가 주로 영농 활동 때문에 급속하게 성장하기는 했지만, 영농이 수작업에서 기계로 교체되면서 고용 기회도 거의 제공할 수 없었다. 그 결과로 빠라나 주의 농촌사회가 피폐화되면서 농촌가구들은 도시 중심지로 이주하기 시작했다. 브라질 지리통계연구소에 따르면 1960년부터 1990년까지 국가의 인구는 농촌이 60%, 도시가 40%에서 도시 70%, 농촌 30%로 변화했다. 이런 사정은 빠라나 주도 마찬가지였지만, 많은 도시들은 이주의 물결을 완전히 수용할 수 없었다.

그로 인해 대부분의 도시들은 여러 종류의 도시·사회 문제를 안게 되었다. 즉, 도시에서 파벨라와 같이 박탈된 지역이 급속히 형성되었다. 대부분이 구릉이나 임야, 하천변을 불법으로 점유한 이 빈민촌에는 위생, 음용수, 하수 및 전기가 절대적으로 부족했고, 공립학교는 물론 병원도 없었으며, 근로자들이 그들의 집에서 정부의 사무실들이 있는 도심으로 일하러 갈 때 타는 대중교통도 거의 없었다. 잘 개발된 사웅파울로, 히오데자네이루, 뽀르또알레그레와 벨로오리존찌와 같은 주도들은 대부분의 이주자들의 선택지였다. 지난 20여 년 동안 두 배 이상 인구가 급증한 꾸리찌바의 경우도 예외는 아니어서 이런 광대한 이주의 흐름을 온전히 흡수할 수 없었다.

역사가들에 의하면, 꾸리찌바의 도시화는 단기간에 발생한 최대의 국내 이주 가운데 하나였다. 동시에 이 과정은 거대한 하부구조 및 안전 문제—실업과 관련해 범죄율 증가—로 전환되고 있었다. 이 시기는 국가가 주도하는 경제분산화 정책에 의한 지원이 연방정부에 의해 촉진되고, 공업경제에 기초하지 않았던 도시들이 지역경제 구조를 바꾸기 위하여 대량의 투자를 시작하던 때였다.

1970년대에 들어서면서 꾸리찌바의 정치가들은 유일한 희망이 해외 투자를 적극 유치해 공업화를 추진하는 길뿐이라고 확신하고 있었다. 특히 자이메 레르네르 시장은 시의 안정적인 발전을 위해서는 공업이 필요하다는 사실을 깊게 인식하고 경제적 신화를 새롭게 개척해 나가기 시작했다. 즉, 정부와 금융 중심지로서의 꾸리찌바의 전통적인 역할이 인구 붐은 물론 그가 생각한 혁명적인 개혁 프로그램을 시행할 투자비용을 감당할 수 없다는 것을 깨달은 것이다. 그리하여 레르네르는 토지 투기로 인한 지가 상승을 미연에 방지할 수 있는 구체적인 방안을 모색

꾸리찌바 공업단지에 위치한 INEPAR 공장 전경

했고, 시 당국은 시에 공장들을 유치하는 하나의 도구로서 남부 꾸리찌바에 위치한 광활한 지역에 공단 조성을 계획했다.

그렇게 탄생된 꾸리찌바 공업단지는 도심에서 10km 떨어진 43.7㎢의 녹지에 꾸리찌바 도시계획연구소에 의해 1973년에 계획되었다. 이곳은 지형, 물, 배수와 풍향의 측면에서도 유리했을 뿐만 아니라 정유공장과 가깝다는 이유로 선정되었다.

1975년 3월 4일에 조성되기 시작한 꾸리찌바 공업단지는 "공단이 하나의 공원이자 정원이어야 한다"는 자이메 레르네르의 생각을 실천에 옮긴 것으로서, 한마디로 '자연공원 안의 공업단지'다. 공장시설은 25

km²의 면적에 집중시키고, 5km²의 녹지, 6km²의 주거지, 그리고 가로 및 자전거도로와 서비스에 나머지 면적을 할당했다. 이런 토지이용계획을 토대로 20여 년 동안 도로는 물론이고 물, 전기와 하수도시설 등 필요한 모든 하부구조를 제공하고, 근린지역에 더 많은 호수가 건설되었다.

그 결과로 꾸리찌바는 높은 발전을 나타냈고, 국가뿐만 아니라 빠라나 주의 경제적 중심지가 되었다. 오늘날 빠라나 주 인구의 약 16%가 집중해 있는 꾸리찌바의 공업단지에는 500개 이상의 산업체가 정상적으로 가동 중이고, 5만 명의 직접고용과 15만 명의 간접고용을 창출해내고 있다. 그리고 주 전체에서 창출된 공업 분야의 판매·서비스 부가가치세의 42%를 차지할 만큼 빠라나 주 최대의 납세자이다. 또한 꾸리찌바 공업단지는 주 전체 수출의 17%를 차지하고, 모든 재화와 서비스의 24%를 생산하고 있다. 이들 지표만 보더라도 꾸리찌바 공업단지가 좁게는 꾸리찌바, 넓게는 빠라나 주의 지역 번영을 가져오는 핵이라는 사실을 쉽게 알 수 있다.

꾸리찌바 공업단지는 전기·전자, 컴퓨터(소프트웨어 및 하드웨어), 생명공학과 정보통신 부문의 선진기술을 개발하려는 의지를 가진 기업들에게는 최상의 기회를 제공한다. 이곳이 흔히 도시학자들이 기술집적도시라고 말하는 패러다임에 토대를 두고 개발되었기 때문이다. 꾸리찌바가 현재 보유하고 있는 대학, 과학기술 연구기관, 현대적 기업과 높은 생활의 질은 지능형 개발을 양육하는 기초이다. 공업단지가 공업 게토로 전락하는 것을 방지키 위해 시에서는 이곳에 광대한 녹지를 배치하고, 5개의 교통축과 잘 연계된 대중교통 시스템을 구축해 놓았다.

공단에 입지한 대부분의 회사들은 시가 제공하는 높은 삶과 교통의 질 때문에 대체로 만족하고 있는 것으로 알려져 있다. 사업가와 시청이 공동으로 개최한 최근의 한 토론회에서는 꾸리찌바 공업단지에서 근무하는 노동자들이 사웅파울로에서의 그들의 경쟁자들보다 출·퇴근에 3시간이나 적게 소비한다는 사실이 밝혀지기도 했다. 그것은 1주일에 20시간, 1년에 1,000시간, 평생(평균 72세)으로 치면 9년이나 적게 소비한다는 것을 의미한다.

이에 더하여 꾸리찌바 공업단지에서 사는 노동자들은 일하러 가는 데 시간은 물론 비용도 낭비하지 않는다. 그들이 꾸리찌바 내의 다른 근린지역에 산다하더라도 1헤알10센타보(610원)의 버스요금으로 매우 빠르게 통근을 할 수 있기 때문이다. 게다가 최근 들어서는 체계적인 녹색교통망 구축사업의 일환으로 33km의 자전거도로망이 공업단지 내에 완성되었다. 물론 이 사업은 공업단지 인근에 거주하는 노동자들의 불필요한 자동차 통행을 방지하고, 나아가 교통비용을 지불치 않도록 하는 경제적인 이익을 제공할 것으로 기대되고 있다.

주변화된 공단을 만들지 않겠다는 시 당국의 강력한 의지가 인간과 산업간의 완전한 통합을 실현시켰다. 이곳의 용도구역은 모든 생산활동, 주택 및 지역사회 서비스 등이 적절히 배치된 채 설정되었다. 노동자들이 집단적으로 거주하는 취락에는 약 1만6천 채의 주택과 학교, 어린이 데이 케어 센터, 보건소, 우체국, 은행, 전문·공공서비스, 경찰서와 소방서 등이 잘 갖추어져 있다. 이 모든 것은 노동자들이 그들의 작업장 근처에서 안락하게 생활할 수 있도록 설계되었다.

또한 환경보존이 공업단지의 계획과 집행단계부터 주요한 관심사였으므로, 대기 및 수질오염 등을 근원적으로 예방할 수 있는 법령과 규제방안을 마련·시행했고, 천연림, 강변지역과 수자원이 보존되었다. 산업체들은 엄격히 재조사되었고, 국가적·국제적 기관이 인정하는 환경

볼보자동차 공장에서 기능공들이 부품을 조립하는 모습

규제를 수용하는 산업공정을 가진 기업체만이 입주가 허가되었다. 이것만 보더라도 꾸리찌바 공업단지에 입지한 회사들의 환경의식이 어느 정도인가를 짐작할 수 있다.

브라질에서 개척자적인 프로젝트의 하나로 평가받는 산업폐기물 처리장은 산업쓰레기가 환경이나 회사 자체에 어떠한 위해도 없이 처리될 수 있다는 가능성을 보여주었다. 그곳의 특화된 실험실에는 숙련된 기술자들이 있어서 산업공정에서 생산된 폐기물과 오염물질을 분석·확인하고, 그 자체를 분류하고, 그리고 위험 여부에 따라 재활용할 것인지 최종처리를 할 것인지를 결정한다.

여기서 한 걸음 더 나아가 꾸리찌바 공업단지에는 수·출입을 일괄처리할 수 있는 건선거乾船渠 Dry Dock를 갖추고 있다. 공단에 토대를 둔 회사들이 수입재화를 이동·저장·수송하거나 재화를 수출할 때는 건선거인 세관 터미널을 이용하는데, 통관은 최대 48시간 이내에 국세청에 의해 이루어진다. 이곳에는 1만m^2에 달하는 창고 두 채와 재화를 하역·이송·선적·통제하도록 완전히 설비를 갖춘 컨테이너 터미널 한 곳을 구비해 놓고 있다. 보관료는 10일 동안 운임보험료의 0.35%에 해당하는 금액으로 하고 있는데, 이는 한 달 이상 재화를 보관시키는 기업에 상당히 유리한 것으로 알려져 있다.

이상과 같은 하부구조들은 벡톤 디킨슨, 아퀴텔·지멘스, 피아트·뉴 홀랜드, 후루카와, 이네빠, 크바에르너 펄핑, 맥리니아, 니폰덴소·도요타, 페록시도스, 로버트 보슈, 시드 인포마티카, 볼보 등과 같이 기술 수준이 높고 국제적으로 저명한 회사들이 둥지를 트는 데 결정적인 요소로 작용했다. 현재 가장 두드러지고 향후에도 확장될 경향을 보이고 있는 업종은 금속기계와 전기·전자 분야이다. 최근에는 르노, 폭스바겐, 크라이슬러 모터 등이 들어왔고, 펩시콜라 병 공장, 고야나 쁠라스띠꼬, 분디 도 브라질 등과 같은 회사들에까지 투자가 확대되고 있다. 여기서 그치지않고 현재는 260개의 벤처 자본이 입주를 계획 중이거나 사업을 추진 중에 있다고 한다.

이런 괄목할 만한 성장을 보이고 있는 공업단지를 꾸리찌바 개발공사(CIC)가 시청의 마스터플랜에서 제시된 원칙에 따라 관리하고 있다. 공장용지를 적정한 가격과 할부금으로 매각하는 기능을 담당하고 있는 이 기구는 컴퓨터 사업의 물리적, 제도적 하부구조, 물류유통 등을 지원하는 '꾸리찌바 기술단지'의 설립을 위해 현재 19만m^2의 면적을 단지 내에 남겨두고 있다. 그 목표는 빠라나 주의 주도를 기술집적도시의 개념 아래 국제적으로 우수한 소프트웨어 기술센터로 바꾸는 것이다. 이를 효과적으로 추진하기 위해 꾸리찌바 시에 의해 자금과 '소프텍스 2000

계획(2000년까지 브라질이 생산한 소프트웨어 20억 달러어치를 수출하는 것을 목표로 한 소프트웨어 수출 국가계획)'이 제공되었다.

이 소프트웨어단지에는 16개의 대규모 벤처자본과 124개의 소기업이 수용되고, 꾸리찌바 시가 직접 건설할 '인공지능개발센터'가 들어설 것이다. 특히 인공지능개발센터에는 '국제 소프트웨어 기술센터(CITS)', 5개 회사 규모의 기술창업보육센터, 대학과 정보통신, 나아가 과학기술연합체인 브라질 기술조절협회(ABNT)와 전문협회 등이 자리잡게 될 예정이다. 그리고 민간부문의 첨단 소기업을 위해서도 8,000㎡의 사무용 빌딩을 건설할 계획에 있다.

앞에서 언급한 '국제소프트웨어기술센터'의 역할은 빠라나 주 기업들의 경쟁력을 강화함과 동시에 소프트웨어 기술을 개발·동화시키는 것이다. 이곳에서는 각종 정보와 소프트웨어 기술실험실에 접근을 용이하게 하고, 훈련서비스, 컨설팅과 기술지원 등을 제공하게 된다. 이 프로젝트는 정보법에 의해 촉진되는 기술훈련활동 및 소프트웨어 개발사업에 대학, 민간기업과 정부기구를 참여시키고, 나아가 수출과 중간기술 이전을 지원하는 데 있다. 꾸리찌바의 '국제소프트웨어기술센터'는 브라질 정부가 추진하는 '소프텍스 2000 계획' 가운데 최초의 사업이기도 하다.

아메리카 하우스Casa das Américas는 꾸리찌바에 기반을 두고 있는 회사들, 특히 공업단지에 있는 기업들을 위해 창립된 비즈니스, 경제 및 기술정보센터이다. 이곳은 꾸리찌바와 다른 남미 국가들 사이의 관계를 통합하고, 용이한 사업 기회를 창조하며, 브라질과 해외의 경제기관 및 기구들과의 협력을 촉진하는 것을 목표로 하고 있다. 아메리카 하우스의 데이터베이스를 통해 기업들은 사회·경제 통계, 법률 정보, 조약과 빠라나 주의 산업명부(제품, 투입과 잔여재산), 분야별 상공회의소 및 남미공동시장Mercosul—1995년 1월에 정식 발족한 기구로 아르헨티나·파라과이·우루과이·브라질 4개 국을 통합하는 시장— 기관의 목록, 이벤트 달력, 자치단체 서비스, 정부정책, 여러 국가의 전문가 명부 등에 쉽게 접근할 수 있다. 아메리카 하우스는 기업가들에게 해외무역과 관련된 제반 활동을 지원한다. 상업 이벤트를 후원하고, 기관과 기업체 사절단의 모임을 주관하고, 기회의 전망, 기업가들과 지원기관·경제개발 기관간에 매개자 역할을 담당하고 있다.

즉, 아메리카 하우스의 임무는 빠라나 주에서의 광범위한 비즈니스, 특히 중소규모의 기업체에게 국제시장에의 접근을 제공하는 국제 비즈니스의 촉진자로서 기능하는 것이다. 그곳은 유엔무역개발회의(UNCTAD)의 60개의 교역소를 연결하는 국제망의 하나이다. '꾸리찌바 교역소(TPC)'는 국제적 비즈니스 기회를 확인하고, 시장평가를 수행하고, 브라질과 해외에서의 제품 및 기업 목록, 나아가 지원단체와 서비스 공급자들의 목록을 제공하면서 해외무역 지원 업무를 수행한다. 또한 관세 계산, 수·출입통계, 외환과 금융법, 대출한도, 국제보험, 국제수송, 법적 절차 등에 대한 정보 제공과 안내 업무 등을 담당한다. 이 교역소에서 기업가들은 수·출입 업무에 관련된 실질적인 서비스를 제공받고, 동시에 꾸리찌바에서 생산된 재화들 역시 인터넷을 통해 국제적으로 소개될 수 있다. 교역소는 빠라나 주의 수입 또는 수출업자들에게 최저의 비용으로 고객 사냥으로부터 거래 결산, 재화의 선적까지 모든 국제 업무를 지원하고 있는 것이다.

2. 자연과 도시문화를 융합한 관광개발

꾸리찌바는 빠라나 주의 지역 관광의 중심지이다. 주의 동쪽 국경 일대에는 이과수 강에 의해 형성된 275개 폭포가 높은 벼랑에서 물보라를 일으키며 떨어지면서 믿기 어려울 만큼 아름다운 장관을 연출하는 이과수 폭포가 있고, 무수히 많은 동·식물 종의 서식지로서 남브라질의 최대 야생동물 보전지역이자 유네스코에서 지정한 자연문화유산 1호인 이과수 국립공원이 자리잡고 있다. 또한 남미와 기타 대륙에서 온 500종 이상의 조류가 전시되어 있어 세계 전역의 조류 전문가들이 끊임없이 방문하는 아베스 공원의 조류사육장이 있고, 인간이 가진 기술적 한계를 실험한 것으로 평가되는 세계 최대의 이따이뿌 수력발전소―브라질 남부, 남동부와 중동부 지역에 에너지를 공급하는 발전소―가 위치하고 있다. 그리고 론드리나, 마링가시 등이 들어선 빠라나 주의 북부지방 일대는 브라질 최대의 커피 산지이기도 하다.

또한 금광업자들이 최초로 빠라나 만에 도착한 후 코우스트 산을 넘어 주의 내륙 평원에 정착한 역사를 가지고 있어 빠라나의 발생지라 볼 수 있는 서부의 대서양 연안지대가 있다. 이곳에는 꾸리찌바와 1970년대 초반부터 빠라나 주의 주요 수출항으로의 역할을 담당하고 있는 빠라나구아 사이를 연결하는 빠라나구아-꾸리찌바 철도와 그라시오스 고속도로가 있는데, 특히 양 도시의 중간에 위치한 모레테스까지를 100년 된 철도를 타고 달리면서 보는 산악경관은 가히 절경인 것으로 알려져 있다. 인구 1만5천 명의 작은 도시로서 식민지 건축으로 유명한 모레테스 근교에는 천연 수영장을 갖춘 자연 공원과 아름다운 폭포, 그리고 트래킹 장소 등이 있고, 모레테스에는 12시간 이상 삶은 쇠고기나 베이

이과수 폭포 전경

컨 등의 고기에 타피오카 가루를 뿌린 뒤 바나나·오렌지·쌀 등을 넣어 만든 바레아도라고 불리는 향토요리와 양조하고 난 뒤 통상 나무통에서 7년 이상 잠재운다고 하는 모레테스 산 핑가(특산주) 등이 아주 유명하다.

이 밖에도 꾸리찌바에서 뽄따그로사 시로 향하는 국도를 따라 약 80km 정도 떨어진 곳에 빌라 벨랴 주립공원이 있다. 오랜 세월에 걸쳐 풍우에 침식된, 3억 년 된 23개의 사암 砂岩이 마치 야외 미술관의 조각처럼 늘어서 있는데, 그 형상을 따라 '술잔' '장화' '달팽이' '사자' '백조' 등의 이름이 붙여져 있다. 그리고 3km 정도 떨어진 곳에는 생태학적 파라다이스가 있다. '황금의 호수' 라 불리는 이 작은 호수 바닥에는 운모가 층을 이루어 빛나고, 특히 석양 무렵에는 그 빛이 한층 신비스럽게 보인다. 또한 여기서 얼마 떨어지지 않은 곳에는 '지옥의 큰 가마솥'이라고 이름 붙은 갈라진 대지도 있다. 빌라 벨랴 주립공원은 브라질 내에서 지질학적으로도 아주 귀중하고 연구가치가 매우 높은 장소이다.

이처럼 꾸리찌바에서 자동차 또는 비행기로 1시간 내외의 거리에 무수히 많은 관광자원과 레저시설 등이 산재해 있다. 그럼에도 불구하고 꾸리찌바 시 안과 인접지역에는 세계에 내놓을 만한 관광자원과 유인시설이 거의 없다. 사정이 이런데도 꾸리찌바에는 일본 천황과 여러 나라의 대통령 등 세계의 저명인사들과 언론인·공직자·전문가들, 그리고 관광객들의 방문이 쇄도하고 있다. 그 이유가 어디에 있는지 정말 궁금하지 않을 수 없다.

오늘날 꾸리찌바 시의 관광산업은 전체 경제에서 차지하는 비중이 4%에 이르고, 그것이 호텔, 식품과 이벤트 산업에 파급효과를 미쳐 크

3억 년 된 사암이 야외 미술관처럼 늘어선 빌라 벨랴 주립공원

빌라 벨랴 주립공원 내의 황금의 호수

고 작은 하부구조 투자를 이끈다. 현재 관광객의 평균 체류기간은 사흘이고, 브라질의 다른 주나 외국으로부터 사업, 연구, 취재, 레저여행 또는 자치단체 학습을 위해 꾸리찌바에 내방하는 사람들의 수는 계속 급증하고 있다. 이런 추세는 아폰소 뻬나 공항이 국제 공항이 되자마자 증가하는 경향을 보이고 있다. 그런 탓인지 2001년 들어서는 독일의 프랑크푸르트에서 꾸리찌바까지 직접 취항하는 루프트한자 항공을 포함해 두 개의 유럽발 직항노선이 개설되었다.

꾸리찌바를 찾는 관광객들이 느끼는 매력은 자연환경에서 나오는 것이 아니라, 오히려 1970년대부터 시작한 도시, 문화, 환경 및 경제적 변혁으로 만든 인공적인 창조물로부터 나온다. 꾸리찌바 시는 시민들을 위한 삶의 질의 제고라는 관점을 유지하면서도 관광객들을 유인하는 오락, 문화 이벤트는 물론이고 요리 및 숙박시설 단지를 창조했다. 수십 개의 공공 공원과 산림지(숲), 오뻬라 데 아라메, 역사지구에 복원된 맨션, 24시간의 거리, 식물원과 환경개방대학, 미래지향적이고 환경친화적인 대중교통과 원통형 정류장, 꽃의 거리에 조성된 브라질 최대의 보행자 몰 등과 같은 레저 및 지식시설 등은 좋은 예들이다. 지방정부는 민간부문을 후원하는 방식으로 이들 관광시설을 관리한다. 꾸리찌바에는 관광객을 유인하는 특별한 관광버스노선과 그 노선을 따라 4개소―24시간의 거리, 식물원, 오뻬라 데 아라메, 그리고 사웅 프란시스꼬 아케이드―에 '꾸리찌바 만세' 라 불리는 선물 및 기념품 상점을 개점해놓고 있다. '꾸리찌바 만세' 상점은 아폰소 뻬나 국제 공항과 시다다니아가에 2개소가 더 있다. 그리고 택시 관광 코스, 관광객 안내 및 보행 관광―꾸리찌바에는 51개 역사적 지점을 벽타일이나 모놀리스를 보도에 박아 관광객을 연결·안내하는 문화 및 역사로서 삔아웅 라인이 있다―등의 시스템이 거의 완벽하게 구축되어 있다.

여기서 한 걸음 더 나아가 꾸리찌바는 국제회의 관광객을 적극적으로 유인한다. 소위 '이벤트와 사업관광' 을 위해 꾸리찌바 시는 다른 브라질 도시들과 경쟁하고, 이를 위해 국제사회에서 꾸리찌바의 지명도를 높이고 확보하려는 노력을 지속적으로 하고 있다. 그 직접적인 성과는 1992년 히오Rio 환경회의 때 민간단체들의 글로벌 포럼을 개최했고, 1995년에는 남미에서 최초로 유엔 인간정주센터가 주관하는 '세계 인간정주회의의 날' 기념행사를 주관하기도 했다.

시 당국은 꾸리찌바가 세계에서 유일하고 독특하며 높은 삶의 질을 가진 도시로 각인되도록 이미지를 개발하고 있고, 그것을 민간부문이 활용하도록 제안한다. 또한 꾸리찌바 시는 국제회의와 기술, 사업 및 문화 이벤트를 유치하기 위한 하나의 방안으로 세계 전역에 홍보활동을 지속적으로 전개한다. 그 이유는 국내는 물론 국제회의에 의해 촉진된 관광산업의 발전이 컨벤션센터, 새로운 호텔에서의 투자를 심화시키고, 쇼핑몰과 식품 부문 일반과 같은 보완적인 활동을 진작시키기 때문이다.

그 결과로 오늘날 꾸리찌바에는 1,300석 규모의 강당 4개와 개인 룸 8개, 전시홀 4개 등을 갖춘 꾸리찌바 컨벤션센터(1991년에 히오 브랑꼬 거리에서 개장), 1만㎡(관람석 면적 6,500㎡) 면적의 바리귀 공원 전시센터, 꾸리찌바의 역사와 문화를 일목요연하게 보여줄 수 있는 면적 5,000㎡의 꾸리찌바 기념관 등을 갖추고 있다. 그리고 농업, 가축사육 페어와 농기업 제품의 전시와 경매에 특화된 가스뗄로 브랑코 단지가 있는데, 이곳에는 동물을 위해 16개 동, 경매를 위해 4개 동, 관람석을 위해 2개 동을 갖고 있다.

또한 꾸리찌바 시는 스포츠와 레저활동을 촉진시킬 수 있는 많은 공공시설을 갖고 있다. 민간클럽은 축구, 수영, 골프, 승마 등과 같이 가장 대중적인 사회적 스포츠를 제공하고, 시 정부는 무술 경연, 학교별 시합, 경주와 자전거 이벤트, 에어로빅 및 댄스 페스티벌, 축구경기 등을 지원한다. 23개의 스포츠 및 레저센터가 저소득 근린주구에 계획·건설되었고, 그곳에는 코트, 육상트랙, 풀, 보디빌딩 장비가 설치되어 있다. 그리고 물리치료사의 지원 아래 모든 연령층에게 다양한 치료활동을 제공하고 있다. 근린지역의 가로에는 자동차 진입을 금지했고, 광장에는 아이들의 오락설비가 마련되고, 강변은 지역사회의 레저공간이 되도록 회복되었고, 포장된 수십 km의 자전거도로가 여러 공원과 연결되고, 또한 이곳은 경보와 조깅을 위해서도 이용된다. 꾸리찌바는 도시가 인간의 필요에 적합해야만 한다는 모토를 유지하면서 공공공간을 가치 있게 계획했던 것이다.

꾸리찌바에서 개최되는 지방·국가 이벤트와 국제행사는 문화활동 및 관광산업을 촉진시키도록 계획된 공공 및 민간설비의 복합적인 네트워크에 기초해 이루어진다. 그런 이벤트 공간으로 대표적인 곳이 히오 브랑꼬 가에 있는 컨벤션홀, 브라질에서 가장 규모가 큰 구아이라 극장(2,200석), 유리와 철제 파이프로만 만들어진 오뻬라 데 아라메, 빠울로 레민스크 야외공연장 등이 있다. 그 외에도 1997년 5월 현재 꾸리찌바 시에는 시민들의 문화욕구를 충족시킬 수 있는 크고 작은 극장이 20개(6,350석), 영화관 20개(7,300석), 공공도서관 28개, 지혜의 등대 33개(2001년 6월 현재 55개), 박물관과 기타 문화시설 73개 등을 가지고 있다.

옛 건물은 예술을 가르치는 한 방식으로서 시의 기념물로 유지하기 위해 보존·복원되었다. 그 대표적인 예는 예전에 탄약창이었던 빠이올 연극관과 버려진 본드 공장이었던 창조센터이다.

꾸리찌바 문화재단은 도시의 재개발을 촉진하고, 주민들의 공공공간의 이용을 자극하도록 도시혁명의 초기였던 1970년대에 설립된 시 정부기구이다. 이 기구의 임무 가운데 하나는 시의 역사를 복원하고, 꾸리찌바 주민의 문화적 정체성과 그 표현물을 보존하는 것이다. 문화재단이 있는 역사지구에는 포르투갈 양식의 19세기 건물, 독일 건축양식에 영향을 받은 주택들과 지금은 공공행정기관, 미술 전시관, 레스토랑, 학교, 상업시설 등으로 쓰이고 있는 다양한 건축학적 창조물이 있다. 그 외에도 박물관, 극장, 도서관, 문화센터, 예술학교와 기념관이 시의 기념물을 보존하고, 대중들에게 예술 형태를 가르치고 보급하는 문화시설의 네트워크로 기능한다. 이들 네트워크 안에서 문화·예술과 관련된 많은 연구·학습과정과 전시회, 워크숍 및 이벤트가 이루어진다.

　문화의 생산자와 민간 및 공공부문 사이에 현대적인 동반자 관계를 형성토록 하는 제도적 장치 가운데 하나인 문화인센티브법은 문화사업을 진작시킬 수 있도록 부동산세와 서비스세의 20%까지를 할당하고 있다. 그로 인해 시는 음악워크숍, 꾸리찌바 연극축제와 시 축제와 같은 중요한 국가·국제적인 이벤트와 문화행사를 지속적으로 개최하고, 음악회, 불꽃놀이, 콘서트, 오페라, 전시회, 자선바자회, 관광객과 주민들을 위한 다양한 문화활동 등을 연중 내내 열고 있다. 이런 일련의 문화부흥 노력들이 국내·외로부터 꾸리찌바를 찾는 관광객들의 욕구를 충족시키고, 다시 찾고 싶은 감정을 불러일으키고 있는 것이다.

　지금까지 꾸리찌바 관광자원의 특징을 개략적으로 소개해 보았다. 이 과정에서 확인할 수 있었던 중요한 사실은 개발도상국의 대다수 도시들과 달리 꾸리찌바는 관광산업의 육성을 위해 자연을 훼손하고 동식물의 다양성을 줄이는 파괴적이고 지속불가능한 관광개발을 추진하지 않았다는 점이다. 다시 말하면, 꾸리찌바는 인공적인 창조물의 개발과 문화부흥을 통해 관광산업의 새로운 지평을 열어 가고 있는 것이다.

3. 시민에게 눈 높이 맞춘 사회복지

　　　　　　　　오늘의 꾸리찌바 시를 만든 산 증인이자 이 도시의 현대사를 다시 쓰게 만든 자이메 레르네르의 사회철학이 요약된 책, 『꾸리찌바 시의 혁명』에는 아주 흥미 있는 사례가 하나 소개되어 있다. 필자가 보기에 꾸리찌바 시의 혁신성을 알아볼 수 있는 좋은 사례가 될 것

같아, 먼저 이것부터 간단히 언급해 보기로 한다.

　1983년 1월에 꾸리찌바 시는 신발을 붙이는 데 사용하는 본드의 판매를 금지하는 조례를 통과시켰다. 그 이유는 마약과 같은 본드의 사용을 멈추지 않고는 불법·탈법행위를 일삼는 어린이들을 효과적으로 통제할 수 없고, 정상적인 어린이들 마저 보호할 수 없기 때문이다. 꾸리찌바의 거리 어린이들을 대상으로 한 어떤 연구는 그들 가운데 약 60%가 마약 대용으로 본드를 사용 중이거나 사용한 경험이 있다는 사실을 보여주었다. 강력한 화학접착제인 본드는 약물중독 증세에서 더 나아가 신장, 간장, 심장과 같은 모든 세포조직을 황폐화시키는 효과를 가진 솔벤트와 같은 유기용제로서 발암성 물질이다.

　조례가 통과되기 이전에 시청은 본드 시장의 최대 지분을 소유한 회사들이 그들의 생산라인을 변화시키고, 본드에 새로운 성분을 포함시키

보건소 직원들이 영아의 건강을 검진하는 모습

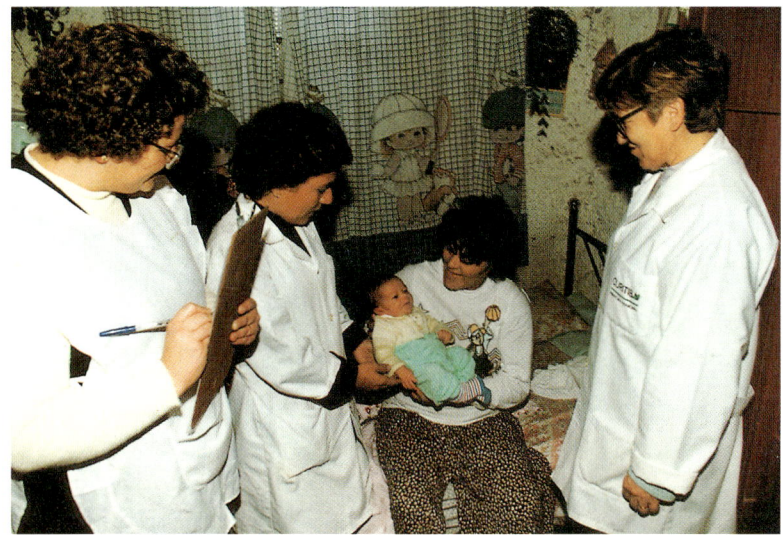

도록 설득했다. 동시에 1987년 이래 끌라디오 가즈다 교수는 접착 형태를 바꾸지 않으면서 본드에 냄새를 제거하는 요소를 추가해 사용할 수 있도록 하는 연구를 수행했고, 그 결과로 그는 본드 흡입을 불가능하게 만들었다.

이런 일련의 노력을 추진한 결과, 실제로 주요 생산업자들이 마약으로 사용할 수 없는 제품을 제조·판매하기 시작했다. 꾸리찌바의 혁신적인 결정이 국가 전역에 엄청난 파장을 몰고 온 것이다.

위의 예가 보여주는 것처럼, 아이들을 위한 시의 투자는 그들이 태어나는 순간부터 시작한다. "꾸리찌바에서 태어난 생명은 가치 있다"는 슬로건 아래 추진된 보건국 프로그램은 1993년 3월에 시작되었는데, 그것은 각종 사회적 위험 속에 있는 아이들에게 특별한 주의를 기울이면서 출생 첫해의 유아사망률을 줄이는 것을 목표로 하고 있다. 꾸리찌바 시 보건망에 소속된 전담팀이 출생 첫해 내내 집으로 어린애들을 방문하고, 5세까지 아이들을 의무적으로 추적한다. 태어나면서부터 5세까지의 아이들의 건강 상황을 상세히 건강기록부에 기록·관리하는 것이다.

1992년에 유엔 국제아동기금(UNICEF)이 발간한 통계에 따르면, 꾸리찌바의 신생아 사망률은 가장 높은 알라고아스 주의 1,000명당 77명, 상대적으로 낮은 사웅파울로의 26.78명에 비해 23.33명으로 가장 낮은 비율—브라질 전체 평균은 54명—을 보였고, 1994년에는 다시 20명으로 떨어졌다. 이것만 보더라도 "꾸리찌바에서 태어난 생명은 가치 있다"는 것은 시민들을 호도하는 형식적인 슬로건에 그치지 않고, 삶의 질을 개선해 가는 하나의 목표로 자리잡은 것처럼 보인다.

또한, 사회적 행위 속에서 생태적 관심을 유지하는 행동 모델을 꾸리찌바 시청은 '평등한 길'이라 부르는 프로그램에 기초해 주로 아이들과 청소년을 대상으로 실천해 나갔다.

시립탁아소는 0세부터 2세까지 유아기의 아이들을 보호한다. 한 기독교연합단체에 의해 지원되는 이곳은 하루 24시간 운영하고 있는데, 평균적으로 30명의 유아들을 보호할 수 있다. 또한 시청의 어린이과에 의해 지원되는 지역사회 데이 케어 서비스가 총 214개소에서 공식적으로 제공되고 있다. 이것은 0세부터 6세까지의 어린이 2만1천 명과 제3분위 소득계층까지의 범주에 속하는 가구들(최저임금 315달러)을 대상으로 무료로 이루어진다. 여기에서 아이들은 하루 네 차례의 식사와 취학 전 교육, 나아가 위생 서비스와 각종 인센티브 등을 제공받는다.

데이 케어 센터

그리고 '탁아소여 안녕'이라는 프로그램을 통해 10개의 자리에 상응하는 시의 데이 케어 티켓을 구매하는 개인 및 회사에게 세금을 면제해 주고 있다. 이 프로그램은 회사들이 자체 탁아소를 열거나 취학 전 프로그램을 개설할 필요가 없고, 전문인력의 확보 등으로 인한 엄청난 재정 낭비를 방지시켜 주고 있다. 물론 이들 시립탁아소의 운영 결과에 대해서는 어느 회사도 책임을 지지 않는다. 3년 동안 전개해온 이 사업으로 지금은 46개 회사가 24개의 새로운 탁아소의 건설에 참여할 만큼 괄목할 만한 성과를 거두고 있는 것으로 전해지고 있다.

꾸리찌바는 6세까지의 취학 전 아동들을 위해 113개 데이 케어 센터

긴급구호가 필요한 사람과 상담하는 장면

로 이루어진 네트워크를 갖고 있다. 이들 중 7개는 시와 동반자 관계에 있는 민간단체에 의해 유지되는데, 1일 4회의 식사가 각 센터에서 제공되고, 전체적으로 약 1만2천6백 명의 어린이들에게 음식이 제공된다. 또한 꾸리찌바에는 어린아이들의 어머니가 낮에 일하는 동안 지역사회에서 가족적 분위기 아래 아이들을 보살피는 '대리모' 프로그램이 있고, 약물 중독자를 보살피고 치료하는 쁘로까우드(PROCAUD)라 불리는 시스템도 운영 중이다.

　이 밖에 꾸리찌바 시청의 어린이과는 비정부 사회단체와의 협정을 통해 12개의 '지원 하우스'에 임대료를 지원한다. 가족이 없는 아이들을 대상으로 하는 이 프로그램은 7~17세까지의 소녀와 14~17세까지의 소년들을 지원하고 있는데, 현재 약 70명의 아이들이 보호를 받으면서 기술훈련을 받고 있다. 그리고 1992년 시와 지역사회단체 사이에 서명된 26개 협정을 통해 1,188명의 어린이와 청소년들이 보살펴지고 있는데, 여기에다 시청은 의류, 식품과 재정 및 기술적 지원을 제공한다.

　또한 11~14세 사이의 소년들이 일찍 주변화되는 것을 방지하기 위하여 숙소는 물론 직업훈련, 일자리 알선 등 사회적 지원을 제공하는 '신문팔이 소년 프로그램'을 운영 중이다. 이 프로그램에 참여하는 소년들의 의무는 소득의 반을 그들이 떠날 때를 대비해 저축하고, 프로그램이 진행되는 훈련기관의 학급에 참여하는 것뿐이다.

그리고 어린이들에 대한 학대와 폭력, 사회적 무관심 등을 접수하고 상담해주는 24시간 전화서비스 시스템을 구축해놓고 있다. '에스오에스 아이들'이라 불리는 이 프로그램에서는 윤번으로 전화를 받는 전담 상담원이 어떻게 행동을 취할 것인지, 재판이 필요한 경우 어떻게 지원을 받을 수 있는지 등의 방법을 상세히 알려준다. 꾸리찌바에서 시작된 이 모델은 지금은 전국으로 확대되어 시행되고 있다.

또한 빠메르(PAMER)라 불리는 프로젝트를 시행하고 있는데, 그것은 길거리에서 구두를 닦거나 자동차를 감시하고, 소화물을 운반하며, 사람들이 쇼핑한 물건을 운반하는 것 등을 도와주는 일을 하는 소년과 소녀의 조직으로 이루어진다. 시청은 그들에게 유니폼과 훈련 기회를 제공하고 작업성과에 대해서는 명목임금을 지불하고 있다.

이런 어린이와 청소년 복지 외에도 꾸리찌바는 브라질 내에서 가장 많은 보건소를 가진 곳으로도 유명하다. 88개의 보건소가 있고, 그 중 5개는 24시간 내내 열고 있는데, 서비스는 일반진료, 소아과, 산부인과를 포함하고 있다. 게다가 이들 가운데 76개 보건소는 기본적으로 치과―소규모의 치과 교정 등 포함―를 보유하고 있고, 치과 서비스를 제공치 않는 10개 정도의 보건소는 학교, 탁아소, 전인교육센터와 삐아(PIA) 등에서 주말에 예방활동을 지원한다.

그리고 1993년 11월 이래 하파엘 그레까 시장의 주도로 시의 보건망에 속하는 88개 보건소에 약국을 하나씩 열었다. 여기서는 81개 종류의 응급의약품을 무료로 배포하고, 시민들이 일상적으로 고통받는 질병과 당뇨병, 간질 등을 치료하는 의약품 300만 개가 매월 분배되고 있다. 그 비용은 1개월에 약 100만 달러에 달하는 거액이지만, 시청에 의해 발견된 하나의 대안적 방식―상자 없이 10% 저렴한 비용으로 약품을 구입

24시간 보건소

함— 덕택으로 효과적으로 운영되고 있다.

보건국은 또한 전화로 예약할 수 있는 진료예약센터를 설치·운영하고 있다. 그것은 사람들이 진료시간을 약속하기 위해 보건소에 가거나 '단일보건시스템(SUS)'의 병원에 등록하기 위해 갈 필요가 없도록 하기 때문에 진료소 및 병원의 서비스를 현저하게 개선시키고 있다. "과거에 환자들은 병상 하나를 얻기 위해 이 병원에서 저 병원으로 돌아다녔다. 지금은 전화 한 통으로 가족들이 환자를 위한 병원을 찾을 수 있다. 그것은 인간적인 서비스 원리다"라고 시의 보건국 서기관 조아웅 까를로스 바라쵸는 설명한다. 사실 서비스는 매우 간단한 방식으로 움직인다. 환자는 전문의별로 '단일보건시스템'에 등록되어 있는 모든 의사의 목록을 구비한 진료예약센터에 전화를 걸어 약속 날짜, 시간과 장소를 알 수 있고, 예약 결과를 통보 받을 수 있다. 이런 방식으로 1,700건의 면담 약속이 매일 이루어진다.

이 시스템은 우리나라 대부분의 종합병원에서 일상적으로 볼 수 있는 긴 대기행렬을 피하게 만들면서 시민들에게 엄청난 시간 절약과 편의를 제공하고 있다. 이 단순한 프로젝트는 '국가보건 시스템'에서도 사용되지 않는 것으로, 주민들이 시 전역에 산재한 36개의 '단일보건시스템'에 속한 병원(4,500개 병상 보유)을 쉽게 이용하고 의료 서비스를 향상시키는 데도 큰 기여를 하고 있는 것으로 평가되고 있다.

이렇게 보건 분야에서 발견되는 꾸리찌바만의 창조적인 아이디어들은 그들이 얼마나 시민을 존경하고 있는지를 여실히 보여준다. 이러한 예를 우리들은 깜뽀마르고 재활용센터와 인접해 있는 알코올 중독자 수용소와 약초공장에서도 확인할 수 있다. 인근 보건소에서 직접 운영하고 있는 이 수용소에는 현재 약 300명의 알코올중독자―강제로 수용된 것이 아니고 자발적으로 들어온 중독자―가 수용되어 있는데, 이들 중 약 70여 명이 40명의 보건소 공무원과 함께 약초농장(면적 48,000㎡)에서 30여 종의 전통약초를 재배하고 있다. 유기농법으로 재배된 이 약초들은 약초공장에서 재래식으로 건조한 후 가공 처리하고 포장하여 보건소를 통해 일반 시민들에게 무상으로 공급되고 있다.

필자가 2001년 6월 이곳을 방문했을 때, 약초공장에는 공무원 부부와 함께 총 8명이 건조된 약초를 분류해 포장하고 있었다. 이 가운데 5명이 알코올 중독자였는데, 그들은 약물이 아닌 노동을 통해 9개월째 자연스러운 분위기 속에서 정신 치료를 받고 있었다. 현지 안내인은 그들의 건강 상태가 예전보다 상당히 호전되어 가까운 장래에 집으로 돌아가게 될 것이라고 우리에게 말해주었다. 필자는 이곳을 방문하고 돌아오는 길에 정신질환의 일종인 알코올 중독자도 이런 방식으로 치유할 수 있다는 사실을 알고 너무나 놀랐다.

이 같이 참신한 보건복지 프로그램과는 별개로 노동과 관련해서도 사회복지 프로그램이 있다. 성인들을 대상으로 운영중인 '취업로'라 불리는 실용적인 교육 프로그램이 바로 그것이다.

꾸리찌바의 대부분의 저소득층 지역사회에서는 재정이 열악해 직업훈련학교를 건설할 수 없었다. 그리하여 꾸리찌바는 대중교통 수단으로 이용할 수 없는 오래된 버스를 재활용하고, 바퀴 있는 작업장으로 변형

재활용버스를 이용한 이동교실

시킨 승차학교를 발명했다. 꾸리찌바 도시계획연구소의 재능 있는 기술자들에 의해 발명된 이 프로젝트는 독창성, 사회적 민감도, 지역경제에 미치는 효과 및 기여도 면에서도 아주 탁월한 것으로 인식되고 있다.

이 취업로 프로그램은 사용연한이 지난 버스를 재활용해 이동교실처럼 운영된다. 현재 시 전역에서 목공, 공예, 수예, 전기기술, 미용, 페인팅, 인쇄, 배관, 전화교환, 워드 프로세서와 기초회계, 그리고 최근에는 컴퓨터 교습과 같은 26개의 상이한 과정이 제공되고 있다. 버스는 날짜별로 매일 한 저소득층 지역에서 다른 지역으로 이동하고, 교사들은 과정이 제공되는 지역사회 내에서 거의 충원된다. 과정은 코스당 평균 15~20명의 학생으로 제한했고, 기간은 30~170시간까지 다양한데 보통

꿈의 도시, 꾸리찌바　196

이동교실의 교육생들

1~2개월 동안 학습한다. 항상 최신 지식으로 훈련된 교사들이 수업을 진행하고, 주로 밤과 주말에 교실에서 이론 학습과 실습을 한다. 이 프로그램의 효율적 운영을 위해 약 350명을 고용하고 있고, 수백 명의 졸업생들이 새롭게 직업을 찾는 데 이바지하고 있다.

교외나 환승터미널 근처에 주차한 이 버스 가운데 하나에 올라타면, 당신은 시 당국이 얼마나 시민을 존경하고 있는가를 느낄 수 있다.

이 밖에도 꾸리찌바 시의 보급과는 일련의 통합적인 행동을 통해 저소득층 주민을 위해 식품을 무료로 제공하거나 저렴하게 재화를 공급·관리하는 시스템을 운영하고 있다. 예를 들어, 앞(제4장)에서 소개한 바 있는 '녹색교환 프로그램'은 54개 지점에서 재활용 쓰레기를 식품과 교

가족소매점

환해주고, 동시에 지역 농민들의 잉여농산물을 낭비 없이 처리하고 있다. 그리고 시가 직영하는 '가족소매점'에서는 제3분위 계층(최저임금 315달러) 이하의 소득자를 대상으로 일반상점에 비해 30% 저렴한 가격으로 식품, 화장지, 청소용품 등을 판매하고 있다. 2001년 8월부터는 이들을 위한 서비스를 한층 더 강화시키는 사회복지사업에 착수한 것으로 전해지고 있다. 사용연한이 지난 이중굴절버스에 슈퍼마켓을 설치하고 교외의 저소득층 지역을 순회하면서 매주 1회씩 약 20분간 생활필수품의 판매를 시작한 것이다.

또한 22개 교외지역에 시유지를 제공하여 650가구 이상의 빈민가구들이 생활을 위해 농사를 짓고, 잉여농산물은 팔도록 유도하는 '농작물 프로젝트'를 시행하고 있다. 그리고 탁아소, 학교와 지역사회단체에 인접한 지역의 유용한 토지에서 '우리들의 채마밭 프로그램'을 추진하고 있다. 이것은 약 500가구에 종자와 원료를 제공하고, 시의 농학자로부터 기술지원을 받으면서 농사를 짓도록 하는 것이다.

여기서 더 나아가 '음식물 협력 프로그램'을 통해 판매되지 않은 과일과 채소를 빈민층에게 공급하고, 집에서 할 수 있는 약용식물 농사법과 그의 이용방법 등을 가르친다. 이 밖에 7~8개의 식량프로그램이 꾸리찌바에서 더 운영 중이라고 하는데, 여기에 대한 상세한 정보를 가지고 있지는 않다. 다만 12개의 대형슈퍼마켓에서 판매되는 222개 상품―15개 식품, 화장지 및 청소용품 포함―의 가격을 전화로 알려주는 컴퓨터 시스템, '디스께 에꼬노미아스Disque Economias'에서 그 구체적인 내용을 확인할 수 있다는 정도만 알 뿐이다.

지금까지 소개한 꾸리찌바 시의 다양한 보건·사회복지 분야의 사업들은 '꾸리찌바에서 태어난 생명 자체가 얼마나 가치가 있는지'를 여실히 보여주고 있다. 특히 지구상에서 빈부격차가 가장 극심한 국가 가운데 하나인 브라질 대부분의 도시들과는 달리, 꾸리찌바가 미래의 주인이 될 어린이와 없는 자들에게 보이는 애정은 정말로 대단한 것이다. 유엔 국제아동기금(UNICEF)이 지대한 관심을 보이고 상을 수여한 것은 어찌 보면 너무도 당연한 결과라 생각된다.

4. 주택문제 해결을 위한 혁신적인 실험

주택 부족은 주택금융 시스템이 붕괴된 후 브라질에서 가장 심각한 문제 가운데 하나이다. 주택금융은 임금에서 공제한 기금을 재원으로 연방정부가 관리하는데, 그 규모가 무주택자수에 비해 월등히 적은 것이 오늘날 브라질의 현실이다.

경제계획부의 연구들에 따르면, 브라질 전체 인구 1억5천만 명 중 약 17%에 달하는 사람들이 거주할 640만 채의 주택이 부족하다고 한다. 특히 주택 문제가 심각한 곳은 농촌 주민들이 대량으로 유입되는 대도시다. 그리고 이런 대도시에는 치안 불모지대를 떠올리게 하는 파벨라가 다수 산재해 있다.

원래 파벨라의 어원은 우리가 '리우'라 부르는 히오데자네이루의 언덕에 있는 '파벨라 브랑까(흰 파벨라 나무)'라는 아름답고 낭만스러운 고유명사에서 비롯됐다고 한다. 무허가 판자촌이 난립하기 전까지만 해도 히오의 언덕은 탐스런 하얀 꽃을 피우는 콩과 식물 파벨라 브랑까로 뒤덮인 아름답기 그지없는 곳이었다. 꽃동산이던 히오의 해변 언덕이 판자촌으로 탈바꿈하게 된 시기는 대략 100년 전으로 거슬러 올라간다.

1896년 바이아 주에서 발생한 무정부주의자들의 반란을 평정했던 신생 공화국 군대가 당시 브라질의 수도였던 히오로 철수했으나, 이들 군대는 왕정에서 공화정으로 바뀐 지 얼마 되지 않아 재정이 빈약한 정부로부터 월급은 물론 주둔지조차 제공받지 못했다. 군인들은 어쩔 수 없이 해안 언덕에 흰 천막을 치고 머물기 시작했고, 당시 브라질 정부는 아름다운 해안 언덕이 이처럼 훼손돼 가고 있음에도 군인들의 반발이 두려워 제지하지 못하고 방치했다고 한다. 이때부터 히오 시민들은 군대의 하얀 천막을 이곳에 자생하고 있던 파벨라 브랑까에 비유, 간단히 파벨라라 부르기 시작했던 것이다.

1920년대에 브라질 정부가 커피, 코코아, 과일 등 농산물 수출을 본격화하면서 소작농민들까지 일거리를 찾아 당시 최대 항구도시였던 히오로 몰려나왔으며 이들은 주인 없는 해안 언덕에 삶의 터전을 잡았다. 그로부터 세월이 흐르면서 파벨라는 나무 이름 대신 빈민촌을 뜻하는 보통명사로 굳어졌고, 히오 외의 다른 지역에서도 빈민촌을 의미하는 대명사가 되면서 전국으로 퍼져 나갔다.

브라질 지리통계연구소(IBGE)는 1994년 4월, 전국에 3,223군데의 파벨라가 존재하며 이곳에는 약 100만 채의 무허가 판잣집들이 들어서 있다고 발표했다. 히오에는 주민의 약 3분의 1이 언덕에 매달려 있는 661개의 파벨라에서 거주하는 것으로 조사됐고, 인종별로는 백인계가 28%, 흑인 36%, 흑백혼혈인 뮬라토가 35%, 동양계가 1%를 차지하고 있다. 또한 남미 최대 도시 사웅파울로 역시 히오만큼 악명은 높지 않지만 숫자상으로는 훨씬 많은 1,257군데의 파벨라를 갖고 있다. 지리통계연구소는 파벨라 1개소당 판잣집이 사웅파울로가 20만7천5백21채, 히오가 23만5천5백72채에 달한다고 발표했다.

파벨라에 거주하는 인구는 정확하게 파악되지 않고 있으나, 최소 1,500만 명 이상은 되리라는 게 지리통계연구소의 추산이다. 브라질 전체 인구 1억5천만 명 가운데 약 10%가 인간다운 삶을 포기한 채 파벨라에서 생존해 가고 있는 것이다. 그 이유는, 정부가 파벨라 주민들에게 주는 혜택이라고 해봐야 기껏 상수도와 전기 공급뿐이기 때문이다. 그나마 수도꼭지 하나와 공동화장실 하나에 수백 명이 달라붙어서 이용해야 할 실정이다. 한마디로 파벨라 주민은 버려진 백성이나 마찬가지인 것이다.

이런 파벨라 주민을 포함한 저소득가구의 주택 및 고용 문제가, 히오나 사웅파울로처럼 꾸리찌바 시의 경우도 가장 커다란 당면과제의 하나였다. 꾸리찌바의 주택부족률은 1984년에 4.3%였던 것이 1990년에 이르러 약 7.3%—약 12만 명이 주택이 없었다—로 증가했다. 그리고 주 정

▲ 꾸리찌바의 파벨라 풍경
◀ 파벨라의 열악한 환경 속에서 자라는 아이들

부 기획국의 자료에 따르면, 실업자는 꾸리찌바 광역권에서 12만8천 명, 꾸리찌바에서만 8만 명 이상이었다.

이런 환경 아래서 꾸리찌바 시는 주택과 고용, 이 두 가지 문제를 동시에 해결하는 다양한 방안을 모색하기 시작했다. 연방정부의 주택금융이 운영 중이던 시기에 꾸리찌바 시는 1만4천 채 이상의 주택을 자조주택 건설 프로그램으로 개발했다.

여기서 말하는 자조주택이란 외부로부터 어떠한 보조나 기술지원도 없이 스스로 자기 집을 짓는 독립된 자조주택도 아니고, 공공기관·정부가 주도하는 자조주택 프로그램에 주민이 고용되어 건설한 것도 아니다. 오히려 꾸리찌바의 자조주택 건설은 조직화된 자조·상호부조 형태로 개인 상호간의 이익을 위하여 외부의 기술적 조언·감독·재정적 지원을 받아 건축하는 방식에 가깝다. 꾸리찌바에서는 정부가 건설자재를 제공하고, 사람들은 그들이 원하는 대로 시의 엔지니어와 건축가들의 안내를 받아 집을 짓는 것이다. 이 프로젝트는 주민이 직접 노동력을 제공해 건설한 인간적인 주택이 콘크리트 블록의 다가구주택과 비인간적인 주택보다 더 비싸지 않다는 것을 확실히 입증했다. 또한 적은 비용으로도 토지, 하부구조, 그리고 저소득층의 경제능력에 부합되는 수준의 주택 확보는 물론이고 많은 수의 주택건설이 가능하다는 사실을 보여주었다.

이 같은 자조주택 건설을 주관하고 꾸리찌바 시의 주택정책을 전반적으로 총괄해온 꾸리찌바 주택공사(COHAB)는 지난 30여 년 동안 7만 가구 이상의 주택을 공급했다. 그들 중 대부분은 제3분위 계층 이하의 주민들을 대상으로 한 것이었다. 과거 30년 동안 꾸리찌바 주택공사는 능률과 창조성을 발휘하면서 브라질 내에서 모델이 되는 여러 가지 대안을 개발했다.

1970년대에 꾸리찌바 시는 대규모 프로젝트를 소규모 프로젝트로, 더 통합적인 프로젝트로 분리하는 것을 선택했다. 그리고 이미 기존에 존재하던 하부구조를 이용하면서 파벨라의 형성을 방지하고, 도시 전체에 영향이 비교적 큰 대규모 주택단지에서 소규모 주택단지의 건설로 과감하게 전환해 나가면서도 학교, 데이 케어 센터, 보건소 등을 입지시켰다. 이 밖에도 꾸리찌바 주택공사는 건설과정을 용이하게 하기 위해 토지배분과 설계의 실행, 그리고 교통체계, 도서관, 광장 등의 준비와 같은 대안적인 해결책을 찾아 제시했다. 지금은 이런 방식을 국가 전역에서 경쟁적으로 배워나가고 있는 중이다.

실험주택 마을

　1990년대에 접어들면서, 꾸리찌바는 저비용으로 높은 주거의 질을 달성한다는 목표 아래 다시 한번 새로운 주택건설 기술과 건축자재 분야의 연구에 착수하기 시작했다. 그 가운데 대표적인 실험이 두 가지 있는 바, 실험주택 마을과 주상복합 주택단지가 바로 그것이다.

　'후아 다스 떼끄놀로지아스Rua das Tecnologias'라 불리는 실험주택 마을은 건축자재의 성능과 건설기술을 실험하기 위해 교외의 한 지역에 시범적으로 건설한 125채의 주택군—건축양식은 25가지로 매우 다양함—이다. 이 실험주택 마을의 시스템과 건축소재는 안정성, 내구성, 열과 음향 면의 안락성 등을 평가기준으로 하여 1994년 이래 꾸리찌바에 있는 '기술지원연구소'에 의해 모니터되고 있었고, 5년 후인 1999년에 그 결과를 종합적으로 비교·평가해 공개할 예정으로 있었다.

　어떻든 후아 다스 떼끄놀로지아스는 선진국에서 최근에 실험 중인 환경공생주택 또는 생태주택과는 현저한 차이가 있다. 예컨대, 네덜란드의 에너지·환경시범마을인 에콜로니아Ecolonia, 영국의 밀톤 케인즈와 레스터시의 에너지 시범주택 또는 에코 하우스Eco-house, 스코틀랜드의 핀드혼 공동체Findhorn community, 독일의 튀빙엔과 슈트트가르트 등의 생태주거단지, 일본의 키타큐슈의 지구마을 1번지 등과 같은 환경공생주택 또는 생태주택단지와 꾸리찌바의 실험주택 마을을 비교할 때, 후자는 환경친화적인 기술이나 건축자재 등을 거의 사용치 않아 전자에 비해 실험정신 면에서는 다소 떨어진다. 그렇다 하더라도 파벨라가 53군데나 존재하고 무주택자가 상당히 상존하는 오늘의 꾸리찌바의 주택 사정을 감안한다면, 꾸리찌바의 실험주택 마을은 제3세계의 많은 도시들에게 모델이 되는 사업임은 분명하다.

  꾸리찌바 시와 연방정부간의 협의 아래 건설된 실험주택 마을의 집(유치원도 동일한 원칙에 따라 건설)들은 연구용 주택들로 민간기업이 비용을 분담해 건설했고, 현재는 관공서와 개인 집으로 사용 중이다. 필자가 방문했을 때는 꾸리찌바 시에 소재하고 있는 카톨릭대의 건축학과 학생들이 조사·연구를 수행하고 있었다. 실험주택의 성과 평가가 완료되는 2000년부터는 꾸리찌바 시민들에게 경제성·안정성·내구성·안락성이 우월한 모델주택을 공급하게 되고, 이후에는 다른 지역에도 그것을 전파시킬 계획이라고 한다.

  이 밖에 특히 우리들의 주목을 끄는 것으로 빈민을 위한 주택 공급과 일하는 장소를 제공하는 주택 프로그램을 꾸리찌바 주택공사와 사회지원재단(FAS)이 운영하고 있다는 것을 들 수 있다. 꾸리찌바 주택공사는 토지구매와 가구당 $40\,m^2$ 규모의 주택 건설을 위한 재원을 공급—자금이 부족한 경우에 지원함—한다. 반면에 사회지원재단은 입주가구들에게 업종의 조언과 함께 특별한 고용 훈련 기회 등을 제공하고, 각 가구가 서로 다른 직업에 종사하도록 조정하고 유도하는 역할을 담당한다.

  꾸리찌바 시는 사람들이 집의 1층에서 일하고, 2층에서 생활하도록 설계된 중세시대의 도읍으로부터 이 프로젝트의 영감을 받았다고 한다. '빌라 데 오피시오스Vila de Oficios'라 불리는 이 주상복합 주택단지에는 입주민 모두가 공동으로 사용하는 마당 하나, 그리고 1층에 사업장, 2층에 부엌 및 목욕탕과 두 개의 침실을 갖춘 40㎡ 규모의 주택이 있다. 브라질에서 주택문제에 대한 난국타개 구상의 하나로 제시된 빌라 데 오피시오스는 적당한 주택과 작업을 한곳에 모으고, 동시에 이전까지는 해당 지역사회에서 유용치 않았던 서비스를 공급하면서 새로운 빈민층 지역사회의 서비스 욕구를 충족시킨다. 즉, 근린지역사회에 전기 및 전자제품 수리, 배관, 자전거 수리, 양복, 미장원, 이발소, 캔디제조, 비디오 임대 등의 서비스를 제공하고 있다.

주상복합 주택단지에서는 공동으로 사용하는 전기료, 관리비 등 최소한의 비용만을 지불하면서도 아내와 남편이 같이 일하므로 불필요한 통행수요를 유발치 않는다. 이는 시 외곽에서 도심으로 향하는 통근, 쇼핑 목적 등의 통행을 완화시켜 도시교통 문제의 해소에도 상당히 기여를 하는 것으로 알려져 있다. 이런 꾸리찌바 시의 일련의 노력에 힘입어 외곽지역의 빈민층 지역사회는 서비스 기능이 강화되고, 지역발전을 획기적으로 이끌고 있는 것으로 보고되고 있다.

유엔의 '세계 인간정주회의의 날' 기념행사가 개최된 1995년 10월 2일, 시의 진입부인 빌라뻰또에서 가까운 바이호노보에서 최초로 21채의 주택단지 건설사업이 착수되었고, 뒤이어 산타펠리시다데에서 주상복합 주택단지를 건설해 총 50가구에게 주택과 일자리를 제공했다. 전 시장이자 현재 빠라나 주 홍보기획국장으로 있는 하파엘 그레까가 그의 재임기간 중에 200만 달러를 들여 300채를 건설했고, 지금은 시 전체의 외곽지역에만 13개가 완성되어 있다. 브라질 내에서 추진 중인 세 가지

도시주택 프로젝트 가운데 하나인 이 아이디어는 '1996년 국제 베스트 실천상'에 응모해 유엔에 의해 선정되었고, 유엔 자체의 교부금을 받은 것으로도 아주 유명하다.

   그러나 필자가 2001년 6월 꾸리찌바를 다시 방문해 까나우 데 벨렝 Av. Canal de Belm에 위치한 빌라 삔또Vila Pinto를 찾아갔을 때는, 개발 초기에 예상했던 것과는 달리 적지 않은 문제가 발견되기도 했다. 현지

주상복합 주택단지

주민과 나눈 인터뷰에 따르면, 이곳의 빈민들은 입주 시 가구당 총 2만9천 헤알의 가격에 주택 한 채를 넘겨받고, 이자와 원금을 포함해 월 70헤알씩 25년 동안 상환하는 것을 조건으로 했다고 한다. 이런 파격적인 조건으로 주택을 제공받았으나, 빌라 뻰또에 있는 50채 중 4채만이 현재 1층에 있는 상업시설을 운영하고 있을 뿐 대부분의 주민들은 영업을 않고 있었다. 그로 인해 1층을 계획대로 이용하고 있는 가구를 제외하고는 대다수가 월 임대료를 내지 못하고 있었다. 또한 이 주상복합단지가 벨렝 강과 인접한 곳에 건설되어 있어 여름철에는 악취가 상당히 심하다—필자가 방문했던 겨울철에는 냄새가 별로 나지 않았지만—는 사실 또한 확인할 수 있었다.

이렇게 '빌라 데 오피시오스' 사업이 절반의 실패를 경험하고 있다고 하더라도 성과가 전혀 없는 것은 아니었다. 빌라 뻰또의 경우에서 보는 바와 같이 소수이기는 하지만 일부 가구는 스스로 고용을 창출해 브라질의 최저임금 수준을 훨씬 상회하는 소득을 올리고 있기도 했다. 그 가운데 업종을 비교적 잘 선택한 한 가구의 경우, 여건이 좋아 1층 가게에서 아동용 팬티를 만들어 주당 200벌 정도—납품하는 양의 변동폭이 다소 크기는 하지만—를 CIA라는 대형매장에 납품하면서 최저임금의 약 3~4배에 해당하는 소득을 얻고 있었다.

자영업을 통해 빈곤의 굴레로부터 해방시키려는 이 같은 노력이 필자가 보기에도 기대만큼의 성과를 거두지는 못한 것 같다. 하지만 꾸리찌바 시에서 그 동안 역점을 기울여 추진해온 이 주상복합단지 건설 사업이 가난한 서민들의 주택문제를 해소함과 더불어 불필요한 통행량을 억제하는 데 적지 않은 기여를 해왔음은 분명하다. 이런 점을 인정치 않고 흠집내기를 좋아하는 일부 사람들은 세 마리 토끼를 동시에 잡으려고

했던 꾸리찌바 시의 계획이 사실상 실패했다고 비판을 하기도 한다.

여기에서 필자는 자이메 레르네르가 꾸리찌바 시민이 가진 창조성에 대해 설명하면서 덧붙였던 말을 새삼 떠올리게 된다.

"모든 문제의 해답을 미리 알려고 하지 않고 실천에 옮기는 것이 중요합니다. 시작이 반입니다. 실패하는 것을 두려워하면 안 됩니다. 실패 없이 일을 실천할 수 없듯이, 실패는 창조의 한 부분입니다. 시민들을 통해 알게 되는 도시의 잘못된 점과 시행착오를 꾸준히 고쳐나가는 인내가 필요합니다."

이러한 생각이 시 행정의 토대를 이루고 있다고 볼 때, 꾸리찌바가 '빌라 데 오피시오스' 문제를 향후에 어떻게 풀어가는지 지켜보는 것도 매우 흥미 있는 일 중에 하나일 것이다. 정말 실패가 성공의 어머니가 될 것인가! 앞으로 두고볼 일이다.

5. '24시간의 거리'와 '시민의 거리'

꾸리찌바 행정가들의 창조성이 영향을 미친 것은 대안적인 교통체계와 도시계획에만 국한되어 있는 것은 아니다. 대체로 그들이 수행한 프로젝트와 빌딩이 시를 상징하는 건축물이 되었고, 여기에서 우리는 꾸리찌바를 설계했던 공학자와 건축가들의 불가사의한 기법을 엿볼 수 있다. 그 대표적인 예로, 이미 앞에서 상세히 다룬 오뻬라 데 아라메 극장 이외에도 '지혜의 등대' '24시간의 거리' '시민의 거

식물원의 온실

리' 그리고 식물원의 온실 등이 있다.

식물원의 온실 기둥과 천장 부분은 청동판으로 덮고 철제로 골격을 세웠으며, 모든 벽체는 강화 유리로 설치하여 외부에서 내부가 자연스레 들여다보이게 해놓았다. 식물원은 낮에도 멋있지만 밤에는 내부 조명이 마치 동화 속의 유리 궁궐처럼 변화해 보는 사람들로 하여금 황홀감을 안겨준다. 이 온실은 한 화장품 회사가 철골구조물을 덮는 모든 유리를 기증하여 민간기업과 꾸리찌바 시가 동반자 관계 아래서 건설한 대표적인 건물이다.

이런 관행은 공기업인 꾸리찌바 도시공사가 추진한 '24시간의 거리'와 '시민의 거리' 개발사업 등에서도 비슷하게 관철되고 있다. 여기에서 특히 우리가 유의할 사항은 꾸리찌바 시가 시설물을 통해 이윤을 얻는 것이 아니라 임대료와 세금만을 부과해 운영비용을 확보하고 있다는 사실이다. 이것은 우리나라 대부분의 자치단체들이 흔히 추진하는 경영수익 사업과는 그 본질부터가 다르다. 이 두 사업에 대해 좀더 상세히 알아보기로 하자.

1991년에 브라질 최초로 24시간의 거리가 꾸리찌바 시의 버려진 두 개의 도심지 가로 사이의 공간에서 착수되었다. 길이 120m, 폭 12m의 작은 거리인 이곳의 지붕은 햇빛이 통과할 수 있고 시민들이 별을 볼 수 있게 특별한 종류의 금속 및 아크릴 튜브관으로 만들어졌다. 비와 냉기를 피하도록 설계된 이 가로에는 포스트모던형 시계가 24시간 내려다보고 있다.

거리가 완공되자, 이곳에 야간영업을 할 수 있는 약국, 화원, 의류점, CD점, 서점, 선물가게, 알코올 음료를 판매하는 주점과 소규모의 레스토랑 등 34개의 상점이 들어섰다. 그리고 이 일대를 경찰이 철저하게 순

'24시간의 거리'와 포스트모던형 시계

찰을 돌아 방문객들이 안전하게 즐길 수 있는 완벽한 치안상태를 유지하고 있다. 그 결과 전에는 거의 사막화되고 위험스러웠던 도심지의 한 가로가 안전하게 개조되었고, 많은 시민과 관광객들이 찾게 되어 지역경제도 다시 활성화되었다. 꾸리찌바 시는 밤새도록 놀기를 좋아하는 브라질인들에게 치안 문제를 완전히 해결한 '24시간의 거리'를 발명하여 가로에 새로운 문화를 불어넣어 주고 있는 것이다.

 레르네르에 의해 이 같은 혁신적인 사업이 개시된 이래, 하파엘 그레까 정부(1993~96년)는 주택, 하수도망, 학교, 보건 및 데이 케어 센터와 같은 사회사업과 교외의 투자에 역점을 기울였다. 그러나 무엇보다 그

시민의 거리

레까가 추진한 가장 중요한 사업은 의심할 여지없이 '시민의 거리'와 '지혜의 등대'였다. '시민의 거리' 프로젝트는 공공 서비스의 분산화를 위한 최초의 참된 시도이다. 실제로 이것은 창안자인 그레까가 명명한 것처럼 하나의 '근린시청로近隣市廳路'의 역할을 담당한다.

1995년 3월 29일 최초로 개장된 보께이라웅의 '시민의 거리'는 시에서 가장 큰 통근역 가운데 하나인 까르모 버스 터미널 옆에 있다. 이 거리는 연장이 220m, 총면적이 2만㎡, 건축면적이 8,000㎡나 되는 대형 구조물이다. 이 구조물 내에는 노란 지붕으로 덮은 7,000㎡의 사무단지가 조성되어 있다. 여기에서 작은 시청처럼 학교에서부터 식품분배센터,

공원까지 시의 모든 공공시설의 유지 책임을 지고 있고, 또한 지역주민과 직접 관련이 있는 연방 및 주 정부의 서비스가 제공된다.

좀더 구체적으로 말하면, 꾸리찌바 시청에서는 '시민의 거리'에 있는 지방행정 사무소를 지역적 거점으로 유지·관리한다. 예를 들면, 근처의 모든 학교 업무를 담당하기 위하여 교육국에서 한 개의 사무실을 갖고 있고, 꾸리찌바 주택공사 역시 한 개의 사무실을 유지하면서 저소득가구의 등록과 주택 프로그램에 등재하는 역할을 담당하고 있다. 그리고 빠라나 주 전력공사(COPEL), 위생·물공사 등이 독자적으로 사무소를 운영하고 있다. '시민의 거리'에서는 이들을 포함해 현재 총 25종의 행정서비스를 제공하는데, 이 중에서 17종은 순수하게 시청이 관할하는 업무이고, 나머지는 주 정부 소속의 기관이나 공기업 등이 담당하고 있다.

또한 제3분위 계층 이하의 빈민들을 대상으로 '가족소매점'이 운영되어 일반상점보다 30% 저렴한 가격으로 식품, 화장지, 청소용구 등을 판매하고 있고, 은행, 스낵바뿐 아니라 체육관과 레저 및 문화공간 등도 갖추고 있다. 이 가운데서 특히 눈길을 끄는 사업이 두 가지 있었는데, 그 하나는 브라질은행과 같이 공식적으로 정부가 인정하는 시중은행이 아닌 반관반민半官半民의 여성은행Banco da Mulher—주로 가난한 여성들을 대상으로 소액 신용대출을 하지만 일부는 남성의 경우도 가능하다—이 운영되고 있다는 사실이다. 이는 방글라데시에서 무하마드 유누스Muhammad Yunus가 창립한 그라민은행Grameen Bank과 같이 소액 신용대출micro-credit을 전담하는 은행으로, 지금은 미국을 비롯해 국제사회에서 빈곤문제를 해결하는 주요한 대안운동의 하나로 각광을 받고 있는 혁신적인 프로그램이다. 일반적으로 가난한 빈민여성들은 보증인은 물론이고 담보로 제공할 물건이 없어 기존의 은행 시스템에 접근하

시민의 거리의 내부

는 것이 불가능하다. 이런 한계를 극복하는 대안으로 창안된 소액 신용 대출의 제도화로, 꾸리찌바 시의 빈민여성들은 소액의 자본금을 토대로 자영업을 하면서 빈곤의 굴레로부터 서서히 벗어날 수 있는 것이다. 이 밖에 '시민의 거리'에는 빈민층이 생산한 수공예품 등을 시에서 직접 매입, 저소득층의 입주상인에게 위탁해 판매하는 상점도 있다.

   이 모든 부서와 시설, 그리고 까르모 버스 터미널이 꾸리찌바 시 남부에 있는 네 개의 큰 근린지역사회를 구성하고 있는 17만 명의 주민들에게 공공 서비스와 기타 스포츠, 문화 및 상업활동에 이바지하고 있다. 물론 이곳의 운영비는 전력공사에서 받는 임대료와 상업시설에서 나오는 재정수입, 그리고 일부는 시청의 예산으로 감당하고 있다.

한마디로 '시민의 거리'의 조성 목적은 교외 가구들을 근린의 중심으로 모으고, 은행에 가고 장보기 위해 도심으로 가는 통행을 제거하는 것이다. 이를 좀더 촉진시키기 위해 시에서는 최근 들어 7개의 '시민의 거리' 중 2개에서 시민들이 개인적인 용무를 2시간 내에 보고 귀가할 경우 추가적인 요금 부담 없이도 버스를 다시 이용할 수 있도록 하는 제도를 시범적으로 운영하고 있다. 지금은 마그네틱 카드를 이용해 다른 '시민의 거리'에도 확대 적용할 수 있도록 하는 방안을 신중히 연구·검토하고 있는데, 이 사업도 조만간 착수할 예정이라고 한다.

보께이라웅의 지역행정국장인 알린도 브루스까또가 말한 바와 같이 "그 프로젝트는 도심으로 향하는 사람을 줄였고, 주민들을 지역사회의 공공서비스에 의존시키는 데 기여했다."

이러한 생각을 가지고 꾸리찌바 시는 지금까지 7개의 '시민의 거리'—2001년 6월 현재, 1개를 추가로 건설할 계획을 갖고 있다—를 연차별로 건설했다. 그 가운데 특히 우리들의 주목을 끄는 것은, 10개 버스노선이 지나는 통근터미널이 입지한 후이 바르보사 광장에 건설된 것이다. 시에서 가장 큰 '시민의 거리'로 알려져 있는 이곳은 필자가 1997년 5월 방문했을 때 개장된 것으로, 도심지 재개발과 연계되어 추진된 거리였다. 여기에서는 시와 주 및 연방정부가 제공하는 기본적인 서비스에 더하여 현재 지역 내에서 무질서하게 영업행위를 하고 있는 노점상을 집단으로 수용하는 거리시장도 마련되어 있다. 꾸리찌바 시가 지금까지 추진한 모든 프로젝트 중에서 가장 비싼 것으로 보고되고 있는 이 프로젝트에는 약 3,000만 달러의 비용이 소요되었다. 이 사업을 완성하는 데 시의 재정이 절대적으로 부족했다고 하는데, 꾸리찌바는 구체적인 사업구상을 세계은행의 기술자들에게 설명하고 평가를 받아 자금을 조달한 것으로 전해진다.

하파엘 그레까 시장이 시민 모두에게 균등한 공공 서비스의 접근 기회를 제공키 위해 추진한 이 사업은 오늘날 꾸리찌바를 대표하는 창조물의 하나로 다시 부상하고 있다.

6. 지혜의 등대

꾸리찌바 시를 방문한 사람들은 파벨라라 불리는 빈민촌을 비롯해 저소득층지역에 등대가 서 있는 모습을 보고 깜짝 놀라게 된다. 이 등대는 망망대해에서 뱃길을 밝혀주는 등대가 아니라, 세계에서 빈부 격차가 가장 심한 국가 가운데 하나인 브라질의 한 도시가 빈민들에게 '지혜의 길로 안내하는 도서관'을 제공하기 위해 인위적으로 만든 등대이다.

여기 말로 '파로우 도 사베Farol do Saber'라 불리는 이 '지혜의 등대'는 지역사회에 있는 시립초등학교 근처에 건설해 공동체 구성원 모두가 이용할 수 있도록 하고 있는데, 2001년 6월 현재 55개―원래 50개를 건설하는 것으로 추진되었던 이 등대는 1996년 3월에 14개, 1997년 5월에는 33개가 운영 중이었으나, 필자가 2001년에 꾸리찌바를 다시 방문했을 때는 목표치에서 5개가 초과 건설되어 있었다―가 운영 중이다. 이 등대는 꾸리찌바 시가 가난한 사람들의 정보 및 교육 기회를 확대하기 위해 시작한 사업이다.

'지혜의 등대'는 지구상에서 이미 자취를 감춘 고대 문화 유산으로부

지혜의 등대

터 영감을 받았다. 헬레니즘 문화의 산실이자 시저와 클레오파트라의 고향이기도 한 이집트의 알렉산드리아에는 고대 세계의 7대 불가사의의 하나로 불리던 '파로스 등대'와 기원전 3세기 초에 70만 개의 파피루스 뭉치를 소장한 대형 도서관이 있었다. 당시에 피라미드 다음 가는 높은 건축물이었던 '파로스의 등대'는 알렉산더 대왕의 아이디어를 바탕으로 프톨레마이오스 2세가 기원전 3세기에 세운 것으로 높이가 120m나 되고 56km 전방에서도 그 빛을 볼 수 있었다고 한다. 그러나 이 등대는 14세기의 대지진으로 인해 무너지고, 오늘날 이 자리에는 15세기 마블루크 왕조(1250~1517년)의 술탄 카이트 베이에 의해 카이트 베이 요새Fort Kait Bay가 세워져 있다.

반면에 도서관에 대해서는 학자들간에도 사라진 연대를 놓고 의견이 분분하다. 지금까지는 로마제국의 시저가 기원전 48년에 이 도시를 포위했을 때 실수로 전소시켰다는 것이 지배적인 통설이었으나, 최근에 발견된 기록에 따르면 7세기에 알렉산드리아를 정복한 무슬림들이 아랍의 지배자인 칼리프 오마르의 명을 받아 도서관과 서적들을 불태워버린 것으로 전해지고 있다. 누가 태웠던 이는 오늘날 인류 역사상 가장 큰 문화적 손실 가운데 하나로 평가되고 있다.

이를 안타깝게 여긴 유네스코(UNESCO)는 지난 1996년부터 이집트 정부와 합작으로 알렉산드리아의 고대 도서관을 복원하는 기념비적 사업에 착수했다. 2,300여 년 전 고대 도서관이 있던 뮤세이온에 지하 4층, 지상 6층 규모의 새 도서관을 건설하고, 여기에 800만 권에 달하는 장서와 10만여 권의 필사본, 고대의 세계 지도 5만 부를 갖춘 최첨단 멀티미디어 도서관을 2003년까지 완공하는 것을 목표로 지금 한창 복원사업을 진행하고 있다.

유네스코의 계획과는 별개로, 꾸리찌바에서 이보다 앞서 추진된 '지혜의 등대'는 뮤세이온에 있던 도서관과 파로스의 등대를 창조적으로 재결합한 이 시대 최고의 걸작품 가운데 하나이다. 꾸리찌바의 전임 시장이자 현재 빠라나 주의 홍보기획국장으로 있는 하파엘 그레까의 역점 사업으로 추진된 이 등대는 1개당 불과 11만 헤알(1997년 환율로 약 1억1천7백만 원)에 지나지 않는 아주 적은 비용으로 완성되었다.

지금은 각 등대마다 약 5,000~8,000권의 책이 소장되어 있는데, 이들 소장도서 중에는 시의 교육국에서 출판한 『리쏭에 꾸리찌바나스』도 있다. '꾸리찌바로부터의 학습'이라는 의미를 가진 이것은 초등학교 1학

1학년부터 4학년까지의 '꾸리찌바로부터의 학습' 교재

년부터 4학년까지 학생들의 교과에 이용되는 교재로, 주로 꾸리찌바 시의 인문지리, 문화, 역사, 자연과 행정서비스 및 개발·보존정책 등이 소개되어 있다. 교육국 서기관 브루메는 "어린이들은 그들이 사는 도시에 대해 배운다. 이것은 시민들에게 인센티브를 주고, 그들이 사는 도시를 개선한다"고 말한다. 이는 꾸리찌바 시가 얼마나 어린이들에게 비중을 두고 정책을 추진하는지를 엿볼 수 있게 하는 대목이기도 하다.

두꺼운 표지로 된 10종의 교재를 컬러 판으로 10만 권 이상 제작―180

만 헤알(1997년 환율로 19억1천3백만 원)의 비용이 소요되었다―하여 시의 학교 네트워크에 소속되어 있는 8만8천 명의 어린이들에게 보급했다. 그리고 학생들이 사용한 후에 책들은 다시 학년별로 교사에게 반납되어 적어도 3년 동안 사용하도록 만들었다. 이 독창적인 사업을 통해 꾸리찌바는 교재의 재활용과 함께 상당히 많은 나무를 구하고, 나아가 어린이들에게 자원절약과 지역 사랑의 정신을 불어넣어 주고 있는 것이다.

'지혜의 등대'에서는 학생과 빈민들에게 아침 8시부터 밤 9시까지 도서를 대여해주고 있다. 꾸리찌바 시의 통계에 따르면 평균 이용자수는 각 등대별로 약 3,000명이고, 책은 한 달에 최고 4만7천 권을 대여해준다고 한다.

실제로 필자가 방문한 질베르또프레이레에 소재하고 있는 한 '지혜의 등대'에는 3,300명이 회원으로 등록되어 있고, 일주일에 평균 1,000명 정도가 이용하고 있었다. 이에 반해, 시 외곽 '바이호노보' 구역에 위치한 '알시올리 필료 지혜의 등대'에서는 일주일에 평균 600권의 도서가 대출되고 있었다. 모든 지역이 이용도가 이렇게 낮은 것은 아니고, 지역에 따라 그 이용도는 상당한 편차를 보이고 있다.

'지혜의 등대'는 꾸리찌바 시가 소외된 도시 빈민과 서민의 가슴속에 희망이 싹트도록 심어준 '문화의 나무'이다. 이를 '질베르또프레이레의 지혜의 등대' 책임자인 수제찌 빠슬리는 다른 말로 표현하고 있다.

"지역주민들에게 이 도서관은 큰 선물이다. 시내에 공공도서관이 있지만 거리가 멀어서 이용하기가 힘들다. 이 '지혜의 등대'는 초등학생에서부터 성인에 이르기까지 많은 주민들이 이용한다. 책을 빌리고 조사도 하고 문화생활도 즐길 수 있다. 문화적으로 소외된 지역주민들에

지혜의 등대에서 책을 열람하는 어린이들

게 이 등대는 문화적 혜택을 골고루 나눠주는 횃불인 셈이다."

아무튼 '알시올리 필료 지혜의 등대'에서 근무하는 사서 프리실라 페레이라가 말한 것처럼, 등대가 설치된 후 길거리를 배회하는 청소년들이 눈에 띄게 줄었다. 그리고 주민들과 어린이들에게 책과 가까워질 수 있는 접근기회가 보다 많이 제공되고, 책 읽는 습관을 제고시키는 데도 커다란 기여를 하고 있는 것으로 전해진다.

적색, 오렌지색, 노란색, 청색 등 원색의 페인트가 칠해진 등대 건물은 주변 지역사회와 조화·통합되면서 오늘날에는 꾸리찌바를 대표하는 주요한 도시경관으로 자리잡아 가고 있다. 구조물은 모두 시립초등

지혜의 등대에서 인터넷을 사용하는 청소년들

학교 옆에 세워졌는데, 두 개의 문 가운데 하나는 학교와 연결되어 학생들이 쉽게 이용할 수 있도록 배려하고, 다른 하나의 출입구는 빈민들의 자유로운 출입을 위해 길거리를 향해 나 있다.

 3층의 철골 구조물로 건설된 이 등대는 건축 기법도 매우 간단하다. 바닷가의 등대를 모방해 설계했지만, 불과 98㎡에 지나지 않는 작은 면적에 높이 16m로 건설되었다. 1층에는 책이 진열된 선반과 책상, 사서가 근무하는 컴퓨터가 비치된 진열대가 있고, 2층에는 독서를 할 수 있는 환경이 적당히 구비된 조용한 방(18명 수용)과 몇 개의 탁자, 그리고 인터넷 사용이 가능한 다섯 대의 컴퓨터가 갖춰져 있다. 필자가 다시 방문한 적이 있는 바이호 노보Bairro Novo에서 좀 떨어진 시찌오 셀께이라 마을Vila Sitio Cerqueira의 '지혜의 등대' 2층에서는 어린이와 청소년들이 인터넷으로 국내·외의 자료와 정보를 검색하는 모습도 볼 수 있었다.

또한 나선형의 계단을 올라가면 경찰관 한 명이 밤 9시부터 근무하는 망루가 있고 비상전화가 가설되어 있다. 지식의 빛을 비추는 것에서 한 걸음 더 나아가 '지혜의 등대'는 밤이 되면 지역사회에 아름다움과 안전을 제공하는 '치안의 등대'로 변하는 것이다. 이는 등대가 위치한 학교와 지역사회의 치안을 개선시키고 범죄를 예방하는 데도 상당히 커다란 기여를 한다.

하지만 얼마 전에는 '지혜의 등대' 운영과 관련, 앞서 소개한 치안 부분에 약간의 시행착오가 있었던 것으로 전해지고 있다. '지혜의 등대' 업무를 담당하던 시청의 주관 부서가 타부서로 이전되면서 일시적으로 망루에 치안경찰이 자리하지 않는 등 방범 시스템에 일시적으로 구멍이 뚫린 적이 있었다. 이런 부분적인 문제에도 불구하고 '지혜의 등대'는 하파엘 그레까가 처음 의도했던 바와 같이 여전히 잘 작동되고 있는 것으로 보인다.

인터넷 시설까지 구비된 이 등대의 분위기와는 전혀 어울리지 않는 새로운 실험이 최근 진행되고 있는데, '지혜의 등대' 2층 열람실에서 자원봉사자들을 중심으로 매주 1회 정도 동화 구연 행사가 열리고 있는 것이다. 직접 마녀 복장을 입은 교사들이 어린이들에게 이야기 내용을 말로써 연기하듯 들려주면, 어린이들은 마치 동화 속으로 들어온 듯 착각을 하게 되고, 그 과정에서 자연스럽게 책이 가져다주는 재미를 느끼고 동시에 상상력을 키우게 된다.

이렇듯 꾸리찌바의 '지혜의 등대'는 우리들이 통상적으로 이해하고

도시의 등대

있는 도서관과는 사뭇 다르다. 독일의 시사평론가이자 방송매체 이론가인 플로리안 뢰처Florian Rötzer가 언급한 바와 같이, "지금까지 도서관들은 정보 축적 기관으로, 언제나 특정한 장소의 중심에 위치하는 그 지역의 중심 기관이었다. 대개 도서관은 많은 사람들이 모이는 곳, 혹은 대학이 있는 곳, 아니면 현존하는 지식을 대량으로 모아 전략적인 이해를 실현시킬 수 있는 곳에 세워져왔다. 대학과 유사하게 도서관은 주변으로부터 지식을 빨아들여 모으는 펌프였다." 이와 달리 꾸리찌바의 소박한 이 소형 도서관은 파벨라와 같은 빈민지역에 새롭게 창조적인 환경을 만들어내면서 지식을 확산시키고 지역을 근본적으로 쇄신시키는 주요한 거점으로의 역할까지 담당하고 있다.

이런 '지혜의 등대'와 모양은 같지만 기능이 좀 다른 '도시의 등대'가 빠울로 레민스키 채석장 근처의 뻴라징오에 있다. 이 도서관은 멀티미디어 장비, VCR과 컴퓨터 장비를 갖추고 있다. 이런 컴퓨터 시설에 더하여 시의 행정과 계획을 일관되게 알아 볼 수 있는 750권의 책을 비치해놓고 꾸리찌바 시민들에게 완전히 공개하고 있다. 또한 컴퓨터에 인터넷을 연결해 세계의 주요 정보를 시민들이 자유롭게 입수할 수 있도록 하는 기회도 제공하고 있다.

언뜻 보면 평범한 것 같지만, 모양과 기능, 그리고 그 명칭을 곰곰이 살펴보면 기발한 아이디어라는 감탄사가 절로 나온다. 시민을 존경하지 않고 이런 창조적인 발상이 나올 수 있을까? 우리나라 지방자치단체의 현실을 감안할 때, 어쩌면 그것은 꿈에 가까운 것인지도 모른다. 히오데자네이루에서 활동하는 저명한 언론인 벤뚜라가 꾸리찌바 시를 '존경의 수도'라고 부른 이유가 바로 여기에 있는 것이다.

꾸리찌바로부터의 교훈

1. 국제사회에서 바라보는 꾸리찌바

지금까지 우리들이 살펴본 바와 같이 개발도상국 도시들이 흔히 직면하고 있는 어려움을 성공적으로 극복하고, 나아가 높은 삶의 질을 주민에게 제공하기 위해 시 당국에 의해 개발된 창조적인 해결책 덕택으로 꾸리찌바 시는 국제사회에서 높은 명성을 얻고 있다. 그로 인해 꾸리찌바는 유엔 인간정주센터가 세계적으로 주목하는 도시의 하나로 급부상하기에 이르렀다.

꾸리찌바는 유엔 인간정주센터가 제정한 '세계 인간정주회의의 날'을 기념하는 이벤트 행사의 개최도시로 유엔에 의해 선정되었다. 남미에서 최초로 1995년 10월 2일에 개최된 정상회담—이전에는 나이로비, 뉴욕, 런던, 자카르타, 히로시마와 다카르에서 개최됨—은 또한 터키의 이스탄불에서의 제2차 인간정주회의 총회의 예비회담 성격을 가진 것이기도 했다.

5대륙의 대표, 시장, 전문가, 언론인과 작가들이 도시혁신을 배우기 위해, 그리고 도시과밀의 개선을 위한 새로운 길을 논의하기 위해 꾸리

레르네르 주지사, 까르도죠 대통령, 그리고 그레까 시장

찌바에 왔다.

　당시 시장이었던 하파엘 그레까는 9월 29일부터 '세계 인간정주회의의 날'의 이브인 10월 1일까지 계속된 이벤트에 참석한 유명한 방문객들의 리셉션을 주도했고, 회의와 세미나는 보케이라웅의 시민의 거리와 바리귀 공원의 컨벤션센터에서 이루어졌다. 그리고 '세계 인간정주회의의 날'을 축하하는 본 행사는 10월 2일 아침에 보케이라웅의 시민의 거리에서 성대히 치러졌고, 식물원에서 있은 오찬파티에는 헤르난도 엔리끼 까르도죠Fernando Henrique Cardoso 대통령과 파라과이의 대통령 쥬안 까를로스 우아시모시 등도 참석했다. 이런 일련의 행사와 병행

하여 시청은 또한 바이호 노보의 주상복합 마을과 뻴라징오의 '지혜의 등대' 도서관의 개회식도 개최했다. 그리고 밤에는 유엔 인간정주센터가 주는 상이 꾸리찌바 시에 수여되었다.

이때 도시문제의 해결을 향한 시의 창조적인 노력에 대해 찬사가 빗발치듯 쏟아졌다. 제2차 인간정주회의 사무총장 왈리 느도우는 "꾸리찌바의 이름은 하나의 감탄사로 쓰여질 만한 가치가 있다"고 까르도죠 대통령에게 말했다.

이 기념행사에 뒤이어 꾸리찌바는 다시 11월 29일에 27개국 50개 비정부기구 대표들이 참석한 미주개발은행의 제 4차 환경자문회의를 개최했다. 여기에서 미주개발은행의 총재인 엔리끼 이글레시아스는 "브라질의 한 상징일 뿐 아니라 남미와 세계의 도시계획 모델인 꾸리찌바는 우리들에게 가치 있는 실험의 예를 제공한다"고 말했고, "도시환경

이스탄불에서 시범운영 중인 이중굴절버스

에서 하나의 국제적 준거가 되는 데 필요한 모든 요소들을 모아놓고 있다"고 극찬했다.

로마클럽은 1995년에 자치단체의 행정능력, 투자능력과 서비스 및 시설을 유지할 때의 지출능력이 탁월한 세계 12개 도시 가운데 하나로 꾸리찌바 시를 선정했다. 꾸리찌바 시를 방문했던 스페인의 로마클럽 회장 지저스 모네오는 꾸리찌바의 환경교육, 사회적 구호 프로그램, 특히 저소득층 지역사회에서 식품과 책을 재활용 쓰레기와 교환하는 프로그램을 칭찬했다. 그는 또한 꾸리찌바의 대중교통체계가 그가 본 것 가운데 최고 중 하나이고, "꾸리찌바는 지속가능한 개발 면에서 전세계의 가장 위대한 사례를 제공한다"고 칭찬하기까지 했다.

브라질의 아르헨티나 대사 알리에또 알도 구아닥네는 꾸리찌바에서 개최된 제3차 아르헨티나 시장 세미나에서 "꾸리찌바는 더 이상 빠라나 주나 브라질에 속하지 않는다. 꾸리찌바의 관리모델, 삶의 질과 대중교통 프로젝트 때문에 남미공동시장을 대표하는 도시이자 세계도시"라고 말하기도 했다.

꾸리찌바의 탁월한 도시관리 사례는 1996년 6월에 이스탄불에서 개최된 제2차 인간정주회의에서 다시 한번 주목을 받았다. 그것은 자이메 레르네르 주지사와 하파엘 그레까 시장이 대중교통과 정주체계의 혁신에 역점을 둔 꾸리찌바 시의 계획정책을 직접 국제사회에 선보이면서 얻은 성과였다.

이스탄불로 옮겨진 원통형 정류장과 이중굴절버스가 터키 사람들을 놀라게 했다. 유엔 인간정주회의에 참석한 수백 명의 사절단이 이스탄불시의 가로를 통해, 그리고 유럽과 아시아 사이를 연결하는 보스포로스트라이트 다리를 넘어 실제로 수송되면서 꾸리찌바의 교통체계의 효율성이 입증된 것이다.

하파엘 그레까 시장은 40년대의 개척적인 '아가쉬계획'—완전히 달성되지는 못했지만 미래의 행동에 영향을 미친—부터 빠라나 주에 상당한 변화를 몰고 온 1970년대 초의 도시계획 체계까지, 꾸리찌바의 성공적인 변천사를 유엔 인간정주회의에서 구체적으로 설명했다. 30년 이상 동안 개발계획의 실행을 지속하고, 일정한 가이드라인을 통해 주민을 존경한 것이 유엔의 전문가들로부터 상당한 관심을 불러일으켰다.

꾸리찌바는 에콰도르의 수도인 키토에서 개최된 남미 및 카리브해의 인간정주회의 모임에서도 상을 받았다. 키토의 누클레우스Nucleus 소

워싱턴에서 개최된 패널 전시회 광경

장 빠블로 뜨리벨리에 따르면, 꾸리찌바는 21세기의 지속가능한 도시를 미리 보여주는 가장 모범적인 선례 중 하나이다. 세계은행의 지도자들 또한 동일한 의견을 갖고 있었고, 세계은행의 많은 문서들 역시 꾸리찌바를 개발도상국을 대표하는 하나의 도시모델로 선정하고 있었다. 이런 사정은 유엔에 의해 출판된 여러 권의 책에서도 마찬가지다.

이 밖에도 꾸리찌바는 워싱턴에서 1996년 5월 22일에 또 다른 국제적 명예를 안았다. 미주개발은행이 창조적인 도시개발 경험을 공유하고 논의키 위해 마련한 한 세미나에서 정상회담 참가국들로부터 꾸리찌바의 행동 경험을 이전하는 자문사업과 전시회 개최를 요청받고, 그 대가로 6천만 달러를 받은 것이다.

꾸리찌바의 경험은 미주개발은행의 총재 엔리끼 이글레시아스와 빠라나 주의 주지사 자이메 레르네르가 개막한 한 회의에서 하파엘 그레까 시장과 사회행동재단 이사장 마가리따 산소네에 의해 보고되었다. 그레까 시장은 행정, 대중교통, 주택, 환경, 교육, 문화개발, 사회행동과 아이들에 대한 지원 등에 대한 주요 성과를 보여주는 20개 이상의 사진 패널을 미국의 워싱턴에 가져갔다.

미주개발은행 구내의 아트리움에서 전시된 패널은 은행의 책임 아래 보관되었고, 그것은 다시 1997년 5월 바르셀로나에서 개최된 미주개발은행 회장단의 세계회의에 옮겨갔다. 전시회를 겸해 이루어진 이 세미나의 폐막식에는 특별히 꾸리찌바 실내악단을 초빙해 공연까지 하도록 하는 배려를 미주개발은행 측에서 했다. 앞으로도 미주개발은행은 미국과 유럽의 주요 수도에 계속 패널을 가져가 전시회를 개최할 계획이라고 한다.

이제까지 꾸리찌바가 국제사회에서 차지하는 위상을 간단히 소개해

보았다. 이것을 통해 우리는 꾸리찌바가 대도시의 경우에도 환경적으로 건전하고 지속가능한 개발(ESSD)이 가능하다는 것을 보여주는 아주 좋은 사례로 세계 속에서 평가받고 있다는 사실을 알 수 있었다. 물론 이같은 성과는 이 책의 프롤로그에서 언급했듯이, 탁월한 궁목수 자이메 레르네르와 꾸리찌바 시를 구성하는 각계각층의 시민들의 일치된 의지와 노력이 없었으면 불가능했을 것이다. 이제 마지막으로 자이메 레르네라는 지구환경 위기시대의 뛰어난 궁목수의 철학과 꾸리찌바에서 얻을 수 있는 교훈을 요약·정리해 보기로 하자.

2. 자이메 레르네르의 철학

자이메 레르네르는 덩치가 크고 토실토실하게 살이 찐 데다, 친절한 표정의 얼굴을 가진 사람이다. 보기에 따라서는 어리석고 답답한 인상을 풍기는 그는 소탈하고 간편한 생활을 하는 것으로도 유명하다. 필자가 1997년 5월 말 주지사 집무실에서 만났을 때는 감색 양복에 넥타이를 맨 정장 차림을 하고 있었지만, 꾸리찌바 시장에 재직 중이던 10여 년 동안은 보통 청색 폴로 티셔츠를 입은 채 생활했다고 한다. 이는 그의 유년기의 생활과 전혀 무관하지 않은 것으로 보인다.

그는 지금은 꾸리찌바 도시공사의 본부가 있는 중앙 철도역 부근의 가로변에서 태어났고, 어린 시절을 잡화상을 하던 폴란드계 아버지의 가게 일을 돌보며 성장했다. 그의 가게에는 매일 농민들과 큰 공장의 노동자들이 물건을 사러 와 서민생활을 이해할 수 있는 기회를 가졌고, 꾸리찌바에 있던 주 의회, 구식 전차, 신문, 서커스 등을 보면서 전체 사회

자이메 레르네르와 함께

에 대한 아이디어를 가질 수 있었다. 여섯 살이 된 이후에는 거리에서 놀고 주변에서 벌어지는 일상을 보면서 자랐고, 대학 재학 중에는 새벽 다섯 시에 일어나 철도 노동자들과 함께 커피를 마시면서 사람들이 원하는 것이 무엇인지를 배우고 생각하며 성장했다.

"내 어린 시절은 거리가 전부이다. 그래서 나는 이 거리를 잊을 수 없다. 거리는 도시와 사회 전체의 종합체이다"라고 인식하는 레르네르의 철학이 바로 이때 형성되었다. 그의 생각이 오늘날 꾸리찌바에 자동차가 아닌 사람을 위한 도시를 만들고, 남미에서 최초로 고가도로의 건설로 사라질 위기에 처해 있던 '11월 15일의 거리'를 보행자 전용공간으로 만든 것이다.

이렇게 꾸리찌바 시에서 성장한 그는 1960년대에 개혁적인 청년 계획가이자 건축가로 부상하고 있었다. 소년 시절의 짙은 향수를 간직하고 살던 그는 시의 역사를 헛되게 하는 고가도로와 육교의 건설에 반대하는 운동을 조직하고 주도했다. 당시에 꾸리찌바 시는 세계 역사에서 가장 거대한 신도시 건설사업의 하나로 평가되는 브라질리아—브라질의 내륙에 완성하고 있었던 새로운 수도—와 마찬가지로 백지 상태의 '신화'를 창조하려 하고 있었다. 브라질에서 가장 크고 위대한 근대성의 상징이었던 브라질리아에는 곳곳에 건축가와 도시계획가들로 붐볐다. 여러 잡종지를 찍은 항공사진 가운데서 개발부지가 선택되었고, 그것이 다시 브라질의 유명한 계획가이자 건축가였던 니메에르Oscar Niemeyer에게 넘겨졌다.

세계적인 계획가 르 코르뷔제의 수제자인 그는 브라질의 대도시가 당면한 대표적인 문제들을 극복하기 위해 햇빛, 탁 트인 공간, 그리고 충분한 자연녹지 등의 제공에 역점을 두고 있었다. 그리하여 니메에르는 전통적인 도시공간 속의 길을 온갖 갈등요인을 내포한 가로라고 인식하고, 그를 보전하기보다는 확장하면서 하늘로 치솟는 수직적인 고층건물과 낮은 대지 점유비, 그리고 자유롭게 흐르는 도시공간을 그 대안으로 제시하고 있었다. 이것은 전통적인 블록의 패턴을 와해시키고, 도시의 기능이나 공동체적 결속력의 약화를 가져오는 것이었다.

그럼에도 불구하고 브라질리아의 시사에서 알레쉬 수오마또프가 쓴 것처럼, "당시에 남미의 젊은 지식인들의 대부분은 과거와 단절하고, 앞으로 대도약 하는 일에만 열중하고 있었다." 그들은 도심에 거대한 '위락지역' 과 함께 동일한 규모의 격자형 건물을 배치하고, 나아가 일하고 쇼핑하고 노는 기능을 엄격하게 지역별로 분리하는 것에 중점을 두었다. 이들 지역은 주로 도로에 의해 연결되었다. 브라질리아는 거의 교차지점이 없이 건설된 '고속도로 도시' 였다. 누구든지 기념건물 사이를 걸을 때는 고가도로나 육교를 이용해 걸어야만 했고, 건설사업도 중앙평원에 있었던 아주 풍부한 숲을 잊어버린 채 진행되었으며, 유리 건물 역시 빵 굽는 오븐처럼 햇빛 속에서 엄청난 복사열을 방출하도록 설계·건설되었다. 이는 에어컨이나 자동차가 없이는 상상할 수 없는 도시이다. 유리 가가린이 브라질리아를 방문한 후 "나는 마치 지구가 아니라 다른 혹성 위에 상륙했던 것처럼 느꼈다"고 증언한 것은 이런 도시가

빠라나 주립대학

얼마나 살벌한가를 단적으로 말해주는 흥미로운 예이다.

　브라질리아를 비롯해 브라질의 모든 도시들처럼 당시 꾸리찌바의 도시계획이란 자동차를 위한 도시계획을 의미했다. 그 결과로 꾸리찌바의 공식적인 도시계획의 핵심은 자동차 시대를 맞기 위한 준비를 하는 것이었다. 즉, 초기 계획안은 간선도로의 폭을 넓히고, 더 많은 차선을 추가하는 것이었는데, 그것은 도심에 늘어선 역사적 건물을 파괴하고, 나아가 주요 쇼핑가였던 '11월 15일의 거리'의 상부를 넘어 두 개의 광장을 연결하는 고가도로를 건설하는 것을 의미했다. 이와 같이 꾸리찌바시에 도입된 도시개발 패턴은 고속도로 벨트에 의한 도시재개발과 수변을 단절시키는 반환경적인 것들이 대부분이었다. 이런 위기의 시대에 자이메 레르네르가 나타난 것이다.

다민족사회였던 꾸리찌바를 사랑하던 그가 학창시절에 파리를 방문하고 돌아온 후 새로운 운동을 조직하기 시작했다. 꾸리찌바에서 기존의 계획체계에 대한 저항은 예상할 수 없을 만큼 아주 강렬했던 것으로 알려져 있다. 이런 반대운동은 연방대학의 지방분교인 빠라나 주립대학에 집중했고, 그 운동을 주도했던 인물이 다름 아닌 레르네르였던 것이다.

아무튼, 그는 여러 차례의 정치적 행운 덕택으로 33세의 나이에 꾸리찌바 시장이 되었다. 1970년대 초에 브라질은 군사통치 아래 있었으므로 주지사는 미래에 정치적 경쟁자가 될지도 모르는 그를 임명하는 것에 커다란 관심을 갖지 않았다. 그가 군부에 반감을 갖고 있었음에도 주지사는 레르네르를 찍어 시장에 임명했고, 그의 친구와 동료들 역시 꾸리찌바를 개조할 기회를 얻게 되었다. 즉, 꾸리찌바를 자동차를 위한 도시가 아니라 인간을 위한 도시로 만들어 갈 수 있게 된 것이다. 남미에서 최초로 보행자 전용공간을 창출하고, 지구상에서 가장 완벽한 버스교통체계를 구축하는 대역사는 이 무렵부터 시작되었다.

이렇게 시작한 탓인지 그는 빌 매키벤Bill McKibben과 나눈 대화에서 밝힌 바와 같이 가능한 한 전문가와 함께 일하는 것을 피한다. "교통은 매우 중요하지만, 그것을 전문가에 맡겨 둘 수 없다. 그들은 교통의 문제를 해결할 것이지만, 교통의 문제를 도시의 문제와 연결하지 못한다. 그래서 많은 도시들은 교통공학자들에 의해 죽임을 당하고 있다." 오히려 레르네르는 전문가보다 언론인과 함께 일하는 성향을 가지고 있다. 레르네르는 "나는 언론인과 함께 일하는 것을 매우 좋아한다. 그 이유는 언론인들이 매일 그들의 작업을 끝내야 하기 때문"이라고 말한다.

특히 그는 긍정적인 사고를 갖지 않은 전문가와는 함께 일을 하지 않는 것으로 알려지고 있다. 레르네르는 "많은 도시에는 일을 하는 것이 불가능하다는 사실을 입증하려고 하는 전문가들이 많다. 나는 가능하다고 생각하는 전문가와 함께 일한다"고 말한다. 그리고 예산 타령만 늘어놓고 있는 전문가와 공직자들을 매우 싫어한다. 많은 도시의 시장들이 풍족한 예산을 갖고 있으면서도, 창조적인 시책 사업을 개발하지 못해 도시를 변화시키는 데 실패하고 있는 것만 보더라도 그것은 예산의 문제가 아니라고 생각한다.

그렇지만 레르네르는 흥미롭게도 건축가에게만은 비교적 높은 신뢰를 보이고 있다. 건축가들은 세계를 시각적, 물리적으로 보고, 그저 일을 하는 데 어려운 제약조건만을 볼 뿐 절망과 어려움을 보지 않는다고 인식하고 있다. 그래서인지 필자가 꾸리찌바에서 만난 상당수의 전문가는 건축학을 배경으로 하고 있는 인력들이 많았다. 또한 어디서든 종이를 꺼내 그림을 그려가며 설명하는 모습도 흔치 않게 볼 수 있었다. 이들의 두뇌에서 크고 작은 혁신적인 아이디어들이 오늘의 꾸리찌바를 만드는 데 상당히 기여했음을 부인할 수 없다. 그것은 24시간의 거리, 시민의 거리, 식물원, 오페라 데 아라메, 지혜의 등대 등 꾸리찌바에 산재한 무수히 많은 건조물만 보더라도 쉽게 알 수 있다.

독서와 영화, 음악감상 그리고 여행을 즐긴다는 그는 이런 다양한 취미생활을 통해 얻은 지식을 민선시장 자격으로 두 번째 임기(1979~83년)를 맞은 이후에도 유감없이 발휘했다. 그런 레르네르였지만 당시에

하천 주변에 어지럽게 자리잡은 70년대의 파벨라

는 정치적으로 상당히 순진했던 것으로 보인다. 실제로 군사통치 말기인 1984년에 최초의 민주선거에 뛰어 들었으나 부정선거로 인해 패배하는 쓰라린 경험을 맛보았다. 얼마간 선거정치를 포기하고 혐오했던 그는 히오데자네이루로 이사했고, 그곳에서 꾸리찌바에서 실험 중인 원통형 정류장을 설치할 꿈을 갖고 한 엔지니어링 회사의 고문으로 활동했다. 그러나 부정부패가 만연되어 있는 히오데자네이루의 정가에서는 그의 혁신적인 사고를 수용치 않고 대규모 토목사업으로 일관하고 있었다. 버스교통의 개혁보다는 막대한 예산이 소요되는 비효율적인 지하철 건설을 결정한 것이다.

히오에서의 좌절이 그로 하여금 다시 고향인 꾸리찌바에서 시장에 출마하도록 만들었다. 그러나, 그가 히오로 주소지를 옮긴 후 꾸리찌바로 다시 이전치 않아 선거운동에 상당한 제약을 받았다. 그에게는 투표일 10일 전까지 선거운동은 물론 캠페인조차 허용치 않았던 것이다. 이런 한계에도 불구하고 레르네르는 꾸리찌바 시민 60%의 지지를 받아 시장에 다시 당선되었고, 제3기 시장으로 재임 중에는 92%의 압도적인 지지를 받으면서 시정을 운영해 갔다.

그러나 제3기 레르네르 행정부 시절은 꾸리찌바 역사상 가장 난제가 많은 시기였다. 대표적인 것은, 농촌에서 생활할 수 없었던 농민들이 꾸리찌바 공업단지에 마련된 일자리를 찾아 이주해 오면서 도시화의 물결이 급속히 진전되고 있었다는 사실이다. 꾸리찌바에 이전의 행정부에 비해 규모가 거의 두 배나 되는 엄청난 이주의 물결이 몰려오고 있었던 것이다. 이때 꾸리찌바는 접근성 때문이 아니라 이주하기에 적당한 장소라는 높은 평판으로 인해 빠라나 주는 물론이고 사웅파울로 등 대도시로부터도 많은 전입인구를 받아야만 하는 고통을 감내해야만 했다.

그 결과, 꾸리찌바는 1990년대 초에 약 17만6천 명(꾸리찌바 시민 9명 중 1명 정도의 인구)의 빈민들이 209개 지역에 슬럼을 형성하고 있었다. 파벨라라 불리는 이 빈민가는 시의 지형이 비교적 평탄하기 때문에 언덕에 달라붙은 히오와 같지는 않았지만, 하천이나 산림지역 등에 무분별하게 들어섰다. 심지어 한 파벨라는 예전의 산업폐기물 매립지에 자리잡기도 했다. 그로 인해 파벨라는 나쁜 물과 쥐에 의해 감염된 온갖 병균이 창궐하는 등 위생 상태가 매우 심각하게 되었다.

이런 위기 상황에 직면하자 레르네르는 뉴욕, 멕시코시티, 뉴델리, 방콕을 비롯해 히오, 사웅파울로 등 지구촌의 대도시가 공통으로 안고 있는 빈민들의 복지를 개선하고, 나아가 빈민들을 위해 훌륭한 도시를 창출하는 사업에 착수하게 된다. 오전에는 한 시립공원 내의 통나무 관사에서 잡일을 처리하고, 오후에는 시청에서 일상적인 업무를 다루는 기존의 활동방식을 유지하면서 발로 현장을 뛰어다니는 행정을 계속했다. 없이 사는 자들을 위해 그가 어떤 배려를 했는지는 브라질이나 다른 나라에서 온 공직자들에게 흔히 하는 다음과 같은 말에서도 쉽게 확인할 수 있다. "만약 당신이 큰 이슈를 위해서만 일한다면, 당신은 사람들과 멀어질 것이다. 그리고 당신이 일상적인 필요에 따라서만 일한다면, 무엇이든 근본적인 것을 하지 못하게 된다. 당신은 사람들의 희망, 즉 변화에 대한 그들의 희망에 대해 책임을 져야만 한다는 것을 이해해야 한다. 만일 당신의 도시가 변화하지 못한다면, 사람들은 그들의 희망을 버릴 것이다."

그렇다고 레르네르가 완전히 빈민들만을 위한 행정을 펼친 것은 아니고, 오히려 부자와 빈민이 공존·공생하는 길을 열어 나갔다. 그것은 모든 사람들이 원하는 장소에서 살 권리를 갖고 있다는 그의 철학에 기초

역사지구에서 일요일마다 열리는 벼룩시장

한다. 실제로 꾸리찌바에는 사웅파울로의 알파빌라 수준은 아닐지라도 경비원이 지키는 정문이 있는 대저택이 곳곳에 산재해 있다. 이곳에 사는 부자들도 그들이 살기 원하는 장소에 살 권리를 갖고 있기 때문에, 꾸리찌바에서는 드러내놓고 사회적 차별을 야기하지 않는다면 당연한 것으로 받아들인다.

   그러면서도 그는 장소에 대한 사랑과 공동체 구성원 모두의 협력과 유대감을 매우 중요한 것으로 인식하고 있는 사람이다. "사람들은 도시에서 생존을 위해 사는 것이 아니다. 시민들은 자기가 사는 도시를 사랑해야 하고, 소속감과 함께 정체성을 가지고 행동하는 여러 관계를 유지해야 한다." 이런 말에 더해 그는 사람들이 훌륭한 버스 서비스나 좋은 학교, 최첨단의 문화시설 등을 갖추고 있다고 모두 만족하는 것이 아니라는 생각을 지니고 있다. "실제로 일부 사람들은 그런 시설을 갖고 있지 않더라도 행복해 한다. 그 이유는 그들의 아버지와 할아버지가 그 장소에서 살았기 때문이다. 거기에는 한 장소에 대한 소속감이 있다."

여기에서 한 걸음 더 나아가 레르네르는 환경과 어린이 복지에 최우선적인 관심을 두고 있다. "어린이들이 행복해 하는 장소에 좋은 길이 있다. 어린이들이 안전하다고 느끼고, 특별한 기회를 갖고 있으며, 만인이 평등한 존재란 평등의식을 갖고 있는 도시가 매우 건강한 도시다. 실현하기가 매우 어렵기는 하지만, 어린이들이 집단적인 꿈과 소망을 가진 그런 도시가 우리들이 그리고 꿈꾸는 세상이다"라고 그는 말한다. 이런 도시는 두말할 것도 없이 환경적으로 건전하고 지속가능한 도시를 의미한다. 시 예산의 대부분이 이들 영역에 투자되고 있다는 사실만으로도 그의 철학이 여실히 입증된다.

레르네르가 탁상행정이 아니라 발로 뛰어다니는 현장행정을 추진했다는 것은 앞에서 언급한 바와 같다. 그는 우리나라를 포함해 대부분의 개발도상국 도시의 자치단체장들처럼 의견수렴을 한다는 핑계로 주민들과 악수를 하거나 기념행사에 축사나 하기 위해 현장을 방문하지 않는다. 여기서도 그의 독창성을 엿볼 수 있는데, 좋은 예는 바로 원통형 버스 정류장을 개발할 때 그가 보여준 현장행정 방식이다. 하루는 그가 정류장에 앉아 버스가 도착·발착하는 풍경과 승객들이 승·하차하는 모습을 관찰했다고 한다. 이 자리에서 현명한 레르네르는 승객이 승강구를 오르내리고 요금을 지불하는 최대시간을 계산해보고, 또한 요금을 받는 검표원을 수용하고 장애인들이 휠체어를 오른쪽으로 굴려 진출·입할 수 있도록 하는, 그리고 승객들이 이용하는 발판을 높인 유리로 된 원통형 정류장과 지하철처럼 버스에서 자동으로 끌어당겨 문을 개폐하는 시스템을 스케치하고, 나아가 그것을 실행에 옮겼다.

이와 같이 현장행정에 토대를 두고 있던 그의 시정 운영 방침은 건설적인 실용주의 이데올로기에 깊게 뿌리를 두고 있다. 꾸리찌바에서는 일반적으로 성공 가능성에 따라 두 개의 사업 가운데 하나를 선택하는 원칙을 지키고 있다. 그리고 민간과 공공부문간의 역할 분담을 명확히 하고 사업을 집행한다. 예컨대 급행버스 시스템을 도입했을 때, 시는 원통형 정류장을 건설하는 데 450만 달러를 지출한 반면, 민간버스회사는 버스를 구매하는 데 4,500만 달러를 지출했고, 시민들이 부담할 수 있는 수준에서 버스요금을 받도록 기업에게 요청했다.

앞에서 지적한 민간과 공공부문간의 역할 분담 이상으로 중요한 것은 시민들의 능동적이고 적극적인 참여이다. 이것이 전제되지 않고는 우리들이 흔히 이상향으로 보고 있는 꿈과 희망의 도시는 결코 구현되지 않는다. 그를 위해서는 공동체 내에서 정치적인 불신이 없는 생활이 유지되어야 하는데, 꾸리찌바에서는 이것을 시민들의 참여에서 찾고 있다. 레르네르가 '그늘과 신선한 물'이라는 프로그램을 착수했을 때, 그가 시 전역에 나무를 심으면서 내건 최초의 슬로건 가운데 하나는 "우리들이 그늘을 제공할 테니, 당신(시민)들은 물을 제공해라"였다. 정부는 시민들이 사유지라 할지라도 그들 소유의 나무를 베는 권한을 엄격히 제한―예를 들어, 병든 단풍나무를 벨 때는 시에서 허가를 받아야 하고, 시민들이 허가 없이 15그루의 나무를 벨 경우에는 800달러의 벌금을 부과한다―하는 규범적 역할을 제시하는 데 그치지 않고, 좀더 시민들에게 가까이 가 그들이 해야 할 역할을 분명히 규정하고 꾸리찌바의 자랑인 수목을 스스로 보호하려 노력할 것을 요구한다. 이런 일련의 노력에 힘입어 오늘날 꾸리찌바는 세계보건기구가 권고하는 기준의 약 네 배가 넘는 녹지면적을 확보할 수 있었다.

시민참여 프로그램은 녹지보존과 관련된 영역에만 존재하는 것이 아니고, 시에서 추진하는 모든 사업에 포함되는 핵심적인 요소이다. 최근에는 이런 원칙이 레르네르가 주지사로 있는 빠라나 주 전체로 확산되고 있다. 1997년에 필자가 그와 주지사 집무실에서 나눈 대화에서 레르네르는 다음과 같은 말을 했다.

"오늘날 빠라나 주의 120개 이상의 도시가 쓰레기 분리수거를 실시하고 있고, 80개 도시에서는 오염되었던 계곡이 공원으로 바뀌었다. 또한 150개 이상의 도시는 식물들로 뒤덮여 있다. 그것은 주민참여 없이는 실현이 불가능한 일이었다. 주민참여의 성과가 가장 가시적으로 보이는 곳은 아마 빠라나뿐일 것이다. 히오데자네이루에서는 시 정부가 과나바라 만의 청소를 위해 850만 달러를 투자했으나 성공하지 못한 반면, 빠라나 만에서는 이보다 30배 이상 적은 25만 달러에 지나지 않는 비용으로 성공을 거두었다. 어부들이 빠라나 만의 청결을 위해 쓰레기를 건진다면, 우리들은 만이 완전히 정화될 때까지 쓰레기를 사야만 한다. 어부들은 쓰레기를 꾸리찌바에서처럼 '녹색교환' 프로그램을 통해 내다 팔아 음식물을 얻고, 만이 정화되면서부터 생선 어획량이 획기적으로 늘어 상당한 경제적 편익을 누리고 있다. 그래서 오늘날 어부들은 생선을 더 많이 낚기 위해서는 만을 깨끗이 하는 것이 무엇보다 중요하다는 생각을 갖고 있다."

이렇게 꾸리찌바와 빠라나 주를 혁신적으로 변화시킨 레르네르는 오늘날 브라질에서 가장 저명한 정치인 가운데 하나로 성장했다. 한국일보 사웅파울로 특파원을 지낸 김인규가 지적한 것처럼, "브라질은 부정

히오데자네이루 해변

부패가 만연되어 정치인들이 잠을 잘 때만 발전하는 나라이다." 자고 일어나 눈만 뜨면 언론을 통해 일상적으로 접하게 되는 무수히 많은 부정부패 사건들이 입증하듯이, 브라질에서는 건축, 토목공사를 하게 되면 적정 예산보다 두세 배의 예산을 확보한 뒤, 그 가운데 3분의 2는 정치인, 공무원 등이 떼먹고 나머지 돈으로 공사를 마무리하는 것이 하나의 통념으로 자리잡고 있다. 이런 정치 상황에서 그의 경력이 주목받고, 아이디어가 확산되는 것은 아주 자연스러운 현상이기도 하다.

최근 들어서는 브라질의 주요 언론인, 작가, 그리고 지식인들 사이에서도 그의 재능을 인정하는 경향이 주류를 이루고 있다. 그 주요한 원인은 이들 대다수가 브라질이 지속불가능한 사회가 되고 있는 사실을 이해하기 시작했고, 많은 정치가들 역시도 환경적으로 건전하고 지속가능한 사회를 만들어야 된다는 지구환경 위기 시대의 행동원리를 터득해가고 있기 때문이다. 이로 인해 레르네르는 남부의 작은 주인 빠라나 주의 주지사에 지나지 않지만, 브라질의 수도인 브라질리아로부터 정규적으로 전화와 자문요청을 받는 영향력 있는 정치인으로 급부상했다. 급기야는 소속 정당이 사회민주당(PSDB)인 헤르난도 엔리끼 까르도죠 대통령으로부터 영입 교섭을 받을 정도로 성장해, 지금은 브라질의 막강한 차기 대통령 후보—레르네르의 정치적 지지자들은 기회가 오고 있다고 말하고 있지만, 설사 후보가 된다 하더라도 당선 여부는 현재로서 속단하기 어렵다. 그 주요한 이유는 레르네르가 유권자가 많은 사웅파울로나 히오데자네이루의 주지사도 시장도 아니기 때문이다—의 한 사람으로 거론되기에 이른 것이다.

지금까지 우리는 자이메 레르네르의 성장 과정과 그가 가진 철학을 개괄적으로 살펴보았다. 이 과정을 통해 필자는 오늘의 꾸리찌바가 꿈과 희망의 환경도시를 만들겠다는 의지가 담긴 레르네르의 카리스마와 긍정적인 사고를 가진 전문가 집단, 그리고 주민들의 공동 노력으로 만들어졌음을 알 수 있었다. 또한 꾸리찌바에서 현재 시행하고 있는 행정원칙이 하루아침에 이루어진 것이 아니라 과거, 현재와 미래를 내다보는 그의 탁월한 세계관에 토대를 두고 있음을 확인할 수 있었다. 아래에서는 이를 좀더 구체적으로 검토해 보기로 한다.

3. 사람과 장소를 바꾸는 통합의 예술

우리의 도시가 지향하는 이상향은 어디이고, 그 목적지에는 어떻게 도달할 수 있는가? 이에 대한 정확한 해답을 찾은 곳은 물론이고, 그 방향을 예시해주는 좋은 모델도 우리들이 살고 있는 이 지구촌에는 거의 존재하지 않는 것이 오늘날의 현실이다. 그 이유는 도시를 자유와 안전, 질서와 변화, 삶과 예술의 조화를 보여주고 유기적으로 잘 짜여진 공간이 아니라, 르 코르뷔지에가 지적한 것처럼 "교통을 생산하는 공장" 또는 기계로 보고 있기 때문이다.

우리들은 어쩌면 『보보스: 디지털 시대의 엘리트』라는 저서에서 데이비드 브룩스가 '보보의 원형' 이라 부른 제인 제이콥스가 말한 것처럼, 기계적 관점이 아닌 유기적 관점에서 보는 도시를 꿈꾸고 있는지도 모른다. 즉, 에머슨과 소로의 전원주의를 받아들여 그것을 현대적인 도시의 삶과 조화시킨 인간적인 동네와 건강한 도시를 우리의 이상향으로 그리고 있는 것이다.

하지만 현실은, 다양하고 복잡하게 얽혀 있는 거미집 같은 도시가 규모를 키우면서 크고 작은 문제들을 발생시키고 있다. 그런 탓인지 마구 범람하는 도시문제들에 당황한 대부분의 관리와 전문가들은 간단하게 문제의 원인을 진단하고, 그것에 대증요법식으로 대처하고 있다. 교통혼잡을 예로 들면, 그들의 해답은 도로를 신설하거나 폭을 넓히고, 우회로나 순환도로를 건설하고 주차장을 확대 설치하는 것으로 대응한다. 그리고 시간이 지나 그것이 실패한 것으로 다시 확인되면, 새로운 형태로 그와 같은 방식을 반복한다. 이렇듯 하나의 도시문제에 단 하나의 해결책이 모색되지만, 도시를 하나의 유기체로 볼 경우 한 가지 요소의 최적화를 따로 분리해 생각하는 것은 전체 시스템에 상당히 비관적인 영향을 미친다. 숨겨진 연결망에 대한 완전한 이해가 선행되지 않고 통합적인 해결책이 마련되지 않은 채 하나의 문제만을 푼다는 것은 또 다른 문제를 양산하는 결과만을 초래하는 것이다. 그러한 사례는 이 지구촌 안에 얼마든지 존재한다.

1950년대에 보르네오에서 일어난 한 사건을 생각해보자. 많은 다약 마을 사람들Dayak villagers이 말라리아에 걸리자 세계보건기구(WHO)는 단순하고 직접적인 하나의 해결책을 찾았고, DDT의 살포로 모기가 죽고 말라리아는 쇠퇴했다. 하지만 그 후 처음에 전혀 예상치 못한 측면효과가 나타나기 시작했다. DDT 살포로 이엉을 먹어치우던 쐐기벌레를 통제하는 역할을 담당했던 작은 기생 말벌parasitic wasps이 죽으면서 사람들이 살던 집의 지붕이 붕괴하기 시작했던 것이다. 이런 사태에 직면해 당시의 식민정부는 금속박판으로 만들어진 지붕으로 대체하는 사업을 추진했고, 그것은 또 다시 예기치 않은 문제를 가져왔다. 열대지방에서 자주 내리는 비가 얇은 지붕을 두드리면서 드럼과 같은 역할을 하자, 다약 마을 사람들은 잠을 잘 수가 없었던 것이다. 이와 동시에 DDT에 노출된 딱정벌레들을 도마뱀붙이geckoes와 고양이들이 잡아먹었다. DDT가 눈에 안 보이게 몰래 먹이사슬에 축적되면서 고양이 마저 죽기 시작했고, 고양이가 없어지자 쥐들 또한 급속도로 증식해 나갔다. 그 결과로 발생된 발진티푸스, 그리고 야생조수에 의한 전염병의 잠재적인 위험을 느낀 세계보건기구는 다시 보르네오에 1만4천 마리에 달하는 살아 있는 고양이를 투하하지 않을 수 없었다.

이와 같이 많은 도시들은 그들이 현재 마주치고 있는 도시문제의 원인이 과거의 해결책이라는 것을 발견하고 있다. 광로가 더 많은 교통을

벽화를 통해 보는 통합의 예술

초래하고, 직강화直江化 사업이 홍수를 악화시키고, 무주택자들의 거처 건설이 결핍을 확산시키는 등, 이전의 해결책이 부메랑이 되어 도시공간으로 다시 되돌아오고 있는 것이다. 이를 극복하기 위해서는 도시를 하나의 유기체로 보는 시스템적 접근방법이 필요하다. 그 좋은 예를 우리들은 꾸리찌바 시에서 만날 수 있다.

'통합'이란 꾸리찌바 관리들로부터 일상적으로 듣는 단어 가운데 하나이다. 그것은 우리들에게 영호남간의 갈등을 연상시키고, 미국인들의 귀에는 국가적 공포인 인종문제를 불러일으킨다. 그러나 꾸리찌바에서 그것은 더 많은 의미를 함축하고 있다. 꾸리찌바에서 통합은 도시 전체,

그리고 부자, 빈민과 중산층을 하나로 굳게 결합시키는 것을 뜻한다. 바꾸어 말하면, 통합이란 이 도시에서는 문화적, 경제적, 물리적으로 결합됨을 의미하는 것이다.

꾸리찌바 시의 공원국장이자 자이메 레르네르의 오랜 동료인 오오사카 태생의 히토시 나까무라는 다음과 같이 말한다. "우리는 취약한 저지대를 침입하는 정주자들이 제기한 문제들에 대해 말했던 것처럼 슬럼의 주민들과도 의사소통을 해야만 한다. 만약 우리들이 그런 일을 하지 않아 그들이 파벨라에 사는 사람들처럼 느끼기 시작한다면, 그들은 시와는 반대 방향으로 갈 것이다. 그들이 파벨라에 사는 사람들처럼 느끼기 전에 새로운 프로그램을 가져오고 이식해야만 한다. 우리들이 그들에게 주의를 기울일 경우 그들은 버려졌다고 느끼지 않을 것이다."

그의 진단이 진실이라는 것은 꾸리찌바에서 가장 크고 오래된 파벨라인 빌라뻰또에서 볼 수 있다. 주요 간선도로 중 하나를 따라 약 5,000명이 거주하는 이 파벨라는 실제로 누구도 돕지 않은 채 수년 동안 방치되어 범죄 소굴로 자라났다. 지금 빌라뻰또는 꾸리찌바의 주변지역에 형성된 최근의 슬럼과는 다른 느낌, 음산함과 고립감 등 그 자신의 독특한 문화를 지니고 있다. 그래서 이곳은 표식을 안한 경찰차가 진입하면 대낮이라도 청년들이 뒷골목으로 피할 만큼 범죄자들의 은신처로 사건 사고가 빈발하는 곳이다.

그렇지만 쓰레기 구매 및 녹색교환 프로그램이 이루어지고, 장난감 공장, 어린이 환경탁아소와 지혜의 등대 등이 건립되면서 이곳에서도 최근 들어 괄목할 만한 변화가 감지되고 있다. 그 결과로 꾸리찌바에는 독일의 대표적인 시사주간지 『슈피겔』의 편집위원을 지낸 한스 피터 마르틴과 하랄드 슈만이 그들의 저서, 『세계화의 덫: 민주주의와 삶의 질에 대한 공격』에서 강렬하게 비판한 '알파빌라'와 같은 세계적 모델은 존재하지 않는다.

그랑데사웅파울로 서쪽에 위치하고 있고, 넓이가 정확하게 축구경기장 44개 정도나 되는 알파빌라는 아주 작은 움직임까지도 포착할 수 있는 탐조등과 전자감응장치를 설치한 수미터의 담장으로 둘러싸여 있는데, 여기에서는 사설경비원들이 침입자들을 찾아내기 위해 오토바이와 호전적인 경보등이 달린 경비자동차를 가지고 24시간 샅샅이 검문을 한다고 한다. 이런 이방지대는 알파빌라 근처에 22㎢ 크기의 요새, '알데이아 다 세라' 외에도 브라질에 이미 수십 개가 완공되었거나 공사 중이다. 이렇게 도심지에서 부랑자들과 저항자들을 두려워하는 사람들, 자기 나라의 사회적 현실에 맞닥뜨리고 싶지 않은 사람들만이 사는 이상적인 도피처는 꾸리찌바 시에는 하나도 없다. 어느 정도 신분과 계급에 따른 공간적 격리 현상이 꾸리찌바에도 없는 것은 아니지만, 그 정도가 브라질의 다른 대도시와는 아주 대조적인 모습을 보이고 있다는 사실 또한 부인할 수 없다.

꾸리찌바는 대부분, 전 시장이었던 자이메 레르네르의 말, 즉 "부자의 게토이건 빈민의 게토이건 간에 게토를 가진 도시는 이미 도시가 아니다"라는 금언에 따라 관리된다. 그것은 주택 분야에서 쉽게 발견되는데, 꾸리찌바에는 상당히 이기적인 것으로 보이는 콘도미니엄 공동체와 비싼 단독주택이 있고, 또한 오두막집과 비슷한 빈민들의 주택이 공존하고 있다. 꾸리찌바 체류기간 내내 필자를 안내한 공보실 직원 까즈미 히로노는 "당신이 부자라면, 아마 집사와 같은 사람들이 필요할 것이다"라고 말한다. 브라질은 다른 개발도상국과 마찬가지로 신분상의 차별이 비교적 명확한 나라이다. 현실로 존재하는 사실을 문제삼기보다는 오히

시청으로부터 허가받은 노점상이 밀집되어 있는 자유시장

려 그 속에서 공생하는 길을 모색하는 것이 바람직하다는 뜻이다. 바로 이것이 시가 새로운 공공주택 개발을 시작했을 때 님비 현상이 적었던 이유를 설명해 는 아주 흥미로운 대목인 것이다.

그럼에도 불구하고 1980년대 초(미국 도시에서 무주택자의 급증이 주목되기 시작했던 것과 같은 연대임)에는 반격의 징후가 나타나기 시작했다. 꾸리찌바에 새로 도착한 사람들은 흔히 작은 손수레에다 상품을 싣고 다니며 팔아 생계를 유지하는 노점상들이었다. "그것은 상인들에는 물론이고 거리에도 문제였다. 그래서 우리는 그것에 대해 깊게 생각했다. 우리는 이것이 그들의 직업인데 '떠나라'고 말할 수 없었다. 만약 도시가 그들에게 직업을 제공할 수 없다면, 우리들은 그들이 일을 할 수 있도록 무엇인가를 해야만 한다"고 계획가인 리아나 벨리쉘리는 말한다. 이런 인식에 토대를 두고 정부는 하나의 결사체를 형성하도록 노점상에게 요청했고, 그 지도자들과 토론하기 시작했다. 지도자들은 노점상이 판매에 흥미를 갖고 있었던 지점—말하자면 사업하기에 좋은 광장이나 특정한 버스 터미널—을 선택했다.

이런 과정을 거친 후, 관민합작으로 만든 한 위원회가 매주 또는 2주마다 이들 지점을 돌아가며 가로시장이 열릴 수 있도록 일정을 확정했다. 영구적인 가로시장을 인정하지 않은 이유를 묻자, 레르네르는 이것만이 기존 상인들의 저항의 완화, 노점상의 생존권 보장, 나아가 거리가 미적으로 황폐화되는 것을 방지할 수 있기 때문이라고 대답했다. 물리적 공간의 관리와 시간의 관리를 통합해 대부분의 도시가 고질적으로 안고 있는 노점상 문제를 해결하는 새로운 지평을 열었던 것이다. 그 이후에 시에서는 노점상들을 위해 단순하지만 운반할 수 있는 이동식 가게를 설계했고, 그들에게 허가를 내주었다. 벨리쉘리가 말한 바와 같이 "사람들이 예전에는 이 노점상들을 두려워했지만, 이제는 그들도 도시의 일부"가 된 것이다.

여기에서 더 나아가, 꾸리찌바 시는 직업교육을 포함한 사회교육을 통해 시민들을 실질적으로 통합시키는 노력을 기울였다. 원래 꾸리찌바 공업단지는 이곳에서 창출된 일자리에 새로 전입해 왔거나, 기존에 거주하고 있던 빈민들의 고용 기회를 보장하려고 조성한 곳이다. 그러나 "우리는 공단의 행정관과 대화를 나누었을 때, 그들이 사웅파울로에서 온 임노동자를 고용하고 있었다는 사실을 알았다. 그들은 꾸리찌바 시민들이 잘 훈련되어 있지 않았다고 말했다. 우리는 꾸리찌바가 매우 현대적인 도시라고 생각했기 때문에 더욱 놀랐다. 때문에 우리는 기술을

비교적 접근성이 용이한 터미널 근처에 자리잡고 있는 이동식 교실

보유하지 못한 많은 사람들이 교육을 받을 수 있는 참신한 시책을 개발해야 했는데, 바로 그것이 오래된 버스를 이동식 교실로 만드는 창조적인 아이디어였다"고 직업훈련 프로그램을 감독하는 에스떼르 쁘로벨러는 말한다. 그녀의 건의를 받아들여 자이메 레르네르가 명명한 '취업로' 프로그램이 시작된 것이다.

버스는 사람들을 유인할 수 있게 교실로 개조시켜 여러 빈민 지역사회를 순회했고, 한 과정이 완료될 때까지 당해 지역에서 보통 3개월 동안 머물렀다. 모든 과정이 무료는 아니지만, 57일간 계속되는 코스의 수강료가 버스 토큰 4개에 해당하는 약 2헤알50센타보(1997년 환율로 약 3천 원)에 지나지 않는 아주 저렴한 수준이었다. 그래서인지 필자가 방문한 중형 터미널 근처의 버스교실에서는 젊은이에서 노인에 이르기까지 약 15명 정도가 머리를 구부리고 타자연습을 하고 있었는데, 그들이 사용하는 시의 교재에는 다음과 같이 아주 흥미 있는 문구가 들어 있었다.

당신이 울고 싶을 때 나를 불러라.
그러면 나는 당신과 함께 울어줄 수 있다.
당신이 웃고 싶다고 느낄 때 나에게 말하라.
그러면 우리는 함께 웃을 수 있다.
그러나 당신이 나를 필요치 않을 때도 역시 나에게 말하라.
그러면 나는 누군가를 찾을 수 있다.

이 문구는 시민들 위에 군림하는 우리나라 대부분의 자치단체와는 달리, 꾸리찌바 시가 얼마나 시민, 특히 빈민들을 존경하고 사랑하는지, 나아가 공동체 구성원 모두가 공생해야 한다는 의지를 얼마나 갖추고 있는지 입증해주는 대표적인 사례이다. 여기서 만난 한 청년은 이 코스가 도움이 된다고 인식하고 있었으며, 교육이 끝나면 수료증을 받아 시에서 운영하는 컴퓨터 교육을 받고, 그 다음에는 시에서 알선하는 회사에 취업할 수 있다는 희망적인 미래에 대해 필자에게 피력했다.

또한 이동식 교실 안의 벽면에는, 누구든 두 번 지각하거나 두 번 결석하면 내쫓는다는 경고문이 붙어 있다. 그리고 파벨라 근처의 일부 지역에서는, 교사들이 "칼을 갖고 오지 마라"거나 "버스에서 마리화나를 피울 수 없다"고 말한다고 한다. 게다가 규칙이 명시된 곳의 아래에는 몇 개의 빗자루가 놓여 있고, 수업이 끝나면 학생들은 스스로 다음 학급에 참가하는 사람들을 위해 청소를 하도록 하고 있다. 이와 같은 일련의 실질적인 교육을 통해 꾸리찌바는 사회통합을 유도하고 있는 것이다.

환경개방대학 원경

    꾸리찌바 시는 또한 시를 통합하도록 설계된 일종의 고등교육을 후원하기도 한다. 1990년에 레르네르는 환경개방대학의 설립계획을 발표했다. 석산개발이 끝나 버려진 땅이 되어버린 채석장에, 오래된 전신주를 재활용해 나선형으로 배치된 교실을 갖춘 학교를 3개월 만에 완공했다. 이 대학의 학장, 끌레온 산토스는 이 장엄한 장소는 원래 인근 지역사회를 더럽히는 위험스러운 분화구가 있었던 곳이었는데, 이제는 시민들이 경사로를 따라 전망대에 올라가 분화구였던 곳에 조성된 호수와 오리가 노니는 모습, 그리고 주변도시의 아름다운 경관을 보기 위해 몰려드는 명소로 바뀌었다고 말한다.

주변 지역의 지가를 올린 이 환경개방대학에서는 주중에 소그룹이 무료로 꾸리찌바 시의 진보에 대해 학습을 할 수 있는 기초과정, 예를 들면 공원을 어떻게 만들어 가고, 토지이용도를 어떤 방식으로 보는지, 그리고 쓰레기를 어떻게 줄이고, 그것이 왜 필요한지 등을 상세히 교육받는다. 누구든지 이곳에 참가할 수 있지만, 시에서는 가능한 한 '여론주도층'을 초빙하고, 그들의 필요에 따라 코스를 수정한다. 참가자들은 교사와 함께 역사적 관점, 과학적인 생태학개론 등에 대해 자유롭게 토론하고, 특히 택시 운전사에게는 교사들이 꾸리찌바의 대중교통의 중요성을 이해시키고, 나아가 그들이 관광객을 안내할 수 있는 역사적 장소에 대한 학습을 병행하고 있다. 그런 노력에 역점을 기울이는 이유는, 고객을 잃게 되면 양질의 버스교통 서비스를 제공할 수 없고, 지역에 대한 자긍심과 애정도 떨어질 것이라고 보기 때문이다.

얼마 전부터 환경개방대학의 교사들은 꾸리찌바에 대한 대기질, 소득 수준 등 수천 항목의 다양한 정보를 데이터베이스로 구축하고 있다. 최근 들어서는 이 대학이 주체가 되어 자동차를 덜 타고, 안 타는 캠페인이 지속적으로 이루어지고 있고, 꾸리찌바 시의 삶의 질을 개선시킬 수 있는 다양한 운동이 전개되고 있다.

이상과 같이 꾸리찌바 시가 보여 주는 '통합의 예술'은 사람과 장소를 바꾸는 데 무엇보다 중요한 행정원칙이 아닌가 싶다.

4. 지속적 관리

『브라질 저널』의 한 사설에서 '존경의 수도'라는 표제 아래 히오데자네이루의 언론인이자 작가, 그리고 칼럼리스트인 주에니르 벤뚜라는 "꾸리찌바의 비밀은 지속적 관리에 있다"고 말한 바 있다. "모든 시장은 그의 전임자들보다 더 잘 하기를 원하고, 이전 행정부의 성과를 유지할 뿐만 아니라 개선하기를 원하고 있다. 20년 이상 동안 진행된 그 사업을 25년 후의 히오데자네이루의 모습을 염두에 두고 지금부터라도 시도하라.… 꾸리찌바는 브라질의 모든 행정부에 알려질 것이다"라고 쓰고 있다.

분명, 꾸리찌바는 남대서양에서 사라진 전설 속의 섬처럼 천국은 아니다. 고용기회와 주택이 절대적으로 부족하고, 희소한 자원 때문에 다양한 문제들을 해결할 수 없는 브라질의 다른 도시들과 마찬가지로 평범한 도시다. 아마도 차이점이 있다면, 시가 사회·경제적 문제와 도시 문제를 해결하는 데 사용했던 길일 것이다. 그것은 다름 아닌 시정의 운용에서 '지속성의 원칙'을 철저히 준수했다는 사실이다.

레르네르는 꾸리찌바의 경제·사회적 모습을 계속 변화시켰고, 도시 성장 과정에서 주민을 잘 구조화된 지역으로 이주하도록 유도했다. 지속적인 행정과 성장관리를 통하여 그는 불가능한 것처럼 보이는 것들, 즉 급속히 성장하는 도시를 살기에 쾌적한 장소로 만들고, 인구폭발 효과를 줄이며, 꾸리찌바 시민들에게 높은 생활의 질을 제공했다. 이런 상황에 도달하기 위하여 꾸리찌바의 행정가들은 그들이 사는 도시를 하나의 이상도시 모델로 개발하는 데 끝없이 시간을 투자했다.

레르네르 역시 지구촌의 어떤 도시도 완전한 장소가 아니라는 사실을

존경의 수도라 불리는 꾸리찌바 시의 스카이라인

인식하고 있다. 그런 도시를 만든다는 것은 끝없는 과업이다. 최상의 기술과 경험은 물론이고 충분한 재원을 가진 선진국의 계획도시들도 현대 세계의 고질적인 질병 가운데 하나인 도시 문제로 엄청난 고통을 겪고 있다. 그런 예들을 우리들은 세계 전역—로마의 교통, 라인 강의 오염, 뉴욕의 폭력, 동경의 주택 부족과 봄베이의 슬럼 등—에서 쉽게 발견할 수 있다. 이들 도시와는 달리 꾸리찌바는 시의 역동적인 발전의 결과로 파생된 여러 문제에 대해 혁신적인 해결책을 제공하는 효율적인 공공행정을 가지고 있다.

이런 관점에서 볼 때, 레르네르에 뒤이어 시장이 된 하파엘 그레까의 지적은 여러모로 시사하는 바가 크다. "계획은 여러 문제들을 피해가게

하고 있다. 그것은 자원을 창출하고, 문제가 발생되기 전에 도시발전을 멈추게 하는 해결책을 제공하고 있다. 우리는 주민들의 우려를 해소하고, 불필요한 낭비를 줄이면서 비용이 적게 드는 사업을 개발해 투자하고 있다. 우리는 시에 거주하는 모든 사람들에게 그들의 개인적 목표를 달성할 수 있게, 그리고 심각한 사회문제를 피하면서도 시가 지역사회의 운명을 유지하도록 균등한 기회를 제공한다. 그것은 한 도시를 살아 있도록 만드는 대원칙인 것이다. 우리가 오류를 범하지 않는다 해도, 꾸리찌바는 지구상의 천국은 아니다. 브라질 내의 동일한 문제에 직면해, 다른 브라질인도 마찬가지로 행동한다. 그러나 거기에는 엄격한 차이, 즉 완전성을 위한 끝없는 추구와 모색이 있고, 우리가 희소한 공공자원을 낭비하지 않는다는 사실이 자리잡고 있다."

그 이외에도 현 시장인 까시오 다니구찌, 그리고 전 도시계획연구소 소장 오스발도 나바로 알베스, 꾸리찌바 도시공사 회장 프릭 케린 등 필자가 꾸리찌바 체류 중에 만난 수많은 사람들은 레르네르와 거의 30년 동안 동고동락해 왔음을 자랑으로 여기고 있었다. 이런 레르네르의 열렬한 지지자이자 헌신적인 동료들이 꾸리찌바의 오늘을 만드는 데 일조를 해왔음은 부인할 수 없는 사실이다.

특히 꾸리찌바에는 세계 어디에다 내놓아도 뒤지지 않는 명석한 도시설계사와 건축가들이 많다. 그들 대부분은 대학에서 일하던 사람들이었지만, 레르네르를 비롯해 많은 시장들이 최상의 프로젝트를 완수하기 위하여 수년 동안 전문인력을 확보하는 과정에서 참여한 사람들이었다. 오늘날 꾸리찌바의 계획 부서나 도시계획연구소에 근무하는 선임 건축가들은 미국은 물론이고 우리나라와 같은 나라에서도 가당치 않은 봉급 수준, 즉 매월 300~500달러 정도의 저임금을 받으면서 봉사하고 있다.

도시계획가 리아나 벨리쉘리의 지적처럼 가끔 돈 때문에 직장을 그만두는 사람들이 있기는 하지만, 아직도 대다수의 전문인력은 더 나은 도시를 만들기 위한 최상의 프로젝트를 끊임없이 개발하고, 그것을 실행에 옮기는 데 동참하고 있다. 한마디로 그들이 꾸리찌바에서 시행되는 프로그램과 정책의 안정적인 집행에 산파 역할을 담당하고 있는 것이다.

　필자가 레르네르에게 꾸리찌바 시처럼 다른 도시에서도 지속성의 원칙을 일관되게 지키는 것이 시장이 바뀔 경우 현실적으로 불가능하지 않는가 하는 질문을 던졌을 때, 그는 다음과 같이 말했다. "나는 다행히도 우수한 동료들을 많이 만났고, 그들이 나를 따르면서도 더 나은 도시를 만들기 위해 지금도 나보다 더 노력하고 있다. 높은 도덕성과 창의성을 가진 이들이 봉사정신을 갖고 헌신적으로 노력한 것이 오늘날과 같이 효율적인 정부를 만들었다." 이런 지적을 단순히 그의 행운으로 치부해 버리기는 어렵다. 왜냐하면 지속적으로 바람직한 방향으로 도시관리를 하겠다는 의지를 가진 좋은 동료가 그냥 주변에 모이는 것은 아니기 때문이다. 여기에서도 그의 탁월한 인재 등용 능력을 보게 된다.

　하지만, 지금까지 꾸준히 지켜졌던 꾸리찌바 시의 기존 정책기조가 최근에 다소 바뀌고, 지속성의 원칙도 훼손되고 있다는 우려의 목소리도 조금은 나오고 있다. 2000년 선거에서 재선되어 2001년부터 제2기 시장을 지내는 까시오 다니구찌가 꾸리찌바를 관통하는 연방국도를 이전하고, 그곳에 대규모 상징가로 개발을 추진하기 시작한 것이다. 이 프로젝트에는 급행과 중급행으로 운행할 수 있는 도로를 일부 신규로 건설하고, 이를 축으로 고층건물과 상업시설 등을 집중 배치시키는 고밀도 개발이 포함되어 있다. 또한 상징가로 주변에 폭 9m의 녹지를 배치하는 20km 규모의 선형공원 개발계획도 갖고 있다. 이러한 일련의 개발계획은 규모 면에서 보면 이전과는 현저하게 차이가 날 만큼 대규모 사업이지만, 내용과 원칙을 기준으로 판단해보면 예전과는 큰 차이가 없다.

다만 문제가 되는 것은, 이 상징가로에 약 1㎞ 간격으로 총 19개의 정류장을 만들고, 3개 노선에 27㎞의 모노레일을 설치할 계획을 가지고 있다는 점이다. 약 4억 달러가 소요될 것으로 추산되는 이 국도이전 사업은 표면상으로는 연방정부 사업이기는 하지만, 내적으로 보면 지지기반도 상대적으로 낮고 지난 번 선거에서 고전을 면치 못한 것으로 알려진 까시오 다니구찌가 다소 무리하게 추진하는 대형사업이 아닌가 생각된다. 그것은 일본계인 현 시장이 일본 정부로부터 외자를 유치하고, 모국에서 운영 중인 모노레일 시스템을 도입·설치하고자 한다는 사실만 보더라도 분명하다.

이로 인해 저비용 원칙을 철저히 준수해온 기존의 꾸리찌바 시의 정책기조에 적지 않은 혼선을 빚게 되었고, 나아가 자이메 레르네르를 비롯해 전임시장들과도 다소 불편한 관계가 야기된 것으로 알려져 있다. 필자가 관련 당사자들과 직접 면담해 확인한 것이 아니므로 정확하다고는 볼 수 없지만, 꾸리찌바에 사는 현지인들의 증언과 주변의 정황을 토대로 판단해볼 때 어느 정도는 사실인 것 같다. 그렇다고 꾸리찌바 시사市史에서 옥에 티 같은 이러한 현상만을 보고 쉽게 비판하는 것은 결코 옳지 않은 일이다.

아무튼, 레르네르, 그레까, 다니구찌와 그들의 실무팀은 꾸리찌바를 변화시키는 데 특별한 마술을 사용하지 않고도 꾸리찌바를 살기에 더 즐겁고 쾌적한 도시로 매일같이 변형시켰다. 수많은 창조적 시설물이 주민들의 수요에 따라 건설되었고, 다양한 개발사업들이 단계별로 추진되었다. 그것은 모두 이전의 종합계획에서 계획된 것들이었다. 수많은 사업을 추진하면서도 시는 결코 막대한 예산을 지출하지 않았고, 브라질 전체 도시 평균 이상의 부채를 안지도 않았다. 모든 기금 행정은 매우 창조적이었다. 한 예로, 구조적 가로를 건설하는 데 행정상의 곤란함을 피하면서 기존의 가로를 활용해 엄청난 예산을 절약했다. 또한 광로나 대로를 건설하면서도 한두 개를 제외하고는 주택이나 빌딩을 거의 훼손·파괴하지 않았다.

　이런 꾸리찌바 시만의 '창조성'의 비밀은 과연 어디에 있는 것일까? 꾸리찌바 시에는 매년 수많은 국내·외의 계획가와 공무원들, 그리고 현지 취재를 위해 언론인들이 방문하는데, 그들은 짧은 체류일정 탓에 대부분 도시를 상세히 관찰하고 배우기보다는 수박 겉 핥기식으로 둘러보고, 시간이 허락하면 시장이나 고위 공직자를 만난다. 그러나, 이때 레르네르가 말한 '창조성'의 비밀은 그렇게 복잡하지도 어렵지도 않다. 그는 "재미를 가져야만 한다. 내 작업과 생활 모두에 재미를 갖고 있다.

페트병을 본떠 만든 원통형 정류장

우리는 매일 웃고 산다. 우리는 우리를 행복하게 만드는 일을 하고 있다"고 말한다. 그가 말하는 창조성의 비밀이란, 다름 아닌 재미와 장난에서 시작한다. 그 좋은 예로, 페트병(플라스틱 광천수 병)을 재활용해 장난감을 만들고, 그 모양을 본떠 튜브 스테이션이라 불리는 원통형 정류장을 만든 것을 들 수 있다. 이렇듯 창조성은 전염성이 매우 강해, 도시 전체를 쇄신하는 데 상당한 기여를 한다.

그것이 이전 정부의 프로젝트를 다음 행정부가 결코 버리지 않는 이유이다. 이들 모두는 항상 지속적 과정을 통해 이루어졌고, 모든 시장이 전임 시장 이상으로 시정을 훌륭하게 이끌어 나갔다. 우리가 꾸리찌바의 계획사를 되돌아볼 때, 시의 모든 공원, 굴절버스, 원통형 정류장, 시민의 거리와 지혜의 등대 등과 같은 아이디어들이 동일한 도시점거 철학과 공공행정 이념—즉, 지방자치의 주인이자 공공서비스의 수혜자인 시민들을 존경하고, 시민 모두가 쉽게 수긍이 갈 수 있도록 상식에 토대를 두고 정책결정을 한다는 원칙이 꾸리찌바 시청에서 오늘날까지 유지되고 있다—에서 유래되었다는 것을 알 수 있다.

꾸리찌바 시는 분명, 세계화를 모토로 지구촌 전체를 휩쓸고 있는 신자유주의 물결로부터 일정하게 벗어나 있는 몇 안 되는 도시 가운데 하나이다. 앞에서 소개한 한스 피터 마르틴과 하랄드 슈만이 그들의 저서에서 언급한 바와 같이, 다가오는 21세기는 노동 가능한 인구 중에서 20%만 있어도 세계경제를 유지하는데 별 문제가 없는 '20 대 80의 사회'가 지배할 것이다. 이 사회에서는 티티테인먼트tittytainment—이 말은 원래 즈비그뉴 브레진스키가 만든 말이다. 미국의 카터 행정부 시절에 안보담당 보좌관을 지낸 그에 따르면, '티티테인먼트'는 즐기는 것을 뜻하는 '엔터테인먼트entertainment'와 엄마 젖을 뜻하는 미국 속어

'티쯔tits'를 합친 말이다. 다시 말해 기막힌 오락물과 적당한 먹거리의 절묘한 결합을 통해서 이 세상의 좌절한 사람들을 기분 나쁘지 않게 만들 수 있다는 것이다―가 판을 칠 것이라고 한다. 물론 이런 생각은 세계 전체뿐 아니라 한 도시에서도 여전히 유효한데, 그것은 곧 정치의 이념이 실종된 상태를 의미한다.

이런 도시들과는 달리 꾸리찌바는 정치의 이념을 되찾고 있는 도시이다. 즉, '공공영역'―교육, 대중교통, 보건 등―은 초라하고 부담이 되는 성가신 존재인 반면, '민간영역'은 빛나고 능률적이라는 최근의 고정관념을 선·후진국을 막론한 대부분의 도시들이 받아들이고 있는데도, 꾸리찌바는 이것을 잘 극복하고 있다. 꾸리찌바는 공공영역을 중시하는 새로운 정치를 실험하고 구현하면서도 사람과 장소를 끊임없이 바꾸고 있는 것이다.

아래에서는 그것을 가능하도록 만든 요인을 좀더 구체적으로 살펴보기 위해 꾸리찌바 시의 행정원리, 즉 계획의 핵심적 원칙을 간단히 요약·정리해 보고자 한다.

5. 계획의 핵심 원칙

꾸리찌바 시의 계획 원칙은 크게 세 가지로 요약된다. 첫째가 저비용인데, 그 대표적인 사례로는 버스교통 시스템을 들 수 있다. 꾸리찌바 시는 한때 지하철 건설을 검토한 바 있는데, 그것이 전문가들에 의해 매우 비싼 것으로 판명되자 시 재정에 부담이 되지 않고 비용이 아주 저렴한 새로운 대안을 모색했다. 계획가들은 난상토론 끝에 버스를 '땅 위의 지하철'로 개발하기로 결정하고, 비용이 적게 드는 원통형 정류장과 굴절버스를 개발·도입했다. 그것은 히오데자네이루에서 하루에 수송하는 지하철 승객의 네 배나 수송할 수 있는 대용량이었으나, 비용은 Km당 200분의 1에 지나지 않는 아주 혁신적인 대안이었다.

이런 정책결정은 우리의 서울, 부산, 대전 등 광역자치단체와는 근본적으로 다르다. 우리의 경우 약 20km의 도시철도를 건설하는 데 1조5천억 원 정도의 엄청난 예산이 투여되어야 하고, 지하철이 운행되기 시작하면 노선 1개당 매년 영업수지 적자 2백50억 원, 원금과 이자 등을 감안한 경상수지 적자는 1년에 평균적으로 1천억 원 이상의 천문학적인 지방재정 적자를 감수해야만 한다. 그 결과, 우리의 광역자치단체들은 약 30년 동안 이자와 원금을 상환키 위해 다시 빚을 지는 빈곤의 악순환을 반복해야 하는 어처구니없는 일을 스스로 선택하는 오류를 범하고 있다. 최소비용으로 최대효과를 얻는 사업보다는 현시효과가 큰 대규모 토목사업을 자치단체장들이 최대비용을 투자해 가면서 무리하게 강행하고 있는 것이다. 이는 결코 주민을 존경하는 선택이 아니다.

꾸리찌바에서 저비용 원칙이 적용된 것은 버스교통 시스템에만 국한되지 않는다. 시의 건물의 대부분이 재활용되었다. 오래된 가구 공장이 꾸리찌바 도시계획연구소로 바뀌고, 탄약창이 연극관, 육군본부가 문화재단, 주물공장이 대중적인 쇼핑몰, 오래된 철도역사가 철도박물관, 그리고 본드 공장이 어린이들이 많이 이용하는 창조센터로 전환되었다. 또한 폐전차의 객차가 보행자 전용광장이 위치한 '꽃의 거리'에서 쇼핑 나온 시민들이 몇 시간 동안 아이들을 맡길 수 있는 탁아소로 재활용되고, 사용기간이 지난 버스—꾸리찌바에서는 시내버스의 평균 서비스 기간이 3년 6개월로, 법률로 제한하고 있는 기간(10년)은 물론이고 브라질 평균(8년)보다도 월등히 짧은 상태임—가 '취업로'와 '물 관찰' 프로그램에 투입되어 이동교실로 다시 태어났다. 그리고 시에서는 연립주택과 같은 엄청난 재정지출 대신에 시민들 스스로가 자력으로 자신의 집을 건설하는 것을 조장할 수 있도록 하는 계기를 만들기 위해 건축기술과 대부금을 제공하기도 했다.

이 밖에도 저렴한 비용으로 얻은 가장 빛나는 성과는 꾸리찌바의 도처에 분포하고 있는 공원을 들 수 있다. 레르네르가 최초로 시장에 취임한 1971년에는, 공원이라고는 도심 속에 있는 시민공원이 유일한 것이었다. 그곳은 페달을 구르면서 보트놀이를 할 수 있는 작은 호수와 운동장, 아담한 동물원, 그리고 봄에 파란 꽃이 피는 이페나무(남미산의 꼭두서니과의 식물임)가 무성하게 자라던 공원이다. 처음에는 이와 유사한 공원을 만들기 위해 노력했다고 꾸리찌바 도시계획연구소의 전 소장이었던 오스발도 나바로 알베스는 당시를 회상한다. "레르네르의 제1기 행정부 시절에 우리는 많은 광장과 플라자를 개발하고자 했고, 그 계획의 일환으로 한 곳을 선정해 담장을 쌓고 많은 나무를 이식했다. 그 사업이 끝난 후 우리는 그런 방식이 매우 값비싼 것이라는 사실을 이해했다." 그런 경험 때문에 꾸리찌바 계획가들은 좀더 혁신적이고 저렴한 공원조성 방식을 새롭게 찾기 시작했다.

다행히도 이 시기는 브라질 대부분의 도시들이 정교한 홍수통제 프로젝트를 수행할 때였다. 꾸리찌바는 다른 도시들과 마찬가지로 시를 관통하는 5개의 주요 하천과 강을 '수로화'하고, 매년 여름철마다 홍수가 범람하여 건물을 비롯한 시의 재산과 인명의 피해가 발생하는 것을 방지하도록 콘크리트 제방을 쌓는 연방 보조금을 받았다. 당시에 제방공사를 많은 업자들과 일부 전문가들은 모든 강을 봉쇄하고 높게 제방을 쌓기를 원했으나, 시청에서는 이 자금의 상당 부분을 하천 주변의 토지를 매입하는 데 사용했고, 나머지는 엔지니어들이 소규모 댐을 막고 범람위험이 높은 일부 하천을 호수로 되돌리는 사업에 투자했다. 이렇게 만들어진 많은 호수들이 홍수기에 일시에 집중하는 유출량을 완화시키도록 우수를 저장·조절하는 유수지 기능을 담당하게 되어, 홍수가 일어도 호수 주변에 있는 조깅 트랙 이상으로 빗물이 넘치는 사례는 거의 없게 되었다. 그 결과, 꾸리찌바에는 우리의 도시하천에서 흔히 보게 되는 하천의 직강화, 둔치 정비 등과 같은 반환경적인 하천정비사업은 물론이고 하천의 건천화로 인한 하천 생태계의 파괴 현상도 찾아볼 수 없다.

이 같은 방식으로 20여 년 동안 탄생한 호수들이 공원의 중심지로 거듭났고, 주변 지역에 수많은 나무들을 심고 가꾸어 도심 속의 공원을 만들어 나갔다. 시간이 지나면서 인구가 세 배정도 증가했지만, 새롭게 탄생한 공원들 덕택에 주민 1인당 녹지면적이 0.5㎡에서 55㎡로 100배 이상이 증가하는 괄목할 만한 성과를 거둘 수 있었다. 이렇게 녹지가 급증하면서 새로 조성된 공원 주변의 지가도 가파르게 상승, 꾸리찌바에 엄청난 재정수입을 가져다주기도 했다. 아무튼, 꾸리찌바 시는 1999년도를 기준으로 불과 14억4천만 헤알—1999년 평균 환율로 계산할 경우 약 7억8천만 달러에 해당한다. 꾸리찌바의 주민 1인당 예산 규모는 미국의 달라스의 약 5분의 1, 디트로이트의 8분의 1에 지나지 않는다—에 지나지 않는 아주 적은 예산을 가지고 저비용 사업을 창조적으로 개발하면서 지방행정의 효율성을 극대화해 나가고 있다.

두 번째로 언급할 수 있는 꾸리찌바의 계획 원칙은 저비용과 연계된 것으로, 단순함과 검소함이다. 레르네르가 말한 것처럼 단순성이 무엇을 의미하는 것인지 정확히 정의하는 것은 매우 어렵다. 단순성은 일종의 정치적 위임을 필요로 한다. 도시행정이란 많은 사람들이 믿는 것과 같이 그렇게 복잡한 것이 아니므로 가능한 한 단순한 아이디어로부터 출발해 정책을 개발하고 집행해야 한다. 만약 그런 사실을 정책결정자들이 인식하지 못한다면, 일을 만들기 위해 일을 하는 전문가들처럼 복잡한 아이디어를 판매하는 사람들의 의견에 지나치게 귀를 기울여야 하는 오류를 범하게 된다. 그것은 관료주의의 폐해를 야기할 뿐만 아니라, 엄청난 재정낭비와 환경파괴를 동반하게 된다.

그러므로 꾸리찌바에서는 단순함과 검소함이 주요 행정원칙의 하나로 견고하게 뿌리를 내리고 있다. 그것은 재활용을 시의 주요 모토로 하고 있다는 점만 보더라도 분명하다. 예를 들어, 이 도시는 우리나라처럼 수십 억 내지 수백 억이 드는 막대한 예산을 투입해 대형 도서관이나 문예회관 등을 건설하지 않는다. 오히려 '지혜의 등대' 처럼 소규모 도서관을 건립하거나 빠이올 연극관과 같이 예전의 탄약창을 재활용해 이용하는 것 등이 보편적으로 받아들여지고 있다. 그리고 대규모 토목공사와 함께 최첨단장비를 도입해야만 운용이 가능한 지하철 시스템보다는, 간단한 원통형 정류장과 정교한 광컴퓨터 시스템을 설치해 급행버스 시스템을 운영하고 있다. 꾸리찌바에는 이런 예들이 일일이 열거할 수 없을 정도로 무수히 많다.

세 번째로 꾸리찌바 시에서 강조되고 있는 행정원칙은 속도이다. "공공사업은 항상 게걸음으로 진행되는 것으로 시민들의 머리 속에 박혀 있다. 속도는 신뢰감을 가져온다"고 레르네르는 말한다. 그의 이런 생각이 어떻게 실천되었는지는, 현재 '꽃의 거리'가 있는 간선도로를 보행자 몰로 전환시킬 때 불과 1주일이 걸렸다는 사실만 보더라도 명확히

꾸리찌바 시의 대표적 상징물 가운데 하나인 오뻬라 데 아라메

알 수 있다. 또한 시의 대표적인 상징물인 오뻬라 데 아라메―폐기된 채석장에서 작은 폭포와 함께 철과 유리로만 만든 새장 모양의 오페라 하우스―를 2개월 만에 건축하고, 파벨라를 형성하는 것을 두려워 한 공무원들이 바리귀 공원과 같은 대규모 공원을 불과 20일 만에 개발하는 경이적인 기록을 보이기도 했다. 물론 이와 같이 단기간에 군사작전을 하듯 빠르게 기반공사를 마무리한다고 해도 꾸리찌바에는 우리네와 같이 공사 감리의 허술함이나 부실공사가 거의 없다.

   이렇게 꾸리찌바에서 속도를 강조하는 행정원칙이 자리잡은 가장 큰 이유는, 자치단체장이 재임을 할 수 없도록 되어 있었던 이전 선거법의 임기 제한―1997년 말에는 연임을 가능토록 하는 법개정이 이루어졌다―규정 때문이기도 했다. 4년 단임으로 시장의 직무를 수행하도록 되어 있어, 레르네르를 비롯해 대다수 시장들은 속도 이데올로기를 하나의 전술로서 갖고 있었다. 그렇다고 브라질의 모든 도시가 속도를 강조하는 것은 아니다. 브라질에는 어떤 행정부도 그들 선조들이 착수한 사업들을 임기 중에 성공적으로 마무리하는 것이 불가능하다고 인식하는 오랜 전통이 여전히 남아 있다. 이들 도시에 꾸리찌바는 중대한 경고를 보내고 있는 것인지도 모른다.

그런 관점에서 볼 때, 레르네르의 다음과 같은 언급은 지방자치 시대를 맞이하고도 여전히 중앙정부의 눈치를 살피고 의존하려는 우리나라의 많은 자치단체장들에게 커다란 충격으로 다가온다.

"지방정부만이 재빠르게 지역의 현안문제에 대응할 수 있고, 그것이 환경문제를 해결하는 데 국가보다 시 정부가 더 중요하다고 생각하는 이유이다. 우리는 지금보다 더 빠르게 대답을 얻을 수 있고, 기술이 우리에게 이것을 제공한다. 신용카드가 우리에게 신속하게 재화를 제공하고, 팩스 또한 우리에게 메시지를 빠르게 전달해주고 있다. 석기시대에 머무르고 있는 유일한 곳은 중앙정부뿐이다."

이런 생각은 레르네르의 머리 속에만 있는 것이 아니고, 이제는 모든 꾸리찌바 시의 행정철학으로 확고하게 자리잡아 이 도시에서는 가능한 한 외부의 도움이 없이도 실현 가능한 독창적인 아이디어를 개발하고, 나아가 재정적으로도 주와 연방정부에 의존하지 않는 창조적인 자기자금 조달 프로그램을 입안하고 추진하는 것이 하나의 관행으로 자리잡고 있다.

6. 지속 가능한 풍요의 실현

지금 세계는 최종 목적지가 어디인지도 모른 채 다양한 속도로 움직이는 네 가지의 메가트랜드가 크게 지배하고 있다고 한다. 노령화의 물결, 정보혁명이 야기하는 고용 없는 성장, 기후변화와 생물 다양성 절멸, 통화 불안정으로 인한 경제위기 등이 바로 그것이다. 현재 진행 중인 이런 거대한 동향의 중심에는 과연 무엇이 자리잡고 있을까! 필자가 보기에는 아마도 어느 나라이건 법정통화의 희소성으로 인해 위의 문제를 풀기에는 돈이 절대적으로 부족하다는 사실이 아닌가 싶다. 이런 사정은 한 국가뿐 아니라 한 도시에서도 그대로 적용된다.

오늘날 지구상에 있는 거의 모든 도시들은 자신들이 안고 있는 크고 작은 문제들을 해소하기에는 언제나 예산이 부족하다고 말한다. 그것은 기존의 국가통화와 금융시스템이 경쟁을 낳고, 희소성을 유지하도록 프로그램화되어 있다는 사실을 인지한다면, 어쩌면 너무나 당연한 것인지도 모른다. 하지만 이웃들과의 경쟁보다는 상호작용을 유도하고, 어린이와 노인들을 보살피고, 공동체 구성원들간의 나눔과 보살핌을 주요한 게임 원칙으로 삼으면서 협력을 유인하는 통화cooperation-inducing currency를 개발해 국가통화와 함께 사용한다면 어떠한 상황이 연출될 수 있을까? 아마도 이런 보완통화complementary currency를 국가통화와 병행해 사용하는 창조적인 방안을 찾고, 그것을 잘 활용한다면 우리들은 우리 삶터에 지속 가능한 풍요의 길을 열을 수 있을 것이다.

여기서 말하는 지속가능한 풍요Sustainable Abundance란 베르나르 리에테르Bernard Lietaer가 최근 출판한 그의 저서, 『돈의 미래The Future of Money: Creating New Wealth, Work and a Wiser World』에서

언급한 바와 같이, 미래의 자원을 낭비하지 않으면서 물질적, 감정적 그리고 정신적으로 번영하고 성장하는 것을 의미한다. 좀더 쉽게 말하면, 미래 세대가 현 세대와 같거나 더 나은 생활방식을 향유할 가능성을 훼손치 않으면서 현 세대가 풍요로운 삶을 누리는 것을 말한다. 이것은 하나의 꿈이 아니라 지금 세계 속에서 현실적인 가능성이 되고 있는데, 그 좋은 예를 꾸리찌바에서 찾아볼 수 있다. 지금까지 국내는 물론이고 국제사회에서도 꾸리찌바가 국가통화와 병행해 혁신적인 보완통화를 개발·사용하고 있다는 사실은 거의 알려져 있지 않다. 그것이 바로 꾸리찌바가 대부분의 자치단체와는 달리 재정적으로 주와 연방정부에 상대적으로 덜 의존적인 채 부족한 투자재원을 조달하고, 동시에 시민들의 삶의 질을 높이는 열쇠인데도 말이다. 여기서는 꾸리찌바가 지속가능한 풍요의 길을 어떻게 개척해왔는지를 좀더 구체적으로 알아보기로 한다.

흔히 '인간의 얼굴을 한 돈'이라 불리는 지역화폐는 뉴욕의 이타카시에서 유통되는 '이사카 아워즈 Ithaca HOURS' 처럼 직접 돈을 인쇄해 사용하는 유형의 화폐와, '레츠LETS(Local Exchanges Trading Schemes),' '타임 달러 Time Dollars' 등과 같은 무형의 화폐로 현재 전세계의 많은 지역에서 유통되고 있다. 후자에 가까운 꾸리찌바의 지역화폐는 브라질의 공식적인 법정통화인 헤알 Real처럼 모든 지역에서 통용되는 국가화폐가 아니고 꾸리찌바에서만 유통되는 무형의 돈이다. 이 돈은 대부분의 지역화폐가 그렇듯이, 경제적 위기 상황 속에서 태어났다. 위기 危機라는 한자에는 '숨겨진 기회'라는 의미가 포함되어 있는데, 꾸리찌바에서는 재정적 위기 상황 속에서 무수히 많은 도시문제들을 해결하기 위한 한 방안으로 세계 어느 곳에서도 유례를 찾아볼 수 없는 그들만의 독창적인 돈을 창조했다. 이제부터는 위기를 지혜롭게 기회로 전환시킨 흥미로운 이야기를 간단히 살펴보자.

자이메 레르네르가 1971년 꾸리찌바 시에서 처음 관선시장으로 임명되었을 때, 가장 큰 골칫거리 중 하나는 이른바 파벨라라 불리는 빈민촌의 쓰레기 처리문제였다. 당시 파벨라의 사정은 쓰레기를 수거하는 트럭이 들어가기에 충분히 넓은 도로가 없었기 때문에 도처에 쓰레기가 산적해 있었고, 쥐가 그곳에 서식하면서 여러 가지 질병을 창궐시키는 형편이었다. 이렇게 주민들의 건강에 위협을 가할 만큼 심각한 상황이었는데도, 꾸리찌바 시 당국은 파벨라 지역을 불도저로 밀고 도로를 신규로 건설하여 쓰레기 수거 트럭이 쉽게 접근할 수 있도록 하는 통상적인 해결책에 쓸 자본을 갖고 있지 못했다. 이것이 직접적인 계기가 되어, 꾸리찌바 시는 시민들과 함께 쓰레기 문제를 풀어 가는 아

재활용 쓰레기를 농산물과 교환하는 장면

주 창조적인 길을 발명하게 된다.

먼저 꾸리찌바 시에서는 파벨라와 인접한 곳에 위치한 도로상에 유리, 종이, 플라스틱과 생분해성 물질 등으로 표시가 되어 있는 큰 금속상자를 놓아두었다. 이 상자는 글을 읽을 수 없는 문맹자들을 위해 색깔로 부호화해 식별이 용이하도록 특별히 만들어 비치해두었다. 그리고 다양한 방법으로 쓰레기 분리수거의 필요성과 그 효과 등에 대한 교육과 홍보사업 등을 꾸준히 진행시켜 나갔다.

이렇게 시작된 분리수거 운동의 초기에는 동참한 사람들에게 버스 토큰을 나누어주고, 또한 학교에서는 가난한 학생들에게 공책을 선물로 나누어주었다. 이런 작은 경제적 인센티브로 인해 가난한 빈민들과 어린이들의 능동적인 참여가 늘어나면서 꾸리찌바에 커다란 변화의 바람이 일기 시작했고, 그에 힘입어 파벨라는 물론이고 도시 전역이 점진적으로 깨끗해지기 시작했다. 이를 보고 1989년부터 시에서는 '쓰레기 아닌 쓰레기' 프로그램, 쓰레기 구매와 녹색교환 프로그램 등 다양한 폐기물 관리 프로그램을 완전히 제도화시켜 쓰레기를 버스 토큰, 공책, 그리고 감자, 양파, 당근, 바나나, 오렌지 등 여러 가지 농산물과 교환해주었다.

필자의 생각으로는, 자이메 레르네르가 개발한 이 기발한 아이디어는 다름 아닌 '꾸리찌바 돈Curitiba Money'의 발명이다. 꾸리찌바에서 쓰레기와 교환한 전표는 헤알처럼 히오나 사웅파울로에서는 쓸 수 없지만, 이 도시에서는 버스 토큰이나 농산물 등과 교환이 가능한 하나의 화폐로서, 일종의 보완통화의 역할을 하고 있었다. 좀더 쉽게 말하면 쓰레기는 바로 국가통화인 헤알이 부족한 사람들이 보완해 쓰는 돈이다. 이제 이곳에서는 쓰레기는 더 이상 쓰레기가 아니고 돈이 되는 보물이 된 것이다.

오늘날 꾸리찌바 시 전체 가구의 70% 이상이 쓰레기 재활용 운동에 참가하고 있는 것으로 보고되고 있다. 62개의 아주 가난한 마을에서 11,000톤의 쓰레기가 약 100만 개의 버스 토큰, 1,200톤의 식량과 교환되었고, 100개 이상의 학교에서 200톤의 쓰레기가 지난 3년(1995~97년) 동안 190만 권의 공책과 교환되었다. 또한 엄청난 양의 폐지의 재활용으로 하루에 1,200그루의 나무를 구하고 있다. 지역화폐가 매개해 창출한 이 엄청난 실적을 국가통화로 환산한다면, 그 금액은 아마도 가공할 만한 수치가 될 것으로 보인다.

그렇다고 꾸리찌바 시가 지금 지구촌 전역에서 하나의 대안운동으로서 들불처럼 번지고 있는 지역화폐를 창조했다고 공식적으로 발표한 적은 없었다. 다만 일부 학자와 전문가들의 논문 속에서 간헐적으로 소개 또는 언급되고 있을 뿐이다. 하지만 여기서 우리들이 반드시 짚고 넘어가야 할 것은, 꾸리찌바 시에서는 지역의 모든 주요 이슈에 통합적인 시스템 분석이 사용되었고, 그 이슈들을 해결하는 과정에서 자연스레 보완통화를 창조한 것만은 분명하다는 사실이다. 이것은 쓰레기와 관련해서만 유일하게 지역화폐가 유통되고 있는 것은 아니라는 것을 뜻한다.

예를 들어 또 다른 시스템은, 특히 시에 재정부담을 주지 않는 방식으로 역사적 건물의 복원과 녹지 조성, 사회주택social housing의 건설 등에 자금을 공급하도록 설계되었다. 그것은 '창조된 토지solo criado(영어로는 created surface)' 라 불리는 것―도시계획 전문가들은 개발권 양도제(TDR: The transfer of development rights)라 부른다―으로 다음과 같이 작동한다.

대부분의 도시들처럼 꾸리찌바는 각 존zone별로 건설할 수 있는 층수가 명기된 상세한 용도구역계획zoning plan을 갖고 있다. 그러나 꾸

가리발디 하우스

리찌바에는 다른 도시들과 달리 획일적인 기준을 설정해놓지 않고 두 개의 기준, 즉 표준 허가기준과 최대기준이라는 아주 특이한 제도적 장치가 마련되어 있다. 이를 보통 사람들이 좀더 알기 쉽게 이해할 수 있도록 평면이 1만㎡인 호텔의 경우를 가정해 보기로 하자. 이곳의 표준 허가기준이 10층이고 최대기준이 15층인 경우, 토지소유자가 15층의 호텔을 건설할 계획을 갖고 있다면 '창조된 토지 시장'에서 이 두 기준의 차이에 해당하는 5만㎡(5층×1만㎡)를 사야만 한다. 여기에서 우리들이 유념해야 할 것은 시 당국이 단지 시장에서 수요와 공급을 조화시키는 중개인의 역할만 수행한다는 점인데, 아래에서는 그것이 구체적으로 어떻게 이루어지는지 역사적 건물을 실례를 들어보기로 한다.

땅구아 공원의 호수와 수상카페

　꾸리찌바 시에 있는 이탈리아노 클럽Club Italiano은 가리발디 하우스 Garibaldi House라 불리는 아름다운 역사적 건물을 소유하고 있었다. 대지면적이 2만5천㎡인 이 하우스를 재산으로 가지고 있었지만, 이탈리아노 클럽은 엄청난 예산이 소요되는 건축물의 복원 사업을 감당할 경제적 능력이 없었다. 하지만 하우스가 최대기준에 따라 2층까지 건설할 수 있는 지역에 입지하고 있었기 때문에, 클럽은 최고의 입찰자, 즉 앞서 소개한 호텔 소유자에게 5만㎡(2층×2만5천㎡)를 팔 수 있었다. 이 거래로 발생한 수익은 외형적으로 클럽에 속하는 것으로 보이지만, 실제로는 그 금액의 전부가 가리발디 하우스의 복원에 사용되었다. 이는 호텔

소유자가 시로부터 어떤 재정 간섭도 없이 호텔의 초과 층을 건설하는 권리를 획득하기 위해 역사적 건물의 복원 비용을 지불했다는 것을 뜻한다. 이렇게 '창조된 토지 시장'이 작동하는 영역은 꾸리찌바 시에는 무수히 많다.

녹지 조성이나 사회주택의 건설 등과 관련해서는 좋은 사례들이 더 많다. 대규모 토지 소유자가 가로의 한쪽 면의 개발권을 획득하고자 할 경우, 반드시 다른 면에 공공공원을 조성하도록 만들었다. 현재 꾸리찌바 시에서 시민들에게 개방되고 있는 16개의 대규모 공원 가운데 가장 최근에 조성된 몇 개는 순수하게 이런 방식으로 자금을 조달한 것으로 알려져 있다. 또한 도시빈민들을 위한 사회주택 건설에도 이와 같은 방식을 적용해 주택문제의 해소에도 일조하고 있는 것으로 전해지고 있다. 이것은 항상 부족한 투자재원에 시달리는 꾸리찌바 시가 문화유산 복원, 녹지 조성, 주택 건설 등에 직접 예산을 투자하지 않아도 되는 길을 열어주고, 건설업자들에게는 개발권을 취득하면서도 사회적으로 기여하는 통로를 만들어 주었으며, 나아가 시민들에게는 이로 인한 추가적인 세금 부담이 없이도 다양한 행정 서비스를 받도록 해주었다. 한마디로 모두가 이기는 윈-윈 게임을 연출하고 있는 것이다.

벨기에 중앙은행의 중역으로, 그리고 루뱅대학교의 국제금융학 교수로 지난 30여 년 동안 국제금융 시스템의 중심에 서서 일했던 베르나르 리에테르의 지적대로, 이런 '창조된 토지 시장'은 전문화된 보완통화의 한 형태이다. 그것이 바로 다른 도시들이 전통적인 자금조달 방식, 바꾸어 말하면 시의 일반예산으로 획득해야만 했던 공공재를, 꾸리찌바의 경우 추가적인 예산지출 없이도 확보하도록 만든 것이다.

최근 들어 꾸리찌바를 방문한 많은 국내의 전문가, NGO 및 공무원들은 대전, 광주 등 우리나라 광역자치단체와는 비교가 되지 않을 정도로 적은 예산으로 그렇게 높은 삶의 질을 가진 도시를 어떻게 만들었는지를 필자에게 물어왔다. 그들 중 일부는 연방정부나 국제기구로부터 꾸리찌바 시가 많은 지원을 받은 것은 아닌지 질문해왔고, 또 다른 사람들은 그들이 아무리 저비용 전략을 채택하고 있다 하더라도 한정된 재원을 가지고 오늘날과 같이 괄목할 만한 성과를 거두었다는 사실은 신기하기는 하지만 솔직히 믿을 수 없다고 말하기도 했다. 필자는 여기에서 거짓말 같은 그 비밀의 열쇠가 우리들이 현실 세계에서 확인할 수 없는 요술이 결코 아니라는 점을 분명히 하고자 한다. 그 이유는 꾸리찌바가 부족한 국가통화를 보충해 쓸 수 있는 창조적인 보완통화를 개발하여 지금까지 효율적으로 잘 활용해 왔다는 사실을 필자가 누구보다 잘 알고 있기 때문이다.

꾸리찌바의 성공 신화는 단순히 자이메 레르네르와 같은 탁월한 정치적 지도자의 카리스마나 민족적 배경에만 기인하는 것은 결코 아니다. 이 밖에 하파엘 그레까와 까시오 다니구찌 시장 등 일단의 정치 교사들이 아주 다른 개성과 민족적 배경을 가지고 있었는데도, 꾸리찌바를 하나의 실험실로 보고 꿈속에나 가능할 것 같은 풍부한 상상력과 아이디어를 현실로 옮겨놓았다는 사실을 지적할 수 있다. 그 가운데 특히 우리들의 관심을 끄는 것은 지구촌 어디에도 유례가 거의 없는 방식으로 공동체의 경제적 잠재력을 최대한 활용하는 보완통화를 개발해 나눔과 보살핌의 경제 시스템을 구축했다는 점일 것이다.

이와 같은 경제 시스템은 앞서 언급한 지속가능한 풍요의 토대가 되는 것으로, 그 효과는 꾸리찌바가 달성한 경제적 성과만을 보더라도 쉽게 확인된다. 평균적인 꾸리찌바 사람들은 브라질 최저임금의 약 3.3배의 소득을 얻고 있는 것으로 공식적으로 발표되고 있으나, 그들의 실질 총소득은 국가 평균보다 적어도 30%가 더 높은 수준인, 최저임금의 약 5배에 해당한다고 한다. 여기서 말하는 30%의 차이는 쓰레기와 관련된 프로그램에서 간접적으로 주어지는 화폐 소득과, 브라질에서 가장 발전된 다양한 사회지원 시스템과 활기에 찬 교육·문화 프로그램 등으로부터 얻는 간접적인 소득인 것으로 추정되고 있다. 게다가 꾸리찌바 시민들은 브라질 내의 다른 지역보다 상대적으로 낮은 세금을 내고 있다는 점 또한 적지 않게 작용한 것으로 보인다. 이런 일련의 성과는 거시경제적 지표를 보아도 여실히 입증된다. 1980년과 1995년 사이에 꾸리찌바의 1인당 국내총생산액은 빠라나 주나 브라질 전체 평균보다 45%나 빠르게 성장한 것으로 알려지고 있다.

　꾸리찌바의 사례를 고찰하면서 우리는, 전통적인 국가통화와 잘 설계된 보완통화 양자를 사용하는 시스템적 접근이 지방정부는 물론 해당지역에 사는 주민들에게 얼마나 큰 도움을 주는지 직접 피부로 느낄 수 있다. 그것은 항상 재정부족으로 허덕이고 신음하는 지방정부에게 좁은 숨통을 열어주고 먼 장래를 내다보며 호흡하도록 만들어준다. 그리고 오로지 국가통화라는 이름의 전통적인 시장경제에 초점을 맞추면서 경쟁을 일삼는 사람들과, 거기에서 소외되어 있는 빈민들을 포함한 사회적 약자 모두에게 공통으로 이익을 가져다준다. 이런 사실은 꾸리찌바의 지난 30여 년의 경험이 그대로 보여주고 있다. 한 세대 안에 제3세계의 도시가 제1세계 도시 수준의 삶의 질을 어떻게 만들었지를 보면서, 지속 가능한 풍요란 결코 멀리 있는 것이 아니라는 사실을 새삼 깨닫게 된다.

에필로그

이제 우리도 새롭게 시작하자

미국을 포함한 선진국의 경험은 성장과 빈곤만이 도시가 직면한 유일한 문제가 아니고, 풍요 역시 한 사회를 무너뜨릴 수 있다는 것을 보여주고 있다. 그런 징후는 서구 사회의 진보를 대변하는 뉴욕이나 파리의 지하철에서 밤마다 노숙하는 무주택자, 부랑인, 알코올 중독자 등을 통해 쉽게 발견할 수 있다. 또한 대다수 사람들이 옆집에 사는 이웃들을 모르고, 공동체 안에서 다른 사람들과의 접촉을 통해 즐거움을 느끼며 살지 못해 물질을 소유하는 것으로 보상을 받고자 한다. 그런 사회 속에서 사람들은 공연장에서 직접 콘서트를 즐기기보다는 컴팩트디스크를 선호하고, 공원에서 축구를 하기보다는 TV를 통해 경기를 관람하는 것이 일상화되어 있다. 이런 사회는 지나치게 많은 것을 소비한다.

그러나 꾸리찌바에서는 서구 도시와는 달리 풍요의 그늘을 찾기가 그렇게 쉽지 않다. 그것은 꾸리찌바의 관리들이 "무엇이 공동체와 사람을 위한 것인가?"를 오래 전부터 스스로 질문해왔기 때문이다. 지구상에서 꾸리찌바는 살기에 적당한 환경을 창출하는 것을 도우면서 적당한 생활을 유지하고 있는 흔치 않은 도시 가운데 하나이다.

이렇게 균형 잡힌 사회를 서구 도시도 아닌 남미의 외딴 변방도시인 꾸리찌바에서 구축하고 있다는 사실은 정말 놀라운 일이 아닐 수 없다. 그래서인지 1992년 5월에 꾸리찌바에서 개최된 한 도시회의─히오에서 지구정상회담이 열리기 한 주 전에 개최─에서도 적지 않은 논쟁이 있었다고 한다. 이 회의에 참석해 「지속가능한 개발을 위한 꾸리찌바 협약」을 채택한 많은 시장과 도시계획가들 사이에서, 꾸리찌바 시의 성공을 브라질이든 세계의 나머지 국가이든 간에 복제할 수 있는 것인지, 아니면 역사적 환경, 시민의 특성과 자이메 레르네르의 무한한 상상력의 진귀한 결합의 산물인지에 대해 상당한 논란이 있었던 것이다.

아무튼 꾸리찌바에는 대부분의 도시에서는 실종되어 있는 정치가 복원되어 시민들이 사는 장소는 물론이고 사람 개개인도 바꾸어놓고 있다. 그것은 시 당국이 꾸리찌바 시민에 대해 무한한 존경심을 보이고 있기 때문에 가능하다. 이것이 무엇을 의미하는지는 꾸리찌바 도시계획연구소 소장이었던 오스발도 나바로 알베스의 다음과 같은 말을 들으면 더욱 분명해진다. "당신이 사람들을 존경할 때, 그들 역시 당신을 존경한다. 사람들은 시가 그들을 위해 많은 것을 행하고 있다는 것을 알게 되면, 책임을 다하기 시작한다."

가장 인상적인 변화는 사회적 프로그램을 지지하는 사람들의 의지다. 전반적으로 보수적인 곳으로 인식되는 이 도시에서, 시가 빈민을 돕는 데 너무 많은 돈을 지출하고 있다고 생각하는 사람을 우리는 단 한 명도 만나볼 수 없다. 그런 사회적 합의와 공동체 의식이 사회적 버스요금─상대적으로 부유한 근거리 통행자들이 원거리에서 통근하는 빈민들을 보조하는 버스요금 단일제─과 같은 혁신적인 제도를 도입하도록 했음은 두말할 나위도 없다. 그리고 시민들의 시에 대한 존경의식을 보여주기라도 하듯이, 깨어지기 쉬운 유리로 만들어진 원통형 정류장과 오페라 하우스, 그리고 식물원 온실 등 어디에서도 공공시설물의 파괴 행위를 발견할 수 없다.

이렇게 장소와 사람을 모두 바꾸어놓는 데 촉매제 역할을 담당한 것은, 앞서 살펴본 바와 같이 꾸리찌바 시 행정에 깊게 배어 있는 자이메 레르네르의 철학과 주요 행정원칙, 즉 통합성, 창조성, 지속성, 저비용, 단순함, 속도 등이다. 필자가 '꿈과 희망의 도시'라 부르는 꾸리찌바는 이런 행정원칙들이 잘 결합되고 조화롭게 유지되면서 이루어진 한 결과물인 것이다.

그렇다고 필자의 이런 분석 결과를 꾸리찌바 시민 모두가 동의하는 것도 아니고, 일부 전문가들 사이에서는 비판의 목소리도 적지 않을 것으로 보인다. 필자가 꾸리찌바에 체류 중에는 그런 이야기를 직접 듣지 못했으므로 여기서는 빌 매키벤이 전해주는 내용을 중심으로 간단히 소개해 보기로 한다. 이것은 꾸리찌바를 연구하기 위해 1993년에 도시계획연구소에 도착한 버클리대학교의 한 대학원생의 경험담을 토대로 한 것이다.

멜라니 크리쉬난쿠티는 시의 고위 계획가들이 버스를 타고 어떻게 집에 가는지를 그녀에게 말하지 못했고, 그들이 자동차를 너무나 사랑하는 탓에 자가용 없이 통근한다는 것은 꿈에 가깝다는 사실을 발견했다. 그리고 시의 전역에 분포한 하위 계획가들에게 설문조사를 해 얻은 결과를 보면, 응답자의 상당수가 불만을 지니고 있었다. 그들은 시의 대부분의 기능이 도심에 집중되어 있고, 주변의 지역사회는 고려되지 않고 있다고 조심스럽게 응답했다. 또한 교통 양태의 변화는 자동차가 주거지를 통해 통행하도록 했고, 많은 사람들이 아직 집으로부터 먼 거리에 떨어져서 일을 하고 있다고 말했다. 그리고 다른 응답자들, 특히 최근에 꾸리찌바 시에 들어온 젊은 계획가들은 꾸리찌바가 장소의 마케팅에 너무 역점을 기울이고 있다고 비판했다. 여기서 더 나아가 그들은 현재의 슬로건인 '생태도시'의 선전을 잊어버리라고 말하고, 때때로 외부에서 꾸리찌바에 방문하기 위해 오는 사람들을 볼 때 웃기까지 한다고 말한다. 심지어 "그들은 '이거 참, 선전은 터무니없어요.' 라고 말한다"고 멜라니는 지적했다.

그러나, 한때 지방정부에서 행정과 도시계획 업무를 경험해본 필자로서는 앞서 언급한 계획가들의 의견에 동의하기가 사실상 어렵다. 그 이유는 그들이 지적한 몇 가지 문제점들이 인간의 탐욕과 관련되어 있기 때문에 아주 피상적이고, 심지어 탁월한 시책 개발과 막대한 예산을 투자해도 해결할 수 없는 것으로 보이기 때문이다. 더구나 필자는 자동차라는 아편이 가져다주는 신속성, 편의성과 안락함이 얼마나 한 도시를 망실시키고 있는지를 누구보다 잘 알고 있기 때문이다. 어쩌면 그들은 경제, 사회, 문화에서부터 도시구조나 자연환경에 이르기까지 엄청난 파괴를 가져오고, 수조 원에 이르는 교통혼잡 비용과 대기오염, 교통사고 등과 같은 사회적 비용을 천문학적으로 양산하고 있는 도시를 꿈꾸고 있는지도 모른다. 그리고 환경오염의 심화와 자연생태계의 파괴, 지구환경 악화, 보행 및 자전거 통행과 같은 녹색교통의 쇠퇴, 대중교통의 몰락, 사회경제적 교통 약자의 양산 등을 자연스러운 현상으로 받아들이는 사람들인지도 모른다. 필자는 이런 사회에는 꿈도 희망도 없다는 확고한 신념을 가지고 있다.

이 밖에도 꾸리찌바 시가 추구하는 빈민과 부자의 공생이 위선이라고 비판하는 사람 또한 적지 않다. 꾸리찌바의 대표적인 파벨라인 빌라뻰또가 그 좋은 예이다. 이 파벨라에는 약 600~800명이 손수레를 끌고 고

물상을 하며 생계를 유지하고 있는데, 이들 중 대부분은 시 교외에 있는 6개 대규모 수집상에게 재활용품을 판매한다. 손수레 한 대가 하루에 300kg을 수거하고, 그것을 실물가격으로 판매하면 일당은 2,400그루제이로(약 10달러)에 해당한다. 그러나 가격을 조작할 수 있도록 독과점을 형성하고 있는 재활용품 수집상들이, 충분치는 않지만 생활은 겨우 할 수 있는 이 소득조차 보장하지 않고 kg당 3그루제이로(하루에 약 4달러)밖에 되지 않는 아주 낮은 값만을 지불한다. 그리고 컴퓨터 용지를 구매할 때도 단순히 시장이 없다는 이유를 들어 공식가격의 절반에 매입하는 등 적지 않은 횡포를 부리고 있다. 이렇게 기업가들이 빈민에게 군림하는 가장 큰 이유는 그들이 손수레와 작은 집을 제공하고 있기 때문이다. 그래서 빈민들은 돈을 모아 새 집을 장만하기 전까지 '비자발적인 노예상태'에서 벗어나지 못하고 있다.

그럼에도 불구하고, 안내를 맡았던 한 한국인 유학생은 다음과 같이 지적하고 있다. "꾸리찌바에도 거리에서 달러를 구걸하는 거지들이 있다. 그러나 그런 상황은 히오나 사웅파울로와는 비교가 되지 않을 만큼 양호하다. 히오의 파벨라를 가보고 꾸리찌바의 빈민들의 생활 상태와 비교해보라. 그런 모습은 우리가 제1세계인 선진국에서도 발견할 수 있는 일이다." 지구촌에 있는 자본주의 도시 어디에서도 쉽게 볼 수 있는 일을 가지고 꾸리찌바 시를 폄하하는 것 역시 올바른 것은 아닌 것으로 생각된다.

레르네르는 "제1세계 주민들이 꾸리찌바가 제3세계 도시인데 우리들에게 무엇을 가르칠 수 있는가라고 말한다"고 깊게 숨을 내쉬며 탄식한다. 그리고 그는 "제3세계에 사는 꾸리찌바인들이지만 우리들은 제1세계 도시에 살고 있다"고 말한다. 이런 레르네르의 주장은 결코 구호나

선전으로 하는 헛말이 아니다. 실제로 필자가 확인한 바에 의하면, 꾸리찌바에서는 정치가 고상하고 유용한 전문적 영역이고, 장소와 사람들을 변화시킬 수 있는 기술이다. 그런 정치가 만개하고 있는데, 우리들이 어떻게 꾸리찌바를 제3세계 도시라 부를 수 있는가?

지금까지 우리들이 앞에서 살펴본 꾸리찌바 시의 개발 경험이 그렇다고 전혀 문제점과 장애물이 없었던 것은 아니다. 빠라나 주 전역의 도시 하수시설에 대해 건설·관리 책임이 있는 주 정부의 예산 부족 때문이기는 하지만, 꾸리찌바 시 인구의 약 60% 정도만이 하수체계에 연결되고, 하수의 대부분이 최종 처리를 하지 못한 채 방류되어 하천 수질이 상당히 나쁜 상태에 놓여 있다. 세계은행의 지원 아래 하수도 설비가 완공될 2002년(하수도 보급율 80%)까지는 이런 상황이 계속될 것으로 보인다. 그리고 시의 행정구역 안에서 취학아동의 약 절반이 학교를 완전히 졸업하지 못하고, 꾸리찌바 시민의 약 7% 정도가 여전히 53개의 파벨라에서 산다. 이들 수치는 다른 브라질 도시와 비슷한 수준이다. 따라서 꾸리찌바에는 아직 혁신적인 해결책을 기다리는 중요한 문제들이 적지 않다.

또한 광대한 계획이 수많은 부문으로부터의 협력을 필요로 하므로 여러 가지 장애가 있었던 것으로 전해진다. 무엇보다 심각한 1차적 장애는 아마도 재정과 관련된 것이 아니었나 싶다. 브라질의 도시들이 재정적으로 주와 연방정부에 의존했기 때문에 꾸리찌바는 창조적인 자기자금 조달 프로그램을 개발해야만 했고, 외부의 도움 없이도 그 자신의 독창적인 아이디어를 집행해야만 했다. 그리고 높은 인플레이션—1991년에는 한 달 평균 25%, 1993년과 1994년에는 1991년보다 월등히 높은 살인적인 인플레이션을 경험했다. 그리고 IMF 경제위기가 다시 찾아온

1999년에도 사정은 비슷했다— 때문에 교통요금과 운영비용을 인플레에 대처해 일정하게 조정하는 노력 또한 필요했다.

　이 같은 문제점과 장애요소가 존재하고 있었는데도, 보완통화 시스템을 비롯한 많은 혁신적인 시책들은 남미의 한 나라로서가 아니라 마치 스위스나 스웨덴에 있는 도시처럼 잘 시행되었다. 그 결과 종종 브라질의 다른 도시는 물론이고 해외로부터 기술계획팀들이 방문을 오고, 꾸리찌바에서 시작된 몇몇 아이디어는 국내뿐 아니라 다른 선진국의 도시로 확산되어 갔다. 예를 들면, 버스전용 차선, 보행자 가로, 토지이용 법령의 점진적인 개발과 지상통합교통망, 재활용 프로그램, 문화유산의 보존·복원 등은 꾸리찌바를 하나의 모델로 해서 다른 브라질 도시도 점진적으로 발전시켜 나갔다. 몇몇 노력들은 국제적으로 이전되었는데, 캐나다 토론토 시 도시계획과 1992년 뉴욕 시에 도입된 경궤도 사업은 '거대도시 프로젝트'—이 프로젝트는 1987년에 뉴욕대학의 자니스 펄만 박사가 제창한 이래, 현재는 런던, 로스앤젤레스, 뉴욕, 동경, 북경, 방콕, 봄베이, 부에노스아이레스, 델리, 자카르타, 사웅파울로, 꾸리찌바 등 선·후진국의 대도시들이 환경재생, 빈곤 완화, 소득 창출 등 다양한 도시행정 분야의 정보교환 및 기술이전을 도모하고 있는 사업이다. 세계 전역의 대도시에서 온 전문가와 공무원들이 1년에 2회씩 모여 정보를 공유하고, 한 도시에서 다른 도시로 혁신적인 사업의 이전을 검토하고 토론한다—의 일환으로 추진된 것이다. 이 밖에도 최근 들어서는 프랑스의 리옹과 캐나다의 벤쿠버에서 꾸리찌바의 버스교통 시스템을 도입하는 문제를 검토하기 시작했고, 작년에는 자동차 산업의 메카라 불리는 미국의 디트로이트 시에서도 상공회의소를 비롯한 각종 시민·사회단체들이 꾸리찌바의 시스템을 도입하자는 대대적인 운동을 전개한 것으로 알려지고 있다.

　아무튼, 꾸리찌바 시의 많은 주민들이 초기에는 시가 추진한 교통과 토지이용계획을 통합한 도시계획과 환경계획에 회의적이었다 할지라도, 지금은 시민의 99%가 다른 곳에 살기를 원치 않을 만큼 정주의식이 매우 높다. 심지어는 히오데자네이루, 사웅파울로 등 북부의 거대도시 주민의 약 70%도 브라질에서 최상의 생활을 영위하는 도시로서 꾸리찌바를 손꼽는 데 주저하지 않고 있다고 한다. 이것은 최근의 한 조사에서 밝혀진 바와 같이, 뉴욕 시민들의 60%가 그들의 부유한 세계도시 뉴욕을 떠나고 싶어한다는 사실과 비교하면 정말 놀라운 일이 아닐 수 없다.

　세계은행은 시장의 지도력과 시민참여가 도시환경을 깨끗하게 만들 수 있다는 하나의 실례로서 꾸리찌바 시를 곧잘 인용하고 있다. 반면, 일부 사람들은 찬 기후와 높은 유럽 이주민의 비율을 가진 꾸리찌바는 브라질 도시 중에서 아주 특별한 사례가 될 것이라고 주장하고 있다. 그러나 "꾸리찌바가 환경을 보살피는 데 보여준 관심, 창조성과 지역사회의 노력을 제외하고는 특별한 것이 없었다"고 주장하는 레르네르 시장의 말을 염두에 둘 때, 꾸리찌바의 사례는 분명히 세계 속에서 예외적인 것은 아니다. "꾸리찌바는 지구촌을 대표하는 모델이 아니고, 하나의 준거일 뿐이다"라고 레르네르가 말했지만, 우리가 향후에 나가야 할 방향과 희망의 저수지가 그곳에 있다면, 보편적으로 적용할 수 있는 모델임이 틀림없다고 해야 할 것 같다.

　뉴욕의 유엔개발계획(UNDP) 도시개발 수석자문관인 죠나스 라비노비치 역시, "꾸리찌바로부터 우리들이 배울 수 있는 교훈은 '창조성이 재정자원을 대체할 수 있다'는 것"이라고 말하고 있다. 즉, 창조적이고 노동집약적인 아이디어가 어느 정도 자본집약적인 기술을 대체할 수 있다는 것이다. 이는 어떤 도시고 꾸리찌바 주민들이 도시 환경 문제를 해결하는 데 사용한 기법을 이용할 수 있다는 것을 시사해준다. 좀더 구체적으로 말한다면, 교통과 토지이용정책의 통합, 대중교통 촉진과 교통 통제, 보행자 및 자전거를 타는 사람들을 위한 다양한 배려, 효율적인 리사이클링 프로그램 실시, 그리고 신규 개발은 기존 도시공간에 집중시키고 과거의 도시구조를 새로운 용도로 혁신하는 보전정책의 추진 등이 바로 그것이다. 다만 이전할 수 없는 것은 꾸리찌바가 지난 25년 이상 향유했던 것과 같이 도시를 변화시키려는 정치가들의 강력한 의지와 지도력, 그리고 정치적 위임뿐이 아닌가 생각된다.

지금까지 필자가 심층적으로 고찰한 꾸리찌바 시의 개발 경험을 한국의 실정과 비교해볼 때, 우리의 경우 대부분의 도시가 꿈의 미래도시라 불리는 꾸리찌바와는 아주 달리 시민을 존경치 않고 있음을 확인할 수 있었다. 이것은 우리나라의 도시가 그만큼 환경적으로 불건전하고 지속 불가능한 사회라는 것을 단적으로 말해준다.

이제 우리들이 진지하게 숙고해보고 추진해야 할 일은 어떻게 하면 꾸리찌바를 뛰어넘을 수 있는 대안을 우리 스스로 마련할 수 있는가이다. 그 출발점은 레르네르가 톨스토이의 경구를 인용하면서 소개한 다음과 같은 말에 아주 명확히 나타나 있다.

"만약 당신이 우주가 되고자 한다면, 당신의 마을을 노래하라. 이것은 문학에서 진리고, 음악에서도 진리다. 그리고 도시에서도 역시 진리다. 당신은 당신의 마을을 알아야만 하고 사랑해야만 한다."

이 말을 곰곰이 되씹으며 앞으로 우리들이 무엇을 어떻게 할 것인지 구체적으로 생각해볼 때이다.

꿈과 희망의 도시, 꾸리찌바를 넘는 길은 결코 어렵지도 않고 불가능하지도 않다. 정말 이 시점에서 우리들에게 필요한 것은 기존의 잘못된 진보에 대한 환상을 과감히 버리고, 늦었지만 지금부터라도 반환경적인 지역공동체를 인간과 자연이 공생하는 친환경적인 지역사회로 완전히 개조시켜 새롭게 태어나도록 하겠다는 의지를 갖는 일이다. 그리고 세계화의 덫에 빠질 위험이 큰 우리들의 미래를 스스로 구해내고, 이미 실종된 정치를 다시 찾아 삶의 현장에 굳건하게 뿌리내리게 하는 일이다.

보론

기후변화와 석유 위기에 대비한 도시교통 실험

1. 꾸리찌바가 처한 현실과 딜레마

　　　　　　우리나라에 '꿈의 도시'라는 애칭으로 꾸리찌바가 소개된 지 벌써 10여 년이 넘었다. 그동안 꾸리찌바는 한국 사회에서 녹색도시, 환경도시, 생태도시, 대중교통 모델도시, 문화도시, 창조도시 등을 이야기할 때 빼놓을 수 없는 도시로 우리의 뇌리 속에 깊게 자리잡았다. 그로 인해 수를 헤아릴 수 없을 정도로 많은 국내의 전문가와 공무원, 정치인, 시민단체 인사, 학생 등이 꾸리찌바 현지를 방문했고, 서울과 지방의 공중파 방송과 신문 등 언론기관들은 다큐멘터리나 특집기사를 수십 차례 보도하였다. 또한 서울을 비롯해 많은 지방자치단체들은 이 도시를 벤치마킹하여 자신들의 삶터를 보다 살기 좋은 지역으로 바꾸기 위한 하나의 전범으로 삼기도 했다. 그리고 급기야는 어린이를 대상으로 한 동화책이 발간되고, 중·고등학교의 사회, 지리, 환경, 도덕 등의 교과서에 꾸리찌바 사례가 소개되는 일까지 생겼다. 이렇게 90년대 중반부터 현재까지 꾸리찌바가 우리나라에 끼친 영향력은 정말이지 말로 표현할 수 없을 만큼 크다.

그럼에도 불구하고 그동안 국내에 소개된 수많은 다큐멘터리나 특집 기사, 그리고 르포 형식의 글들은 꾸리찌바가 어떤 현실에 처해 있는지, 그리고 그들이 직면한 딜레마는 어떤 것인지, 또 이것을 극복하기 위해 꾸리찌바 시에서 기울인 최근의 노력들은 어떤 것들이 있었는지 구체적으로 소개하지는 못했다. 필자는 이런 기형적인 현상들을 보면서 이 도시를 국내에 처음 소개한 사람으로서 아주 깊은 책임감을 통감하고 있다. 그래서 필자는 지난 10여 년 동안, 특히 2000년 이후에 꾸리찌바에서 진행되어온 지속가능한 도시교통 실험들을 다시 한번 추적해 보았다. 여기서 소개된 내용들은 그 산물로 얻어진 것이라는 사실을 우선 밝히고자 한다.

세계 전역으로부터 찬사를 받았던 꾸리찌바의 간선급행버스(BRT) 시스템—미국 연방 대중교통청은 간선급행버스를 철도 대중교통 서비스의 질과 버스의 유연성을 결합한 형태의 고급 대중교통 수단이라고 정의하고 있다. 이 시스템은 버스 운행에 철도 시스템 개념을 도입한 것으로서 승객 중심의 고성능·고품질의 버스를 이용해 신속·안락하고, 저비용으로 운행되는 버스에 기반을 둔 새로운 첨단 대중교통 시스템이다. 이것은 기본적으로 버스전용도로에 대용량의 버스를 도입, 운영함으로써 버스의 속도를 높이고 신뢰성을 증진시켜 대중교통 중심의 교통체계를 구축하는 주요한 정책도구이다—은 최근 들어 중앙버스전용차로가 최대로 수송할 수 있는 처리용량에 근접한 것으로 보인다는 정보가 계속 전해지고 있다. 게다가 꾸리찌바는 브라질의 어느 도시보다 인구 천명당 자가용 보유율이 아주 높고, 심지어는 자동차를 위해 설계되었다는 브라질리아를 능가하는 수준까지 보이고 있다고 한다. 1965년에 꾸리찌바 시의 종합계획을 입안했던 사웅파울로에 사는 건축가 죠르지

윌헤임Jorge Wilheim은 다음과 같이 말한다. "우리가 계획을 만들 당시의 인구는 35만 명이었고, 몇 년 안에 인구가 50만 명에 이를 것이라고 생각했죠. 하지만 인구는 훨씬 더 크고 빠르게 성장했습니다." 그 덕택에 오늘날 꾸리찌바 시의 인구는 현재 180만 명이고, 대도시권 지역의 인구는 320만이나 될 만큼 도시규모 자체가 엄청나게 비대해진 상태다. 이는 꾸리찌바가 인구학적으로 볼 때 상당한 위협을 받고 있음을 반증해주는 아주 주요한 지표이기도 하다.

   꾸리찌바의 미래에서 가장 걱정되는 것은 분명 인구성장 추세에 있다. 지난 반세기 이상 빠라나 주는 노동집약적인 커피 경제에서 콩의 기계적 농업으로 급진적인 산업구조 변화를 겪으면서 수십만 명이 일자리를 잃었다. 그로 인해 빠라나 주의 대다수 영세소농과 소작농들은 브라

건축 분야의 노벨상이라 불리는 프리츠커상을 수상한 오스카르 니메에르의 기념관

질에서 비교적 살기 좋은 것으로 알려져 있는 꾸리찌바 대도시권 지역으로 계속 이주해왔고, 그 흐름은 계속 더 강화되는 추세를 보이고 있다.

이런 상황 때문에 꾸리찌바에서는, 도시계획가들이 생각하는 '바람직한 미래상'인 개발지도의 잉크 얼룩이 점차 번져가듯, 다양한 도시문제가 계속 생겨나고 있다. 꾸리찌바 도시계획연구소(IPPUC)의 소장으로서 2006년 초엽부터 2007년 3월까지 일했던 도시계획가 루이스 엔리께 프라고메니Luis Henrique Fragomeni는 오늘날 침입정착지에 13,000가구가 정주하고 있고, 그들 중 약 6,000가구가 생태적으로 취약한 지역에 자리잡고 있다고 말한다. 이런 무허가정착지는 대부분 강 옆의 토지를 불법적으로 점유하는 일로부터 시작되어 하천 주변을 체계적으로 관리하는 것을 어렵게 만들고, 또 정화되지 않은 하수를 직접 방류하는 일까지 생겨 수질관리를 상당히 힘들게 만든다.

이 같은 현상 외에 최근 들어 금융위기가 대두되기 이전까지 급속하게 늘어난 소득과 인구 성장으로 인해 대중교통 이용이 다소 저조해지고 자가용 이용자가 증가할 조짐을 보이고 있어, 꾸리찌바에 대해 애정을 갖고 지켜보는 많은 사람들을 우려하게 만들고 있다. 불행하게도 요즘 들어 버스의 사용 추세가 인구 증가 속도에 비해 다소 하향 곡선을 그리고 있는 것으로 보고되고 있다. 꾸리찌바의 간선급행버스 시스템이 대도시권 지역의 13개 도시를 포괄하도록 확대되었고, 위성지역에 거주하는 가난한 노동자들에게 지속적으로 균일요금의 형식을 빌어 보조금을 주고 있지만, 꾸리찌바 시에서 버스 승객수는 약간 하락하는 경향을 보이고 있다는 소식까지 전해지고 있다.

앞서 언급한 프라고메니는 "우리는 버스 승객을 잃고 있고, 자동차는 증가하고 있다"고 우려 섞인 목소리로 말하고 있다. 그는 꾸리찌바 시

꾸리찌바 시민회관인 메모리얼 다 시다데의 야경

대중교통의 잠재적 이용자들이 최근 버스가 시끄럽고, 과밀하고, 불안하게 보인다고 느끼고 있으며, 동시에 고밀도 급행버스 회랑을 따라 사는 사람들조차도 자동차를 사고 있다며 아주 크게 걱정을 하고 있다. "꾸리찌바에서 자동차 운전면허수는 꾸리찌바에서 태어난 어린이보다 2.5배나 더 많아 걱정이에요. 자동차는 지위의 상징이기 때문에 사람들이 자동차를 사는 것을 포기시키려는 어떤 시도도 쓸데없는 일일지 모르죠. 우리는 '자가용을 가져라, 하지만 차고에 두고 주말에만 그것을 이용하라' 고 말한다"고 프라고메니는 냉소적인 태도로 비판한다. 그리고 꾸리찌바 도시공사 회장인 빠울로 슈미트Paulo Schmidt 마저도 "대중교통 시스템이 자가용의 매력적인 대안이 되도록 계속 시스템을 향상해야 하지만, 경쟁은 매우 어렵다"는 사실을 부인하지 않고 있다. 그 이유는 피크타임에 주요 노선 버스가 이미 거의 30초 간격으로 도착하고 있어 개선 여지가 그렇게 많지 않기 때문이다. 이것은 꾸리찌바에도 새롭게 간선교통축을 구축하거나 노면전차 또는 경전철과 같은 도시철도 사업을 신중히 검토해 추진할 단계에 이르렀다는 것을 단적으로 시사해준다.

　도시란 태생적으로 우리가 사는 집과 같아, 시간이 지나면 자연스레 하수관이 막히고 보일러가 동파되듯이 계속 수많은 문제를 만들어낸다. 그때마다 우리는 창조적인 아이디어로 이를 극복해가면서 도시를 부단히 수리하고, 지속적으로 새로운 보금자리를 만드는 노력을 계속할 수밖에 없다. 꾸리찌바를 포함해 광역도시권 전체가 이러한 원칙에 따라 제대로 적응하고 있는지, 그리고 새로운 비전을 잘 만들어가고 있는지를 살펴보는 작업은 우리 사회에 이 도시가 소개된 지 벌써 10여 년이 지났으므로 아주 시급하고도 중요하다.

　지난 90년대 중반부터 현재까지 '도시의 침술가'라 불렸던 자이메 레르네르가 일관되게 유지하던 기조인 저비용에 토대를 둔 행정원리가 다소 흔들리기도 했다. 지속가능성을 향해 비틀거리며 꾸준히 달려온 꾸리찌바의 경우 그 시작은 두 차례나 시장을 역임했던 까시오 다니구찌에게로 거슬러 올라간다. 이 사람은 레르네르 사단에 속한 인물이었지만, 다니구찌 밑에서 부시장을 하다 2004년에 새로 시장에 당선된 호세 알베르또 히차는 그 사단에 속하지 않은, 브라질 남부 정치 명문가의 후광을 입고 등장한 인물이다. 주민참여를 활성화시키는 데 적지 않은 이바지를 한 것으로 알려진 그는, 다니구찌와 함께 레르네르가 비교적 격노한 개발의 길을 따른 사람으로 평가하고 있다. 여기서는 주로 교통과 토지이용에 국한해 지난 10여 년 동안의 꾸리찌바 변천사를 더듬어 살펴보기로 한다.

2. 새 교통축, 그린 라인을 구축하다

꾸리찌바는 통합교통망 시스템 구축을 시작했던 1970년대와는 비교할 수 없을 정도로 괄목할 만한 간선급행버스 시스템의 모델도시로 국제사회에 널리 각인되어 있다. 버스 이용객이 1974년 하루 2만5천 명에 지나지 않았던 시절에서 오늘날은 2백40만 명 정도로 급성장했다. 게다가 꾸리찌바 시에서 이루어지는 통행의 45% 정도는 버스에 의해 이루어지고, 이것은 자동차로 이루어지는 통행의 거의 2배에 이르렀다. 버스 승객수는 매년 평균 잡아서 2.5~3.5%씩 증가하고 있었고, 이 수치는 우리가 지구촌 어디에서도 발견할 수 없는 엄청난 성과라는 사실을 누구도 부인할 수 없다. 이는 꾸리찌바가 지속가능한 도시교통의 모델도시라는 사실을 단적으로 입증해주는 주요한 지표들이기도 하다.

"승객의 흐름을 보셨지요? 최고지요!" 함박웃음을 지으며 자이르 루까Jair Luca는 말했다. 루까는 1974년 설립된 이래 교통 시스템의 운영에 대한 전반적인 감독과 책임을 맡고 있는 공기업인 꾸리찌바 도시공사의 오래된 직원으로 현재 뻰헤린호Pinheirinho 터미널의 매니저이다. 이곳은 꾸리찌바 통합교통 시스템에서 가장 큰 버스 환승터미널로, 하루에 10만 명의 승객에게 서비스를 제공하는 교통의 허브이다. 바닷가에 거세게 밀려드는 파도처럼 피크타임에 한 무리의 통근자들이 빠르게 플랫폼과 원통형정류장에 들어와서는 짧은 시간에 순간적으로 환승하고, 다른 곳으로 또 이동한다. 이 터미널 옆에는 '시민의 거리'라 불리는 길고 노란 복합빌딩이 자리잡고 있다.

"도심으로 갈 필요없이 상수도 요금을 지불하고, ID를 갱신하기 위해 여기로 올 수 있지요." 뻰헤린호 터미널의 매니저인 루까 아래서 일하는 파비오 구스따보Fabio Gustavo는 이 '시민의 거리'의 기능을 간단히 설명한다. 이곳은 1990년대에 도심 기능 집중을 방지할 목적으로 꾸리찌바 시에서 시 전역에 건설한 9개의 '시민의 거리Ruas da Cidadania' 중 하나이다. 당시에 공무원들은 시민들의 행정 수요가 있는 가장 먼 지역에 공공서비스를 직접 가져와 제공함으로써 시민의 편의는 물론 불필요한 통행의 유발을 막는 아주 적극적인 조치를 취했다. 그로 인해 지금은 시민들이 공공서비스를 받기 위해 멀리 있는 관공서를 방문하지 않고 가장 가까운 환승터미널에 붙어 있는 '시민의 거리'로 가기만 하면 된다. 그렇게 할 경우 시민들이 꾸리찌바에서 살면서 필요한 웬만한 기본 서비스는 다 제공받을 수 있다.

뻰헤린호 터미널과 연결된 개간지에 1980년 이후 꾸리찌바에 조성되어 있던 5개 간선교통축에 추가로 새로운 교통축인 그린 라인—린야베르데Linha Verde—이 자리잡고 있다. 6번째 간선교통축에 해당하는 이 노선은 예전의 연방고속도로인 주간(州間) 고속도로 BR-116—이 주간 고속도로는 꾸리찌바 시 외곽으로 변경·이전되었다—위에 건설되었다. 이곳에 구축될 18km의 간선급행버스(BRT) 노선은 승객들을 위한 통행시간을 반으로 단축하면서

린야베르데 일부 구간 풍경

기존의 북-남 회랑과 병행해 수평으로 달릴 것이다.

'디지털 정보도로'라고 명명된 이 도로에는 중앙관제센터와 통신하는 센서가 부착된 지능형 신호등이 설치되어, 교차로에서 시내버스 통행에 우선권을 주게 됨으로써 버스 운행시간을 단축하게 된다. 그리고 교통상황을 실시간으로 모니터링하고 통제해 안전하고 편안한 교통상황을 만들고 교통 흐름을 원활하게 해 교통체증을 획기적으로 감소시킬 것으로 기대된다. 이 조치는 레르네르가 "문제를 해결책으로 전환"하라고 말하는 꾸리찌바의 철학을 예시하는 것으로, 날로 심화되고 있는 주요 교통축의 교통체증 문제를 해결하고 대중교통 지향형 도시개발을 촉진시키는 사업의 일환으로 추진되는 것이다.

"5년에서 10년 전에 우리는 고속도로를 결코 새로운 교통회랑으로 이용하리라고 생각하지 못했지요"라고 꾸리찌바 도시공사의 교통운영 국장, 루이즈 필라Luiz Filla는 말한다. 현재 도시계획가들은 고속도로를 하나의 간선교통축이자 중앙버스전용차선으로 전환함으로써 교통축과 인접한 지역의 고밀도 주택개발에 박차를 가하기를 바라고 있다. 그들은 자가용 의존도를 줄이고 버스교통의 이용 편의를 제공할 수 있도록 완벽한 토지이용계획을 작성하고, 이를 토대로 그린 라인을 따라 새로운 아파트와 빌딩을 체계적으로 배치시키는 계획을 추진하였다.

앞서 언급한 6번째 간선교통축인 그린 라인의 건설은 꾸리찌바 실정에서 볼 때 불가피하고 필연적이기도 하다. 이밖에도 도로상에서 1백만 대 이상의 자동차가 주행하면서 꾸리찌바의 가로를 가득 채우자 통근 속도는 날이 갈수록 떨어지고 있다. 또한 통행시간 단축에 기여했던 직통급행버스가 더 혼잡한 가로에서 승객을 태우기 위해 매 1/3마일마다 정차하자 운행속도는 평균적으로 이중굴절버스와 거의 같은 수준으로

린야베르데의 중앙버스전용차로

떨어지기도 한 것으로 알려져 있다. 이에 대응하기 위해 꾸리찌바는 남동 방향의 버스전용회랑에 하나의 추월차선을 건설했는데, 그것은 중간 정류장을 통과하여 한 터미널에서 다음 터미널에 직접 승객들을 수송하기 위한 아주 매력적인 방안이 아닐 수 없다.

3. 계속되는 도시철도 사업 추진 실패

이렇게 새로운 간선교통축인 그린 라인과 일부 구간에서 추월차선을 건설하고 있음에도 불구하고 언젠가는 자동차의 급증으로 좀더 획기적인 대책의 마련이 필요할지도 모른다. 이는 꾸리찌바 도시공사의 고위직에 근무하는 사람들조차도 암묵적으로 동의하는 사실이기도 하다. 하지만 지하철이나 경전철과 같은 도시철도 건설사업이 필요한 날까지 꾸리찌바 통합교통망을 수정·보완해 그 시스템의 생명을 연장하는 추가적인 조치는 향후에도 어느 시점까지는 계속될 것으로 판단된다.

이와 같은 꾸리찌바의 교통 현실과 한계 상황 때문에 도시철도 건설 논의가 최근 들어 다시 불붙고 구체화되고 있는 것으로 전해지고 있다. 꾸리찌바에서는 1979년 이래 지하철이나 모노레일과 같은 도시철도에 대한 논쟁과 사업구상에 대한 발표가 4차례나 끊이지 않고 이어져 왔지만, 모두 자금조달에 실패해 성공하지 못했다고 한다. 그 중에서도 1990년대 말부터 추진되어온 도시철도 역사를 간단히 소개해보기로 하자.

1998년 꾸리찌바 시는 15km의 지하철을 2개의 버스전용도로 밑에 건설한다는 계획을 발표했다. 포화 상태에 이른 급행버스차선 위에 건설하는 이 사업은 킬로미터당 약 9천만 달러로 총사업비가 12억5천만 달러였고, 그 중 40%인 약 5억 달러는 연방정부가, 나머지 7억5천만 달러는 빠라나 주와 꾸리찌바 시, 그리고 민간기업이 부담하는 것으로 계획되어 있었다.

브라질에서 이런 종류의 프로젝트는 발표하고도 재원조달이 이루어지지 않아 일반적으로 추진되지 않는데, 꾸리찌바의 경우도 예

중형 환승터미널에 정차한 이중굴절버스

외는 아니었다.

그 후 동일한 회랑은 아닐지라도 하나의 모노레일이 대안으로 제시되었고, 1999년 자금조달 협상에 착수했다. 2002년 초, 꾸리찌바 시장 까시오 다니구찌가 2003년 건설을 시작하는 13.5km의 모노레일 프로젝트를 발표하였다. 고속도로 하나를 꾸리찌바 교외에서 남-북으로 달리도록 돌리고, 본래의 고속도로 노선을 새로운 모노레일에 기초한 교통체계로 전환하는 내용이었다. 이 사업의 총비용은 약 4억 달러였는데, 이 또한 시 정부의 재정능력을 넘는 것이었다. 그로 인해 이 프로젝트는 중앙정부가 60%, 꾸리찌바 시정부와 민간부문이 각각 20%씩을 분담하는 것으로 계획되어 있었다.

이 가운데 최초의 노선은 킬로미터당 2천3백만 달러 이하로 총비용이 3억4천3백3십만 달러로 추정되었고, 이것은 계획된 지하철 건설비용의 30% 이하였다. 이 투자비의 80%는 당시에 앞서 언급한 재정투자계획과는 달리 일본국제협력은행(JBIC)으로부터 브라질 연방정부에 장기 저리의 차관으로 자금 공급이 이루어지고, 나머지는 시 정부가 부담하는 것으로 계획이 변경되어 다시 추진되었다.

하지만 이것도 5월에 일본국제협력은행이 자금공급을 취소했기 때문에, 8월 초에 당시 시장이었던 다니구찌에 의해 프로젝트가 중지되었다. 그런 결정을 내린 이면에는 일본국제협력은행 기금이 세계은행이나 미주개발은행의 기금보다 더 좋지도 우호적이지도 않은 차관조건을 제시했기 때문이었다. 또한 꾸리찌바 시가 5백8십만 달러의 연방기금을 이용해 설계작업과 환경영향평가를 실시한다는 한 계약을 발표하자, 그 기금의 이용이 정치적 문제로 비화된 것 역시 적지 않게 작용한 것으로 알려져 있다. 게다가 2002년 4월에 교통엔지니어이자 히우데자네이루지하철의 전 사장이었던 인사가 모노레일 기술의 선택을 비판한 것 역시도 그런 결정을 한 데 크게 기여한 것으로 보인다.

까시오 다니구찌는 그 후, 꾸리찌바 도시계획연구소(IPPUC)가 BR-116 회랑에서 모노레일에 대한 다른 대안을 추천할 것이고, 이 대안은 이중굴절버스가 될 것이라는 사실을 발표했다. "1970년대에 남북축을 집행했을 때, 사람들이 선호했던 것은 메트로였지만 자원이 유용하지 않아 급행버스 시스템을 실행했지요. 똑같은 일이 지금 BR-116 회랑에서 발생할 수 있지요"라고 다니구찌 전 시장은 말했다. 시는 2002년 8월 말에 최대용량이 300명으로 조립된 새로운 이중굴절버스가 BR-116에 편의를 제공하면서 3개 신규 노선을 이용하게 될 것이라고 발표하였다. 필자가 앞에서 소개한 그린 라인이라 불리는 6번째 간선교통축은 이렇게 하여 탄생하게 된 것이다.

모노레일 프로젝트가 실패한 이후 다니구찌는 곧 이어 2003년 7월 15일에 19.5km의 경전철 노선 메트로 레비Metrô Leve가 이중굴절버스를 대체하도록 남북축을 따라 건설될 것이라고 발표하였다. 추정된 건설비용 2억9천1백만 달러의 약 60%인 1억7천4백만 달러가 세계은행 차관으로 도입될 것이고, 브라질 연방 교통부가 4천8백만 달러, 그리고 꾸리찌바 시정부가 2천8백만 달러를, 나머지 차량 구매를 위한 4천8백만 달러는 시스템을 운영할 민간 투자가들이 제공할 것이라고 말했다. 하지만 이 사업계획 또한 다니구찌 임기 중에는 구체적으로 진전을 보지 못했다.

이렇게 지지부진하던 경전철 건설계획이, 다니구찌 밑에서 부시장을 지내고, 2004년 말에 새롭게 꾸리찌바 시장에 선출된 호세 알베르또 히차José Alberto Richa에게 넘겨졌다. 그는 메트로 레비 프로젝트를 지지한다는 사실을 이미 내외에 공표한 바 있었다. 히차 시장이 이 사업계획을 2005년에 이미 인가한 것으로 알려져 있지만 아직 구체적인 진전은 이루지 못한 것으로 보고되고 있다.

최근 들어 히차가 재선되어 강력하게 이 사업을 추진할 것으로는 보이지만 전임자였던 다니구찌 전 시장의 전철을 밟을 가능성이 현재로서는 아주 높아 보인다. 이는 앞으로도 재정조달의 어려움 때문에 향후 사업추진이 결코 녹록치만은 않다는 것을 뜻한다. 이 말은 제2기 히차 정부에서도 꾸리찌바의 대중교통의 미래를 경전철로 열 것인지 지금까지와 마찬가지로 간선급행버스 시스템의 확장으로 문제를 풀 것인지에 관한 공적인 논쟁이 계속될 것이라는 점을 시사한다.

필자는 이 책의 증보판을 통해, 제2기 다니구찌 행정부(2001~2004년)가 레르네르가 기존에 확립해놓은 꾸리찌바 시의 정책기조를 그 기초부터 흔들고 있다는 우려가 적지 않게 나오고 있다는 사실을 개괄적으로 언급했다. 그것은 앞서 소개한 바와 같이 다니구찌가 재선된 후 꾸리찌바 시를 관통하는 연방 국도의 이전사업을 추진하면서 고비용의 첨단교통 시스템에 해당하는 모노레일을 일본 정부 차관을 들여 건설하려는 점 때문이었다. 이것을 두고 저비용 정책을 고수하던 자이메 레르네르와 다니구찌 사이에 약간의 갈등과 불편한 관계가 형성되고 있다는 사실도 간단하게나마 지적했다.

이렇게 교통수단의 선택을 둘러싼 갈등은 전세계 어느 도시를 가더라도 민주적인 사회라면 자연스럽게 발생할 수밖에 없다. 꾸리찌바라고 이 문제에서 예외일 수는 없는 것이다. 여기서 잠시 미국에서 어떤 일이 벌어지고 있는지 그 예를 한번 살펴보기로 하자.

4. 간선급행버스 시스템과 도시철도 논쟁

최근에 미국 연방대중교통청이 "철도를 생각하며 버스를 이용하라Think rail, use bus"는 캠페인을 추진함에 따라 많은 지방 대중교통 기관들은 간선급행버스 시스템을 실행 가능한 옵션으로 믿기 시작했다. 그것은 연방정부가 1990년대에 간선급행버스 프로젝트에 기금을 최우선으로 배분하기 시작했기 때문이기도 하다. "간선급행버스는 확실히 유행이지요"라고 샌프란시스코에 기반을 둔 '살기 좋은 도시를 위한 교통Transportation for a Livable City'의 행정국장, 톰 라둘로비치Tom Radulovich는 말하고 있다.

그러나 오스틴에 기반을 두고 있는 '지금 곧 경전철Light Rail Now!'의 국장, 데이비드 돕스David Dobbs는 다음과 같이 간선급행버스 시스템에 대해 아주 비판적으로 바라보고 있다. "버스는 환영받고 계속 개선될 것이지만, 그것은 종종 효과적인 대중교통을 파괴하는 하나의 쐐기로 사용된다"고 그는 말한다.

돕스는 그 예로 1974년에 '미국 상원의 독점금지에 관한 소위원회US Senate Subcommittee on Antitrust and Monopoly'의 법률자문보, 브래드포드 스넬Bradford Snell의 연구조사사업을 들고 있다. 스넬은 "1949년에 제너럴 모터스General Motors는 45개 도시에서 100개 이상의 전차 시스템을 지엠GM 버스로 대체하는 데 참여했다"고 기술한 바 있다. 돕스는 이와 같이 1940년대 말에 전차 시스템을 파괴한 것과 같은 이해가 현재 미국 버스업계의 로비 뒤에 살아 움직이고 있다고 말했다.

그럼에도 불구하고 이런 로비가 철도산업 자체를 죽이지는 못했고, 오히려 인기를 급성장시키는 계기를 제공하고 있다고 그는 보고 있다.

15개의 신규 철도 시스템이 1981년 이래 미국에서 운영되기 시작했고, 오스틴과 피닉스는 금년 말에 새로운 경전철 노선을 시작할 것이고, 시애틀은 2009년에 확대된 서비스를 공개할 것이라는 사실이 그를 입증한다는 것이다. 하지만 경전철을 비롯해 도시철도 건설의 필요성을 역설하는 이런 사람들의 주장에 대한 반대 의견도 국제사회에 존재한다는 사실을 우리는 또한 냉철하게 인식해야 한다. 간선급행버스 시스템의 어머니 도시이자 모델도시라 불리는 꾸리찌바와 콜롬비아의 보고타에서 최근 들어 도시철도사업을 진행시키기 위해 국제적으로 철도산업계가 강력하게 로비를 하고 있다는 보고가 계속 끊이지 않고 있다는 사실이 그것을 잘 말해준다.

어떻든 연방정부의 자금 지원에도 불구하고 철도 인프라 비용은 엄청나다는 것은 부인할 수 없는 사실이다. 로스앤젤레스 버스승객연합(BRU)에 따르면, 로스앤젤레스의 17.4마일 레드 라인Red line 메트로를 건설하는 데 45억 달러의 비용이 든다고 한다. 이를 두고 버스승객연합 조직가 양선영은 "로스앤젤레스 같은 도시에서 50만 대중교통 승객의 이동을 제공하는 현존하고 있는 기존 버스 시스템을 제거하면서 몇 마일의 철도 시스템을 시작하기 위해 수십억 달러를 투자하는 것은 상당히 어리석은 일이라고 생각한다"고 말한다.

이런 비판이 명백한 사실이기는 하지만, 경전철이나 지하철과 같은 도시철도 사업 자체가 모두 고비용에다 노선의 유연성이 없어 합리적이지 않다는 시각을 견지하는 것 또한 결코 올바른 태도는 아닌 것으로 생각된다. 예를 들어, 뉴욕의 2번가 지하철 노선은 미국에서 최고의 신규 철도 프로젝트의 하나로 평가되지만, "상대적으로 낮은 인구밀도를 가진 지역에 위치한 많은 교외의 경전철 프로젝트의 경우 배타적인 통행권exclusive right-of-way의 확보를 위해 막대한 예산을 지출하는 것은 정당하지 않다"고 말하는 UCLA 교통연구소 소장, 브라이언 테일러 Brian Taylor의 지적은 아주 시의적절한 것으로 보인다.

　앞서 언급한 톰 라둘로비치의 견해에 따르면, 한 도시가 한 교통회랑에서 최상의 투자를 결정할 때 고려해야 할 요소에는 크게 4가지가 있다. 즉 초기 투자비, 승객 1인당 운영비, 미래의 교통용량 수요와 승객 편익이 바로 그것이다. 이외에도 시스템의 환경적 지속가능성을 종합적으로 고려해 가장 합리적인 대안을 선택해야 하는 것이다.

미국 오리건 주 포틀랜드 시의 스트리트카

5. 다시 꾸리찌바에서 배울 점

              이와 같은 사실을 깊게 인식하고 우리가 꾸리찌바의 최근 동향을 통해 배워야 할 점을 개략적으로 다시 한번 정리해보기로 하자.

  모두가 주지하는 바와 같이 꾸리찌바는 간선급행버스 시스템의 출생지이다. 그러나 꾸리찌바의 도시계획가들 역시 경전철과 메트로 시스템을 그들의 마음속에 30년 이상 갖고 있었다. 그럼에도 불구하고 다니구찌와 히차 정부 아래서 지하철이나 경전철은 자금조달의 어려움과 경제성이 없다는 이유로 직접 실행에 옮기는 데는 실패하였다. 그런 상황에서도 꾸리찌바 시는 고품질 서비스를 제공하기 위해 저비용의 인프라 건설과 운영을 우선시하면서 많은 사람들이 낙후된 교통수단이라고 생각하는 버스를 땅 위의 지하철로 일정하게 경신하면서 계속 발전시켜왔다. 시간과 기회가 오면 언젠가는 꾸리찌바 시도 6개 간선교통축의 일부 교통회랑에 놓인 중앙버스전용차로 위 또는 아래에 경전철이나 지하철 건설을 추진하게 될 것이다. 하지만 이 사업이 수년 내에 착수되어 조만간 완성될 것이라고 판단하기는 꾸리찌바의 현재의 여건을 볼 때 아주 어렵다. 자이메 레르네르도 인정하고 있듯이 "미래의 도시교통의 해답은 지상과 지하철의 결합"에서 찾을 수 있다. 이를 인정하되 무리하게 정치적 판단 아래 도시철도 사업을 추진하지 않는다는 태도, 바로 그것이 우리가 현 시점에서 꾸리찌바로부터 배워야 할 교훈이 아닌가 싶다.

  꾸리찌바의 간선급행버스 시스템은 현재 전세계 어디에 내놓아도 아주 혁신적인 것이 분명하지만, 환경적 지속가능성의 측면에서 보면 다소 문제를 내포하고 있다. 버스가 자동차보다 승객당 훨씬 적은 오염물질을 배출하지만, 버스는 전기를 동력으로 하는 경전철이나 메트로에 비해 월등히 많은 오염물질과 이산화탄소를 배출한다고 일반적으로 비판을 받아왔다. 또한 적어도 전력이 화력발전소로부터 오지 않는 한, 경전철이나 지하철이 버스보다는 지구온난화에 의한 기후변화와 피크오일에 대응하는 데 있어 아주 효율적인 것으로 우리 사회는 보편적으로 받아들이고 있다. 하지만 이것이 정말 사실일까? 우리는 이에 대해 진지하게 검토를 해봐야만 한다. 우리나라를 포함해 현재 지구상에서 운행 중인 대부분의 경전철과 지하철은 태양열, 풍력, 바이오디젤 등과 같은 대체에너지나 수력에 의해 전력을 공급받지 않고, 일반적으로 화력이나 원자력에 의해서 공급받고 있다. 이산화탄소를 배출하지 않아 마치 친환경적 에너지인 것처럼 호도되고 있지만 아주 위험한 에너지원인 원자력과 엄청난 이산화탄소를 배출하는 화력에 의해 전력을 공급받는다면 이 문제 또한 아주 신중히 연구·검토해 봐야 한다.

게다가 일부 연구에 의하면 꾸리찌바와 같은 간선급행버스 시스템에 CNG와 하이브리드 차량 등을 활용할 경우, 승용차는 물론 기존의 디젤버스와 심지어 경전철보다 승객 마일당 이산화탄소 배출량이 적은 것으로 나타나고 있다. 인구 200만 명의 미국 대도시권 지역을 기준으로 산출한 20년 동안의 이산화탄소 배출량 감소치는 경전철의 경우 227,000톤인데 반해, 40피트 CNG 버스, 40피트 하이브리드 디젤버스, 60피트 하이브리드 디젤버스로 운행되는 간선급행버스 시스템의 경우 각각 654,114톤, 602,016톤, 508,854톤으로 나타나 간선급행버스가 이산화탄소 배출량 저감에 더 효과적인 것으로 제시되기도 했다.

실제로 간선급행버스 시스템의 이산화탄소 배출 저감 잠재력은 자못 엄청난 것으로 알려져 있다. 여기서는 꾸리찌바를 모델로 하여 좀더 혁신적인 간선급행버스 시스템을 구축한 것으로 보고되고 있는 콜롬비아의 보고타 사례를 간단히 살펴보기로 한다.

보고타 시는 목표연도인 2016년까지 388km의 트랜스밀레니오 TransMilenio 시스템을 건설·운영할 계획이다. 현재로서는 보고타 시의 트랜스밀레니오 시스템 건설 공사가 계획대로 목표연도까지 완공될 것이라고 판단하기는 매우 어려워 보인다. 그 이유는 4번이나 상원위원을 역임한 좌파 계열인 대안민주당(PDA) 소속의 사무엘 구스따보 모레노 로자스Samuel Gustavo Moreno Rojas가 작년 10월 선거에서 보고타 시장에 당선되었기 때문이다. 2008년 1월부터 4년 임기의 시장으로 취임한 그는 선거과정에서 지하철 건설을 주요 공약으로 내걸고 당선되었지만, 알바로 우리베Álvaro Uribe 현 대통령은 재원조달이 가능하고 경제적으로도 타당성이 입증될 때에만 그의 계획을 지지할 수 있다고 상당히 유보적인 태도를 보이고 있다. 게다가 콜롬비아 정부는 지하철 건설 후 시스템의 유지·관리에 드는 비용을 보조금으로 지불하기는 어렵다는 주장을 견지하고 있는 것으로 알려져 있다. 이런 사실들을 종합적으로 고려해 볼 때, 보고타 시도 앞서 소개한 꾸리찌바와 비슷하게 도시철도 건설 논의만 무성할 뿐 구체적으로 사업이 진전되기는 상당히 어려울 것으로 생각된다.

보고타 시가 추진하는 내용을 살펴보자. 보고타 시는 지역개발기구인 안데스산맥개발공사Andean Development Corporation의 협력 아래 온실가스 배출량 감소치를 추정하였다. 현실적으로 추정이 어려운 토지이용 변화로 인한 배출량 감소를 제외하고, 중앙버스전용차로 등의 건설에 사용된 시멘트 생산과정에서 발생한 온실가스 배출량과 차령이 지난 구형 버스의 파쇄과정에서 발생되는 온실가스 배출량 등을 종합적으로

보고타의 트랜스밀레니오 시스템

고려해 산정해보면 다음과 같다. 즉, 목표연도(2016년)까지 16년 동안 이산화탄소의 배출량은 4백86만 톤을 저감시킬 수 있고, 이를 기반시설의 완전한 개·보수나 재건 이전에 20~30년의 내구연한이 존재한다는 사실을 염두에 두고 2030년을 최종 목표연도로 해 다시 추정할 경우 이산화탄소의 배출량은 1천4백60만 톤이 저감되는 것으로 보고되었다.

이 수치를 2007년 당시의 EU 배출권 거래소의 시세(톤당 12~13유로 = 약 15,000원)를 감안해 금액으로 환산할 경우 예상수익은 2,190억 원이나 된다. 이를 다시 최근의 이산화탄소 배출권 거래 동향과 연계시켜 산정해보면 우리는 아주 놀라운 사실을 발견하게 된다. 세계 최초(2005년)로 탄소거래를 시작한 노르웨이 노르드풀NORD POOL 탄소거래소의 시세를 기준(세계 금융위기로 인해 톤당 17유로(평상시 20~25유로), 1유로 = 1,920

원)으로 추산시 2008년 11월 현재 예상수익은 약 4,765억 원이나 된다. 이산화탄소의 톤당 가격이 요즘 금융위기로 상당히 많이 떨어졌다는 사실을 염두에 두고 이를 일반적으로 거래되던 가격 20~25유로로 바꾸어 다시 계산할 경우 그 금액은 앞서 제시한 수치를 훨씬 상회할 것이다.

보고타 시는 자신들의 간선급행버스 시스템인 트랜스밀레니오를 교토의정서에 따른 청정개발체제(CDM)로서 유엔기후변화협약(UNFCCC) 집행위원회로부터 공식적으로 인가를 받았다. 세계 최초로 대중교통 분야의 청정개발체제로서 인정되어 2006년 9월 20일 배출권을 발행한 트랜스밀레니오 시스템의 경험을 토대로 페레이라Pereira 시의 메가버스Megabus 등 콜롬비아의 많은 도시의 대중교통 시스템에도 그의 적용이 추진 중이다.

6. 탈석유 시대를 향한 도시교통의 실험

이와 같은 국제사회의 최근 흐름을 고려할 때 우리는 기존의 디젤버스가 아닌 CNG나 하이브리드 차량을 활용하는 간선급행버스의 경우 경전철과 같은 도시철도에 비해 결코 뒤지지 않는다는 것을 알 수 있다. 여기에다 21세기 '석유 시대'와 '탈석유 시대'를 잇는 관문 역할을 하고 있다고 평가되는 오스트리아의 그라츠처럼 식당과 가정에서 수거된 폐식용유를 원료로 만든 바이오디젤(BD100)로 버스를 운행한다면 미세먼지의 오염 방지와 이산화탄소의 배출을 획기적으로 저감시킬 수 있다. 즉, 바이오디젤은 경유에 비해 미세먼지가 55.4%나 줄고, 바이오디젤을 디젤 엔진 자동차에 넣을 경우 이산화탄소 배출량은 경유에 비해 78퍼센트나 줄어든다. 이런 사실들을 종합적으로 감안한다면 좀더 과학적인 연구·검토없이 무분별하게 고비용의 경전철이나 지하철과 같은 도시철도 사업을 추진하는 것은 재고해봐야 할지도 모른다.

자이메 레르네르를 비롯해 많은 전문가들은 한 도시가 석유 의존도를 줄이고 지구온난화에 의한 기후변화에 능동적으로 대응하기 위해서는 두 가지 해결책을 동시에 마련해야 한다고 말한다. "첫째는 철도든 버스든 좋은 대중교통을 제공하는 것이고, 그 다음은 모터를 개선하는 것이다. 만약 좋은 대중교통 시스템을 갖고 있다면 탄소 발자국을 어떻게 줄일 것인가 생각하는 것은 결코 어렵지 않다."

꾸리찌바는 이런 생각에 토대를 두고 지금 미래를 향해 새로운 발걸음을 힘차게 내딛고 있다. 꾸리찌바 시의 버스는 유럽의 표준엔진으로 달리지만, 그것은 이미 대부분의 남미 이웃 국가의 도시들보다 더 연료 효율적이다. 꾸리찌바 도시공사는 2008년 9월부터 브라질 최초로 플렉스(flex) 엔진과 100% 바이오연료를 사용하는 시내버스를 시범적으로 운행하는데, 하루 평균 3만5천 명의 승객이 이용할 전망이라고 한다. 스웨덴의 스카니아 사에서 만든 이 바이오연료 버스는 친환경적이라는 장점 이외에도 승객의 안전 및 사용상의 편의를 위해 설계되었기 때문에 시민들의 호응이 매우 높을 것이고, 차량 자체의 무게 또한 가벼워 더욱 신속하게 이동할 수 있다고 한다. 그 결과로 버스의 운행시간이 최소 10분 이상 줄어들 것으로 시 당국은 예상하고 있다. 그리고 앞으로 이 사업의 성과가 좋은 것으로 판명되면 바이오연료 버스 공급 사업 자체를 계속 확대해 가면서 궁극에 가서는 탈석유에 토대를 둔 버스교통 체계를 완벽하게 구축할지도 모른다. 이것은 간선급행버스의 어머니 도시,

꾸리찌바가 석유 없이도 버스를 운행하며 기후변화에 대해서도 하나의 전범을 창조하는 모델도시가 될 가능성이 매우 높다는 사실을 우리에게 보여주는 것이다.

부록

■ 도시 및 자치단체 공동선언문

전세계의 시장, 도시 지도자 및 자치단체장들을 대표한 여러 국제 기구들은 1992년 6월 히오데자네이루에서 개최될 '환경과 개발에 관한 유엔회의'를 준비하는 일환으로 도시 문제와 기타 공동관심사를 논의하기 위해 작년에 모임을 가졌고 다음과 같이 합의했다.

- 도시연합체에 의한 여러 선언들은 도시와 농촌의 지역환경을 보전하고 지속 가능한 개발을 달성하기 위해 필요한 전제조건을 포함한 환경 및 개발에 관한 높은 합의를 반영한다.
- 이들 선언들은 빈곤 타파, 불평등의 해소, 도시주변 환경의 보전과 개선 등의 분야에 도시의 노력이 집중되어야 할 필요가 있음을 확인하며, 아울러 도시 발전의 관리 및 체제 구축, 그리고 적절한 정보의 제공 및 효과적인 주민참여의 보장과 증진에도 노력해야 한다.
- 2000년까지 전세계 인구의 약 반 이상이 도시에 거주하게 될 것으로 예상되어 쓰레기 발생량의 감축 등 인류 전체에 영향을 미치는 환경 및 개발에 관한 문제들의 해결을 위해 지속적인 노력을 경주해야 한다.
- 모든 지방정부는 그 규모에 상관없이 주민으로부터 가장 가까운 정부이기 때문에 도시와 농촌의 지속가능한 개발을 달성하는 데 있어 필수적인 협력자이다.
- 모든 지속가능한 개발전략은 지방의 자율성과 민주주의를 증진하고 지방분권화 과정의 확대와 환경문제가 자치단체의 영역을 넘어 다른 자치단체의 영역에까지 걸쳐 있을 경우 그 해결을 위한 자치단체간의 협력관계 구축 가능성까지 포함해야 한다.
- 도시와 농촌의 미래는 상호 밀접히 연관되어, 도시와 농촌지역간의 전세계적 균형은 지속가능한 개발을 위해 필수 불가결하므로 모든 정부의 주요 관심사가 되어야만 한다.

- 도시 및 자치단체의 연합체들이 지속가능한 개발을 달성하기 위해 수행한 여러 업적들에 대해 지구정상회담에서 논의되었던 문제들이 자치단체에 그 기초를 두고 있음을 감안, 전국적 그리고 국제적인 차원에서 인정해야 한다.
- 지속가능한 도시개발의 목적은 도시로 하여금 그 영역 내에서 경제성장과 생태계간의 적정한 균형을 보장하는 역할을 수행하도록 하는 일이다.
- 도시와 그 주민들 특성을 규정하는 각 도시가 처한 상황, 그 규모, 발전 정도, 문화 및 지리적 그리고 환경적 조건의 다양성은 도시 문제 해결에 있어, 특히 환경 문제의 해결에 있어, 상당한 정도의 유연성을 요구하고 있다. 이런 다양성에도 불구하고 각 도시들은 문제의 성격도 동 일하고 그 해결방식도 유사하다고 볼 수 있으며, 이는 특히 기술적인 문제에만 국한된 것이 아 니라 조화되고 응집력 있는 지방정책의 수립의 경우에도 적용될 수 있다.
- 빈곤 타파, 주변화 및 사회적 조건의 악화 등 도시환경에 심각한 압력을 가하는 요인들은 지속가능한 개발과 도시환경 개선에 있어 꼭 짚고 넘어가야 할 문제이다.
- 지속가능한 개발을 목적으로 한 여하한 정책에 있어 주민참여는 필수적이다. 이런 참여는 환경교육의 증진을 도모하고 자치단체와 회사, 대학, 민간조직, 사회 및 지역공동체간의 상호협력을 증진시켜야 한다.
- 자치단체는 적절한 정책의 수행, 그리고 기존 지식의 공유 및 기술협력 네트워크의 수립, 선진국, 후진국 쌍방간 및 다자간 협정을 통해 환경문제의 경각심 제고 등에 공헌할 수 있다.

자치단체 및 그 연합체들은 또한 다음과 같은 일들을 추진하기로 한다.

- 도시, 대도시 및 자치단체들은 경제개발이 환경에 미치는 영향을 줄이고 자연지역의 보호와 도시환경과의 조화를 증진하여야 한다. 이에는 천연자원과 에너지의 합리적 소비를 포함하며, 특히 쓰레기의 처리, 도시활동에서 발생하는 오염물의 현장처리와 보다 일반적으로 재생 가능한 자원의 활용을 포함한다.

- 행동계획에 따라, 그리고 다른 자치단체와 공동으로 유엔의 지속가능한 개발위원회의 권고에 따라 지구정상회담에서 논의되었던 내용의 실행을 위해 노력한다.
- 또한 다른 자치단체와 공동으로 자치단체간의 단결을 과시하고 유엔의 주도하에 적절한 대책을 강구할 수 있도록 환경에 관한 국제적인 정책수립의 분권화를 시도한다.

자치단체와 그 연합체들은 따라서 다음 사항들을 권고한다.

- 중앙정부들은 도시, 대도시 및 각 자치단체의 자율성을 공식적으로 인정하여 그들이 적정한 권한을 행사하고, 그들 지역 내에서의 지속가능한 발전을 달성하고, 국제적인 협력에 참여할 수 있게끔 자원을 획득할 수 있도록 해주어야 한다.
- 환경관련 전문지식과 남반구 및 북반구 등 전세계에서 개발된 해결책들의 상호교환을 증진하기 위한 국제협력 네트워크의 수립을 지원한다.
- 도시 및 자치단체의 연합조직들의 활동을 뒷받침하기 위해 유엔의 기구조직을 설립하도록 한다.
- 도시 및 자치단체의 연합조직 그리고 지방자치단체를 대표해 환경 및 개발에 관한 국제회의에 참석하는 중앙정부 대표단에게 조언을 해줄 수 있는 국제기구를 설립토록 한다.
- 유엔은 현존 혹은 신규로 도시지역 환경개선 및 정보공유계획 등을 위한 기금을 조성하도록 하는데, 이 기금과 가용 지역자원은 유엔과 도시 자치단체 연합체 및 기타 민간기구의 공동관리하에 둔다.

1992년 1월 15일 히오데자네이루

■ 지속가능한 개발을 위한 꾸리찌바 협약

이 협약은 1992년 1월 15일, 히오데자네이루에서 개최된 '환경과 개발에 관한 유엔회의', 일명 지구환경정상회담의 히오 선언에 부가하여 채택된 협약이다. 이 공동선언문은 자치단체와 자치단체연합들이 환경 문제에 관해 수 차례 가진 회의들의 결과로 자치단체 국제연합, 세계대도시연합, 세계도시연맹, 도시정상회담 등 지방자치단체의 지역 및 국제조직들의 절대적 후원하에 마련되었다.

21세기를 목전에 둔 지금, 인류가 직면한 최대 문제는 개발요구와 환경보전의 균형을 이루는 것이다. 도시는 인류의 위대한 장인정신의 산물이자 원대한 이상의 실현이다. 도시는 또한 다양한 문화의 중심지이자 개인과 사회 전체에게 여러 기회를 제공하는 곳이다.

도시에 거주하는 사람들의 수는 계속해서 증가하고 있다. 1990년대만 하더라도 주로 개발도상국에서 5억 이상이 늘어날 전망이다. 21세기 초에는 전세계 인구의 절반이 도시에 거주하게 될 것으로 추정된다. 그리고 미래의 희망이자 새로운 세대인 어린이들을 포함한 수백만 명이 빈곤 속에서 허덕이게 될 것인 바, 이들을 이런 빈곤의 악순환으로부터 새로운 출발을 할 수 있도록 해주어야 한다.

우리 자연에 대한 경외심의 결핍과 소중한 자원을 함부로 개발하고 낭비하는 형태는 바로 모든 인류의 삶의 질을 위협하고 있다. 우리는 위기상황에 직면해 있다고 할 수 있다. 무언가 새로운 방향을 모색해야 한다. 환경파괴의 한 원인으로 작용하고 있는 외채의 경감 등 지구공동체적 차원에서 보다 확실한 변화를 유도해야 한다. 대다수 지구환경 문제가 도시에서 발생하고 있으므로 그 해결책 또한 도시에서 찾아져야 한다. 지구를 살리기 위해서는 지방의 노력이 필요하다. 첫째로 할 일은 사태를 더 이상 악화시키지 않는 일이다. 해결책이 반드시 급진적일 필요는 없다고 본다. 창조적이나 매우 간단한 아이디어들이 보다 좋은 해결책이 될 수 있다. 이런 아이디어들은 공동체의 협력관계를 통해 개발되고 발전될 수 있다. 따라서 공동체의 참여는 필수적이다.

도시들은 반드시 '지속가능' 해야 한다. 낭비를 최소화하고 절약을 극대화하도록 해야 한다. 도시들은 이런 경험들을 다른 도시들과 서로 공유함으로써 전세계적인 변화를 유도하는 시금석이 될 수 있다. 이런 집합적인 노력은 새로운 지구 차원의 단결을 과시하는 계기가 된다.

전세계에서 모인 우리 도시와 자치단체의 지도자들은 다음 사항의 실천을 위해 노력할 것이다.

실천사항

1. 첫 번째로 더 이상의 환경훼손 없이 공공서비스를 모든 주민에게 확대하도록 한다.
2. 점진적으로 에너지의 효율을 높인다.
3. 점진적으로 모든 형태의 환경오염을 줄인다.
4. 낭비는 극소화하고 절약은 극대화한다.
5. 사회적·성적 차별 및 빈곤의 극복을 위해 노력한다.
6. 아동문제를 최우선으로 해결하고 그들의 권익 실현에 노력한다.
7. 환경보전과 경제개발계획을 통합·조정한다.
8. 환경관리에 있어 모든 공동체의 참여를 증진하도록 한다.
9. 자치단체간의 협력을 증진할 수 있도록 가용자원을 활용한다.

행동강령

지속가능한 개발을 달성하기 위해 마련된 앞서의 실천사항을 행동에 옮기기 위해서, 지방의제로 요약되는 자치단체의 구체적 행동강령은 다음과 같은 내용으로 구성되어 있다.

- 지속가능한 개발을 달성하기 위한 협력관계의 구축을 위해 지역공동체, 산업체 및 기업, 전문가 집단, 노동조합, 교육 및 문화단체, 언론 그리고 각급 정부

의 대표가 망라된 지역적인 자문과정을 설치하도록 한다.
- 지역공동체의 모든 부분을 포함한 정기적인 환경감사를 실시하고 지방의 환경상태에 관한 자료은행을 개발하도록 한다.
- 자치단체에 의해 징수되는 모든 세금, 수수료, 과태료 등에 대한 개선방안을 모색해야 한다. 이는 (a) 지속가능한 생활방식을 지원하고, 그렇지 못한 환경파괴적 생활양식을 억제하며, (b) 특정활동에 대해 철저한 환경비용을 징수토록 하고, (c) 지방의 지속가능한 개발을 위한 재원 염출에 기여하고자 하는 것을 목적으로 한다.
- 환경친화적인 상품의 구매를 위주로 하는 조달과정을 개발하도록 한다.
- 자치단체 관할 내 교육기관의 교과과정에 지속가능한 개발을 포함시키도록 한다.
- 자치단체 및 지역공동체 지도자들에게 환경 및 지속가능한 발전에 관한 교육의 기회로 활용할 수 있는 공동토론의 장을 마련하도록 한다.
- 자치단체간 정보와 경험의 공유를 증진할 수 있는 지역적 그리고 국제적 차원의 네트워크에 참여하고, 중앙정부로 하여금 지역의 개발 및 환경을 위한 재원을 공급하도록 요구한다.

세계의 자치단체, 도시, 대도시 및 그 연합조직들은 '환경과 개발에 관한 유엔회의'에서 채택된 의제 21의 실천을 위해 공동 노력한다. 이를 위해 앞으로 1년 이내에 구체적인 실천목표와 그 세부일정을 포함한 행동강령을 수립하도록 한다.

앞서 언급된 4개 단체 연합은 이를 위해 상호 협력한다.

1992년 5월 29일 꾸리찌바

참고문헌

- 강양구, 『아톰의 시대에서 코난의 시대로』(프레시안북 2007).
- 강천석 외, 『지방경영시대』(조선일보사 1994).
- 곽재성·우석균, 『라틴 아메리카를 찾아서』(민음사 2000).
- 김인규, 『브라질 문화의 틈새』(다다미디어 1997).
- 남궁 문, 『멕시코 벽화 운동』(시공사 2000).
- 니시오카 츠네카츠, 최성현 옮김, 『나무의 마음 나무의 생명』(삼신각 1996).
- 도넬라 메도우즈, 「희망의 도시」, 『녹색평론』(제20호, 1995년 1·2월), 146~150쪽.
- 데이비드 브룩스, 형선호 옮김, 『보보스: 디지털 시대의 엘리트』(동방미디어 2000).
- 마르시아 D. 라우에, 「인간적인 도시」, 레스터 R. 브라운 외, 김범철·이승환 옮김, 『1992 지구환경보고서』(도서출판 따님 1992), 217~249쪽.
- 박용남, 「환경자치체 실현을 위한 구상」, 나라정책연구회 편저, 『한국형 지방자치의 청사진』(길벗 1995).
- 박용남, 「희망의 도시, 쿠리티바」, 『녹색평론』(제30호, 1996년 9·10월).
- 박용남, 「지금은 자동차를 길들일 때」, 『녹색평론』(제36호, 1997년 9·10월).
- 박용남, 「시민을 존경하는 희망의 도시: 꾸리찌바」, 국토연구원, 『국토』(통권233호, 2001년 3월).
- 박용남, 「희망의 도시, 꾸리찌바 행정에서 배우는 3가지」, 문화관광부·한국문화예술진흥원·한국문화정책개발원, 『문화도시 문화복지』(통권96호, 2001년 2월).
- 박용남, 「지속가능한 도시교통 실험실, 꾸리찌바」, 『녹색평론』(제104호, 2009년 1·2월).

- 반 존스, 함규진·유영희 옮김, 『그린칼라 이코노미』(페이퍼로드 2008).
- 실뱅 다르니·마튜 르 루, 민병숙 옮김, 『세상을 바꾸는 대안기업가 80인 : 지속가능한 발전의 진정한 선구자들』(마고북스 2006).
- 앨빈 토플러, 김중웅 옮김, 『부의 미래』(청림출판 2006).
- 장소현, 『거리의 미술: 민중을 위한 민중의 미술, 도시 벽화』(열화당 1997).
- 플로리안 뢰처, 박진희 옮김, 『거대 기계 지식』(생각의 나무 2000).
- Alvord, Katie, *Divorce Your Car!: Ending the Love Affair with the Automobile*(New Society Publishers 2000).
- Banister, David, Transport and the Environment: A Review Article, *Town Planning Review*(Vol. 66, No. 4, October 1995).
- Bartone, Carl, Janis Bernstien, Josef Leitmann & Jochen Eigen, *Toward Environmental Strategies for Cities: Policy Considerations for Urban Environmental Management in Developing Countries*(The World Bank 1994).
- Black, Alan, *Urban Mass Transportation Planning*(McGraw-Hill, Inc. 1995).
- Bornstein, David, *The Price of a Dream: The Story of the Grameen Bank and the Idea That Is Helping the Poor to Change Their Lives*(The University of Chicago Press 1997).
- Botkin, Daniel & Edward Keller, *Environmental Science: Earth As a Living Planet*(John Wiley & Sons Inc. 1995).
- Boulding, K. E., The Economics of the Coming Spaceship Earth, in H. E. Daly and K. N. Townsend(eds.), *Valuing the Earth*(The MIT Press 1993).
- Breheny, M. J.(ed.), *Sustainable Development and Urban Form*(Pion Limited 1992).
- Cervero, Robert, *The Transit Metropolis: A Global Inquiry*(Island Press 1998).
- Crawford, J. H., *Carfree Cities*(Utrecht, International Books 2000).
- Cunningham, William P. & Barbara Woodworth Saigo, *Environmental Science: A Global Concern. Dubuque*(Wm. C. Brown Publishers 1995).
- Demery, Leroy W. Jr., Bus Rapid Transit in Curitiba, Brazil—An Information Summary, publictransit.us Special Report(No. 1, December 11, 2004).
- Edwards, Brian, *Towards Sustainable Architecture: European Directives & Building Design*(Butterworth Architecture 1996).
- Elsom, Derek, *Smog Alert: Managing Urban Air Quality*(Earthscan Publication Ltd. 1996).
- Finance Office, State of Parana, *Financial and Tributary Data*(1997).

- Fox, Michael, "Get on the Bus: Curitiba, Brazil Rolls Out a Transit Solution," *Earth Island Journal*(Vol. 23, No. 2, Summer 2008).
- Girardet, Herbert, *The Gaia Atlas of Cities: New Directions for Sustainable Urban Living*(Gaia Books Limited 1992).
- Grütter, Jürg M., *The CDM in the Transport Sector*(Eschborn: GTZ. 2007).
- Hall, Peter and Ulrich Pfeiffer, *Urban Future 21: A Global Agenda for Twenty-First Century Cities*(Federal Ministry of Transport, Building and Housing of the Republic of Germany 2000).
- Hardoy, Jorge E., Diana Mitlin & David Satterthwaite, *Environmental Problems in Third World Cities*(Earthscan Publications Ltd. 1993).
- Hawken, Paul, Amory Lovins and L. Hunter Lovins, *Natural Capitalism: Creating the Next Industrial Revolution*(Little, Brown and Company 2000).
- Hesler, Alexandr Von., Strategies for the Protection of the Environment in Urban Area, G. B. Marini-Bett lo(ed.), *A Modern Approach to the Protection of the Environment*(Pergamon Press 1989).
- IPPUC Workgroup, Curitiba Urban Management: Building Full Citizenship, Prefeitura Municipal de Curitiba(ed.), *Ways of Seeing Curitiba*(1997), pp.43~54.
- Jenks, Mike and Rod Burgess ed., *Compact Cities: Sustainable Urban Forms for Developing Countries*(Spon Press 2000).
- Lamb, Christina, Brazil City in Vanguard of Fight Against Pollution, *Financial Times*(August 1991).
- Lamounier, Bolivar & Rubens Figueiredo, Curitiba: A Paradigm, Prefeitura Municipal de Curitiba(ed.), *Ways of Seeing Curitiba*(1997) pp.1~20.
- Lietaer, Bernard, *The Future of Money: Creating New Wealth, Work and a Wiser World*(Century, The Random House Group Limited 2001).
- Lubow, Arthur, "The Road to Curitiba: Recycle City," *The New York Times*(May 20, 2007).
- Maier, John Jr., From Brazil, the Cidade That Can, *Time*(Oct 14, 1991).
- McKibben, Bill, *Hope, Human and Wild: True Stories of Living Lightly on the Earth*(Little, Brown and Company 1995).
- Miller, G. Tyler Jr., *Living in the Environment: An Introduction to Environmental Science*(Wadsworth Publishing Company 1992).

- Nebel, Bernard J. & Richard T. Wright, *Environmental Science: The Way the World Works*, Englewood Cliffs(Prentice Hall 1993).
- Newman, Peter W. G. & Jeffrey R. Kenworthy, *Cities and Automobile Dependence: A Sourcebook*(Gower Publishing Company Limited 1989).
- Newman, Peter & Jeffrey Kenworthy, *Sustainability and Cities: Overcoming Automobile Dependence*(Island Press 1999).
- Pearce, D. W. & J. Warford, *World Without End: Economics, Environment and Sustainable Development*(Oxford University Press 1992).
- Prefeitura Municipal de Curitiba, *Curitiba Development with Quality of Life*(1996).
  ────, Informacoes Socio-Economicas(1996).
  ──── (ed.), Ways of Seeing Curitiba(1997).
  ────, Nas Trilhas da Igualdade(1994).
  ────, Curitiba(1996).
- Rabinovitch, Jonas, Curitiba: towards sustainable urban development, *Environment and Urbanization*(Vol. 4, No. 2, 1992).
- Rabinovitch, Jonas & Josef Leitmann, Environmental Innovation and Management in Curitiba, *Brazil Urban Management Programme*, UNDP/UNCHS(Habitat)/World Bank(Working Paper Series 1. June 1993).
- Ravazzani, Carlos(eds.), *Curitiba: The Ecological Capital*(Natugraf Editora Ltda. 1996).
- Register, Richard, *Ecocities: building cities in balance with nature*(Berkeley Hills Books 2002).
- Reid, David, *Sustainable Development: An Introductory Guide*(Earthscan Publications Ltd. 1995).
- Rogers, Richard & Anne Power, *Cities for a Small Country*(Faber and Faber Limited 2000).
- Royal Commission on Environmental Pollution, *Press Release*(October 26, 1994).
- Schwartz, Hugh, *Urban Renewal, Municipal Revitalization: The Case of Curitiba, Brazil*(High Education Publications 2004).
- *The Economist*(April 17, 1993).
- *The Urban Transportation Monitor*(Vol. 14, No. 4, 2000).
- The World Resource Institute, The United Nations Environment Programme, The United Nations Development Programme & The World Bank, *World Resources 1996-97*(Oxford University 1996).

- UNDP, *Monograph On the Inter-regional Exchange and Transfer of Effective Practices for Urban Management*(A Report Commissioned by the UNDP Special Unit for Technical Cooperation among Developing Countries in Collaboration with the UNDP Urban Development Unit, October 1995).
- URBS, *Curitiba, Urban Transportation World Reference*(1996).
- *U.S. News & World Report*(June 8, 1998).
- Vega, Zoilo Martinez de, Curitiba: A World Model in Urban Management, Prefeitura Municipal de Curitiba (ed.), *Ways of Seeing Curitiba*(1997) pp.43~54.
- Vincent, William & Lisa Callaghan Jerram, "The Potential for Bus Rapid Transit to Reduce Transportation-Related CO2 Emissions," *Journal of Public Transportation*, (Vol. 9, No. 3, 2006(Special Edition: Bus Rapid Transit)).
- WCED, *Our Common Future*(Oxford University Press 1987).
- Wright, Charles L, Fast Wheels, *Slow Traffic: Urban Transport Choices*(Temple University Press 1992).
- Wright, Lloyd, *Bus Rapid Transit: Planning Guide*(Eschborn: GTZ. September 2004).
- Wright, Lloyd, *Climate Change and Transport in Developing Nations: The search for low-cost emission reductions*(Eschborn: GTZ. November 2004).
- Wright, Lloyd, *Car-Free Development*(Eschborn: GTZ. September 2005).
- Wright, Robin, The Most Innovative City in the World, *Los Angeles Times*(June 3, 1996).
- Zukerman, Wolfgang, *End of the Road: The World Car Crisis and How We Can Solve It*(The Lutterworth Press 1991).

- www.curitiba.pr.gov.br/Noticia.aspx?n=14092